TASTING
WHISKEY
品鉴威士忌

图书在版编目（ＣＩＰ）数据

品鉴威士忌 ／（美）卢·布赖森著 ；李一汀译． ——
北京 ：中国友谊出版公司，2017.1
书名原文：Tasting Whiskey
ISBN 978－7－5057－3944－4

Ⅰ．①品… Ⅱ．①卢… ②李… Ⅲ．①威士忌酒－品
鉴 Ⅳ．①TS262.3

中国版本图书馆CIP数据核字(2016)第326881号

TITLE: Tasting Whiskey

Copyright © 2014 by Lewis M. Bryson III

Originally published in the United States by Storey Publishing, LLC

Arranged through CA－LINK International LLC

著作权合同登记号 图字：01－2017－1099 号

书名	品鉴威士忌
著者	[美] 卢·布赖森
译者	李一汀
出版	中国友谊出版公司
发行	中国友谊出版公司
经销	新华书店
印刷	北京中科印刷有限公司
规格	889×1194毫米　16开
	15.75印张　　415千字
版次	2017年7月第1版
印次	2017年7月第1次印刷
书号	ISBN 978－7－5057－3944－4
定价	98.00元
地址	北京市朝阳区西坝河南里17号楼
邮编	100028
电话	(010) 64668676

版权所有，翻版必究

如发现印装质量问题，请与承印厂联系退换

献给我已故的祖父，牛顿·杰伊·希斯勒，
他总爱把一瓶闪闪发光的好酒
悄悄地藏到厨房的碗柜里

献给吉米·罗素，派克·比姆以及
已故的埃尔默·T.李和罗尼·艾汀斯，
他们是真正的波本威士忌大师，
我从中受益良多

并以此书纪念杜鲁门·考克斯
可叹他英年早逝，
否则必当成为一代蒸馏酒大师
并实现卓越的成就

品鉴威士忌

[美]卢·布赖森 著 李一汀 译

TASTING
WHISKEY

一本带你领略世界最醇美烈酒 品味其独特魅力的专业指南

中国友谊出版公司

目录

前言

在这个充斥着苦难和不安的世界上，我想最快乐的事莫过于能和挚友一起坐下来畅饮一杯了，其中就有我的好友卢·布赖森，可惜他们中的多数都已离我而去。在我眼中，卢·布赖森就是一个可以时不时小聚一下的酒友，一个朋友，一位履职长达15年的编辑。抛开他的编辑事务，我始终期待着我们俩之间的下一次小酌，这份渴望如同大熊猫心里总惦念着品尝春天里第一口汁水饱满的竹笋一样。我觉得，和卢一起共度的时光总是那么美好。

实际上，他极为聪慧又知识渊博，谈到酒可谓无所不知，这包括：威士忌（他曾多年为美国领先的威士忌杂志写作和编辑）、啤酒（已撰写四本该题材的著作）。当然，他还精通别的好多事物。与此同时，他并不是一个夸夸其谈的自我标榜者，但是如果你有任何疑问，他总能为你答疑解惑（我想，这可能是因为他曾当过图书馆管理员的缘故）。说到本书的焦点——威士忌，我想他是我遇到的所有人当中最为资深的行家了。他从不会陷入琐碎事务，也不会喋喋不休，而总是眼界宽广，胜人一筹。很多探讨这个话题的文献总是试图对威士忌这个题材做出极为精准的描述，然而显得呆板无趣。此书则不然。

我早就渴望拥有一本品鉴威士忌这样的书，并能在手中时时翻阅，事实上，当我刚刚涉足威士忌这个领域时就萌生了这个愿望，那时尚且是罗纳德·里根担任总统的时期。文如其人，本书言简意赅，它细致透彻且非常公允地阐述了威士忌，还不失幽默之感。穿过古老的神话，越过营销的辞藻，本书蕴藏了有关威士忌的大部分知识。可以说，翻读每一页，我都受益匪浅。我言犹未尽，不过我还要抓紧时间去赶我的专栏稿，和往常一样，卢正等着我交稿呢。

祝一切顺利！

大卫·瓦德里希
美国鸡尾酒博物馆著作创始会员
鸡尾酒历史著作《宾治》和《饮酒》作者

序

无论何时，只要我抵达路易斯维尔机场，迈入机场的候机厅，站在"欢迎来到路易斯维尔"的巨大横幅下，路过售卖活福珍藏波本威士忌的小酒馆，一种感觉就会油然而生，仿佛肩上卸下了包袱，一个甚至连我自己都已浑然不觉的包袱：这是波本威士忌热爱者才会有的感受，只要一提起波本，他们就会情不自禁地会心一笑。我继续沿着候机楼走下去……我感觉回到了故土。在这个地方，我曾经在疏忽之中把一瓶布克威士忌装在手提行李箱中准备带回家，而运输标准局的伙计对我实话实说："瞧，我们这次可就睁一只眼闭一只眼啦，这真是一瓶上好的波本威士忌，好生看管它吧。""好的，先生！"我回答说。

而当我面对一瓶古老而珍稀的苏格兰威士忌时，则会有另一种肃然起敬的感觉。设想一下，将时针拨回200年前，一颗橡木果子落地生根，生长成一株橡树，然后经过砍伐、风干，进而被锯成坯料和狭窄的木板，最后被做成橡木桶。这些木桶先会被用来陈酿波本威士忌或者雪利酒，一段时间之后，人们再把它们装船运往苏格兰，在那里，橡木桶经过重新装配，被用来贮藏新的威士忌。又经过至少十年，橡木桶再度被清空，又有新的威士忌被灌装其中，我差不多就是在这个时候出生的，而今我已四十余岁，我手中的玻璃杯中盛装的正是从那些橡木桶中取出的威士忌。可以说，开始酿制这杯酒的时候，我的祖父都还没有诞生，而它的味道真的是醇美至极，无与伦比。

如果品尝一款新的威士忌，我又会充满另一种感受：期待。虽然凭借之前多年累积的经验可以有所预见，但我依然无法准确地预先描述出这种新威士忌的口感。这种期待会让我感到无比兴奋，它刺激着我跃跃欲试。

现在人们也越来越推崇威士忌，但是威士忌享有眼下如此之高的地位却经历了漫长的时代。威士忌曾有过黄金时期，比如说，在维多利亚时期，苏格兰威士忌曾掀起过一阵狂热爱好者的追捧潮。但到了20世纪，从颁布禁酒令之后美国蒸馏酒师的东山再起，到60和70年代伏特加及淡朗姆酒的兴起，威士忌差不多一直处于一蹶不振的状态。然而，在过去的20年里，各类威士忌，无论是苏格兰威士忌，还是波本威士忌，抑或是爱尔兰威士忌，都有了新的起色并重新获得人们的瞩目，而且大有继续上升之势。比如苏格兰威士忌（奇怪的是，它拥有两种不同的拼写方式，分别是 whisky 和 whiskey）就曾见证了单一麦芽威士忌作为一块高价值的小众空白市场而经历的迅速崛起。尽管价格剧烈攀升，但销售量依然不断增长。在纽约和香港的拍卖行中，威士忌的某些珍稀瓶装酒已被视为投资级交易品。

虽然苏格兰威士忌是最为人所熟知的威士忌品种，但事实上，威士忌的概念要宽泛得多。波本威士忌曾在长达数十年的时间里身陷低谷，默默无闻，但之后随着鸡尾酒文化革命的兴起，它的地位扶摇直上，人们也开始重新欣赏纯正的威士忌。其中，杰克·丹尼威士忌在全球范围内广受欢迎；黑麦威士忌在20世纪90年代濒临绝迹之后又神奇般地得以复活；日本威士忌则自成一体，在全球获得一致好评并广销全球；爱尔兰威士忌的崛起更是叫人瞠目结舌，其销量在过去20年中经历了两位数的增长。虽然人们津津乐道的精酿啤酒也在蓬勃兴起，但与爱尔兰威士忌相比还是黯然失色，而且爱尔兰威士忌还在以不

断增加的新品牌和新风格开枝散叶。即便加拿大威士忌之前曾长期处于下风，但随着蒸馏酒师重新挖掘兑酒的独特优势，它也开始重整旗鼓。

除了想品尝更多优质的威士忌，人们还想了解更多的相关知识，有关苏格兰威士忌、波本威士忌、爱尔兰威士忌、加拿大和日本威士忌，以及所有新型的精酿威士忌。大家想学会如何鉴别威士忌的优劣，掌握威士忌酿造的工艺流程，甚至亲眼观看它的制作过程，还想了解那些制作威士忌的酿酒师。人们纷纷慕名参加肯塔基州的波本威士忌节、苏格兰"泥炭岛"的伊斯莱岛节，还分别前往肯塔基州的波本威士忌小道、麦芽威士忌小道和新爱尔兰威士忌小道进行他们的朝圣之旅。

《品鉴威士忌》一书旨在帮助大家更好地了解威士忌。在过去多年中，我不断地研究和收藏威士忌，造访威士忌蒸馏酒厂，并和酿酒师傅进行深入的对话，还撰写了不少相关的文章，我将在本书中把我的所学和所得分享给大家。现在市面上有很多关于威士忌的谬论，这真令人感到惭愧，其实我自己在刚刚起步时，对于威士忌的制作、陈酿和品鉴也曾有过现在看来极为可笑的错误观点。这些往往是些常识性的错误，而我力图带您避开这些弯路，以便为您开启享受威士忌的美妙之旅。

威士忌究竟是如何制作而成的，品鉴威士忌又将面临哪些特别的挑战（您品鉴的到底是哪种威士忌）以及我所发现的品鉴威士忌的最佳方法，这一切我都将向您娓娓道来。之后，我还将阐述威士忌的不同产区及彼此间的差异，不同产区威士忌的生产方式以及为什么它们各自拥有独特生产方式的原因。接着，我们还将探讨威士忌的饮用方法，哪些食物是威士忌的最佳搭档以及如何进行威士忌的收藏。

我希望您能尽情享受阅读本书的过程，并在获得有关威士忌的更多知识之后懂得更好地品鉴和欣赏威士忌。好啦，现在恭喜您加入这支队伍，我们即将开启威士忌的探索之旅，去领略这个分支遍布全球的庞大威士忌家族的奥妙！

第 I 章

威士忌的故事

威士忌是一种独一无二的烈酒，它有着十分独特的口感。确实，其他种类的烈酒也有部分与威士忌相似的特点。伏特加基本上也是由谷物制作而成的，白兰地也是用橡木桶进行陈酿的，而朗姆酒和特基拉也有着与威士忌相似的一系列非陈酿及陈酿特性。其中，白兰地、朗姆和特基拉都被置于盛装过威士忌的橡木桶中进行陈酿，并以此提升品质。金酒看上去和威士忌并无太大关系，但它也是一种谷物烈酒，追根溯源，它的一支旁系近缘酒——荷式金酒就是一种在荷兰采用橡木桶陈酿的烈酒，并和威士忌惊人地相似。

但是没有任何一款别的烈酒能像威士忌一样激发人们的热情！伏特加的种类要比威士忌多得多，但是你可曾见过有专门的书籍考证不同伏特加间的区别吗？你可有听说过人们会收藏伏特加吗？特基拉确实拥有一定品牌忠诚度的粉丝，但是你能说出你最喜爱特基拉品牌的蒸馏酒大师吗？又有哪瓶珍稀的特基拉瓶装酒可以在拍卖会上卖出超过 5 万美元的高价吗？干邑白兰地倒是可以和威士忌相提并论，可是干邑白兰地的销量又能比得上威士忌吗？早在 100 年前，威士忌的销量就跃居白兰地之上，并一直遥遥领先。

对于伏特加，正如我在《威士忌倡导者》杂志上所说的，有很多人饮用伏特加，但你可曾见过任何一本有关伏特加的杂志出版发行？

不妨更为精确地描述一下威士忌和其他烈酒的区别：威士忌是以发酵谷物为原料进行蒸馏，进而置于木质桶（多数情况下是橡木桶）中进行陈酿而得的烈酒。威士忌并非由土豆、水果或者糖蜜制作，任何一种由这些物质为原料制成的并号称自己为"威士忌"的烈酒都是冒牌货。

为什么我要一再强调这一点呢？要知道，威士忌享有如此盛名的背后是积淀了数世纪的传统，是政府长期坚持的规范化监管。威士忌源自爱尔兰和苏格兰，又从那里迁入加拿大和日本。虽然美国在殖民地时期的早期蒸馏酒师几乎都来自欧洲中部（英国的殖民者主要制作朗姆酒），他们在基于谷物的蒸馏传统方面也毫不逊色，并且他们和爱尔兰及苏格兰的蒸馏酒师一样，很早就开始采用木桶进行陈酿。

冠以烈酒之名

说起威士忌的起源，它与人类的文明息息相关。有一个理论认为，人类文明发迹的标志是人类定居下来并开始种植谷物，以获得稳定的谷物供给，而不再像从前那样依靠采集野生谷物生存。当然了，人类自然也会把谷物作为粮食，但这个理论的立足点却在于饮用而非食用谷物。部分人类学家认为，人类学会了种植谷物是为了稳定地获得啤酒，它是仪式和庆典活动的重要组成部分。

啤酒、葡萄酒和蜂蜜酒已风靡了数千年，至今仍被使用在诸多场合，可谓长盛不衰。但在约 2000 年前，炼金术士发现了（在其他事物中）通过蒸馏实现纯化的方法。最初，他们仅仅对水进行蒸馏，不过很快就学会了蒸馏香精和油类，并最后发展为蒸馏原油和烈性酒。

蒸馏的原理在于各种液体具有不同的沸点。我们将混合液体缓慢地升温，不同的液体达到各自沸点时即会蒸发，我们捕捉这些蒸气并将其冷凝，于是纯净单一的液体便得以从混合液体中分离出来。只有当各液体的沸点具有显著差异时，上述运作机制才会奏效。好在水和酒精恰好是这样的一对好搭档。

或许你会把这个过程想得很简单，不就是利用水和酒精的沸点差异吗？但事实上，有许多不同的液体会在蒸馏的过程中蒸发出来，包括其他类别的酒精、油和各种芳香类化合物。蒸馏的过程并非尽善尽美，我们并不能捕捉到所有的酒精，也不是所有的水和较重的液体都会残留下来，但只要我们能更好地理解蒸馏的运作机制，就能更好地蒸馏液体并取其精华，排其糟粕。

两种不同的拼写，究竟是 WHISKEY 还是 WHISKY 呢？

让我们赶快对这两种不同的拼写一探究竟吧。一些国家以及这些国家的蒸馏酒师会将威士忌拼写为"whisky"，而另外一些国家及它们的蒸馏酒师则会将其拼写为"whiskey"（威尔士人为了凸显自己的与众不同，更是将其拼写为"wisgi"）。对这种差异总有人乐此不疲地长篇大论。总的来说，在英国、加拿大和日本，人们习惯将其拼写为"whisky"；而在美国和爱尔兰，人们更愿意将其拼写为"whiskey"，不过也有一些美国品牌更喜欢采用一些别的称谓——比如说美格和乔治·迪克尔。美国联邦法规又对美国法律中的烈酒做出定义，其中威士忌应统一拼写为"whisky"，这无疑又给如何正确拼写威士忌平添了几分困惑。

在这里，我想明确地告诉大家：除了捍卫民族自豪感以外，拼写的差异根本就不会对威士忌本身造成任何影响。"Whisky"和"Whiskey"指代的其实是同一样事物，我甚至不明白，为什么我们要对此大加探讨。正如从

未有人认为加拿大人口中的"neighbour"（邻居）和美国人口中的"neighbor"有什么差别，也没有人认为被称为"aluminium"（铝）的铸块和被称为"aluminum"的东西在亚原子级别又有何二致。

这并不是说不同国家酿造的烈酒间毫无差异。事实上，它们之间不仅存在差异，而且差异还非常显著，对此我们将在稍后做详细阐述，只不过这些差异和拼写毫无关系！

为了避免争议（当然，总有些爱刨根问底的顽固者依然认为这是错的），本书在论及苏格兰、加拿大和日本威士忌时将统一拼写为"whisky"，而在论及美国和爱尔兰威士忌或泛指威士忌时，将统一拼写为"whiskey"。这是因为我是一名美国人，在美国写作，这种区分是我们习惯的做法。但这只不过是拼写上的差异罢了。

Whiskey还是whisky：一字之差

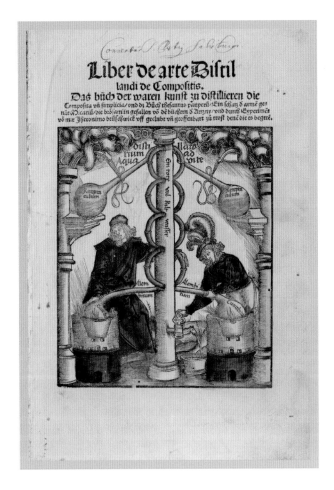

耶罗尼米斯·布鲁施维希的《混合物蒸馏法》
（斯特拉斯堡，1512年）一书中描绘了"阿瓜维特"
（aqua vitae）生命之水的制作方法，这也是世界上最
早描述蒸馏烈酒的著作之一。

人们究竟最早是从何时开始蒸馏这些烈酒的，
我们至今也只能做出模糊的推测。先是出现了一些有
关阿瓜维特（生命之水／活力之水，炼金术士给酒
精起的拉丁名）的记录，文字记载人们于 15 世纪初
在爱尔兰饮用这种液体，到了 1494 年，麦芽被运往
男修道院用以制作生命之水。生命之水在凯尔特语中
被译作 uisce beatha，很有可能随着人们常年的饮用，
这一称呼最后在语言学上演变成了"whiskey"。

更为重要的是，依据现代的定义，我们此处所
说的烈酒还算不上威士忌，准确地说，它只不过是一
种由发酵谷物制成的产品。此处的发酵谷物指的其实
就是发芽大麦。为什么这么说呢？我们就不得不谈到
陈酿的问题了。先是僧侣，很快农民和磨坊工人也开

始制作起原酒，为了使其口感更润滑，他们又在其
中加入了各种香料、蜂蜜、药草，还有天知道什么
的东西，但是唯独有一件事他们没有做，那便是木
桶陈酿。虽然他们手头既有木桶，也有烈酒，但在
很长一段时间里，他们都没有把这两者结合起来。

谈谈木头

在开始对威士忌进行陈酿之前，它曾被大量
走私。国王和各路政治家们都敏锐地发现其中有利
可图，便对其大肆征税，于是高额的税款便横行了
数世纪之久。在蒸馏酒师和收税官之间、烈酒走私
者和稽查私酒官员之间也长期上演了错综复杂的明
争暗斗。秘密从事酿酒的苏格兰及爱尔兰蒸馏酒师
在家乡有着广袤的泥炭，这成了他们的天然优势：
大量的溪水和湖泊可用于淀粉糖化和蒸气冷凝，绵
延的山丘和深邃的山谷则为躲避征税者的苛捐杂税
提供了上佳的场所。

逃避税收可能也是人们开始木桶陈酿的原因吧。
小的木桶质量较轻，也不像陶质罐子那样容易被打破，
走私者可以很方便地搬运这些小木桶。设想一下，如
果采用今日的工艺，加之一名有经验的蒸馏酒师，就
可以利用这些小木桶迅速地实现酒的陈酿。我们完全
可以想象，当年一个容量为 5 加仑的木桶足可以在一
个月内对原酒产生巨大的影响，这种效果会令人感到
惊喜，特别是当人们将陈酿后的酒倾倒而出的时候。

说来也奇怪，在北美殖民地，蒸馏酒师渐渐地
成为群体中的佼佼者，他们有时还会得到社区的赞
助，于是小镇里就可能出现一座蒸馏酒作坊。正如我
所说过的。

18世纪乔治·华盛顿在维农山庄拥有当时最大的磨坊及蒸馏酒厂之一，此图是对其进行改造后的模样。

英国的定居者，尤其是那些来自新英格兰地区的人，主要制作的是朗姆酒，而我所在的宾夕法尼亚州那些来自荷兰的祖先制作的则是威士忌，并且通常以他们所熟悉的黑麦为原料。

当美国的革命战争爆发的时候，这种黑麦威士忌变成了一种爱国者饮料：朗姆酒的原料糖蜜从英属西印度群岛进口，在革命前是课税对象，革命爆发后便很难再获得这种烈酒。黑麦威士忌则是本土产品，而且传说宾夕法尼亚产的黑麦能帮助殖民地的士兵在福吉谷寒冷的冬季里温暖他们的身心。华盛顿将军也一定很喜欢这种烈酒，他曾在自己位于维农山庄的地皮上建造了一座蒸馏酒厂，并在退离总统之任后一度成为全国最大的黑麦威士忌蒸馏商。时至今日，这还是当地的一大支柱产业。

新型威士忌的涌现，陈酿技术

世界风云万变，而威士忌也随之变幻莫测。美国人品尝到了自由的果实并期待获得更多：战争胜利以后，美国为了扭转战事带来的赤字，开始对蒸馏酒进行征税，而宾夕法尼亚西部的农民蒸馏酒师拒绝上缴税款，这一反抗行为演变成了"威士忌暴乱"。

在苏格兰，差不多在30年之后，政府出台有关规定对蒸馏酒业进行了改革，合法的酒类蒸馏变得比以往更加简单（而对非法酒类蒸馏的执法则更加严格）。

与此同时，在肯塔基州俄亥俄河的下游，一种由玉米为主要原料酿造而成的新型威士忌应运而生：这就是波本威士忌。在加拿大，也出现了一种新的威士忌制作传统并很快成为规范：兑和威士忌。美国、法国和加拿大（之后苏格兰）开始将法国的白兰地制作技术融入威士忌的酿造——用内侧烧烤或焦化过的木桶贮存，这赋予了原本炽烈清澈的威士忌琥珀色的美妙光泽，这也正是我们如今看到的威士忌。

波本威士忌和黑麦威士忌马上从这种新型的陈酿技术中受益，烧焦了的木头赋予威士忌暗红的色泽，它也由此获得了"红色烈酒"和"莫农加希拉红"的美誉。橡木是用来贮存威士忌的理想容器，蒸馏酒师（或零售商——威士忌在那时以整桶出售，商店或酒馆则从木桶中将酒直接倾倒而出）将酒贮存在木桶中的时间越久，得到的酒液品质就越高。

苏格兰威士忌也几乎在同一时间得益于木桶陈酿。英格兰和苏格兰的港口从欧洲大陆引进木桶装的葡萄酒，当时恰处于后拿破仑时代的经济繁荣期，英国人变得非常富裕并将法国、西班牙和葡萄牙的优质酒一饮而尽，尤其是雪利酒。于是，蒸馏酒师就将他们的威士忌贮存于这些盛装过其他酒类的二

手木桶中，他们和美国波本威士忌的蒸馏酒师一样，发现了一个崭新的世界。

有两种东西进一步巩固了威士忌在全球的地位：蒸气动力以及葡萄根瘤蚜虫。蒸气动力和工业革命提升了蒸馏技术，并催生了大规模的酿造厂和蒸馏厂。蒸气加热柱的发明使得大规模生产口味温和的谷物威士忌成为可能，而兑和师将其用来柔化通过壶式蒸馏获得的香气浓郁的麦芽威士忌。由于这种新型的兑和苏格兰威士忌更迎合多数人的口味，所以较之以往更受欢迎。

但要说到真正把苏格兰威士忌推上如今宝座的原因，我们不得不提起欧洲当年由根瘤蚜虫引发的葡萄园之灾。当时，法国人酿造大量的干邑白兰地并将其售往英国，在19世纪中期，英国的干邑白兰地年销售量在短短15年内升至原来的3倍，达到了惊人的6500万瓶。蚜虫啃噬葡萄树的根部，这对法国的葡萄园造成了毁灭性的打击。

非法酿制的"月光威士忌"，正在悄然前往南部阿巴拉契亚山脉的路上，19世纪60年代。

等到法国的干邑制造商找到解决办法，将自己的葡萄树嫁接到美国的抗蚜虫根茎上时，他们发现饥渴的英国人早已将消费转向新型的兑和苏格兰威士忌。后者借此良机，扩大版图，并开始销往全世界。

尽管到19世纪末，苏格兰威士忌的市场急剧扩张，但在世纪更迭之际却直转而下，投机泡沫一下子破灭了。爱尔兰刚刚恢复些元气不久，就又遭遇了一战后美国禁酒令的强烈冲击，禁酒令远非如通俗小说中所描述的，为所有走私威士忌大开方便之门，事实上它给全球的威士忌公司带来了一场灾难。不妨想象一下，之前美国作为一个威士忌的新兴市场，其大量消费的威士忌来自本国和全球各地的蒸馏酒厂，整船整船的威士忌漂洋过海来到美国，加拿大威士忌则装满了大卡车抵达美国，还有美国本土肯塔基州及宾夕法尼亚州自产的威士忌则通过现代化的铁路系统运往全国各地。禁酒令颁布之后，一切都变样了。进口的威士忌只能乘坐小型的摩托艇悄悄抵达海滩，本土的威士忌则只能装载在摇摇晃晃的拖拉机上，通过荒僻的乡间小道被运往国内各地。威士忌的生产和销售骤然下滑，这一形势甚至在禁酒令废除之后依然没有得到好转。到了那时候，美国国内几乎已找不到什么陈年威士忌，而苏格兰威士忌和爱尔兰威士忌依然萎靡不振。

接着，威士忌就迈入了战争年代。第二次世界大战中英国亟须重振民族工业，而威士忌蒸馏则被视为一个无足轻重的行业（他们当时一定没有征询丘吉尔的意见）。威士忌制造商也随之开始转行进入化工原料制造业。当战事最终结束时，威士忌又经历了数十年的跌宕起伏，但是威士忌蒸馏酒师坚信他们终会东山再起的。正如我们在《广告狂人》中所看到的，至少在一段时间内，他们的想法是正确的。

威士忌的兴与衰

黄金时代并没有持续很久。到了20世纪60年代初，全球消费者的目光从威士忌转移到了伏特加和淡朗姆酒上。到了20世纪80年代初，苏格兰威士忌出现了供过于求的局面，这又一次导致了行业的衰败。波本威士忌和加拿大威士忌也进入了漫长的渐进式衰退期。

相比之下，伏特加则一路高歌猛进，广受欢迎，直到2008年的经济衰退前，它占据高达美国烈酒销售总量的三分之一。然而，威士忌并没有一蹶不振，它恰恰在跌倒的地方重新爬了起来，20世纪80年代，单一麦芽苏格兰威士忌问世后立即引起强烈反响，这对于苏格兰威士忌而言是全新的进步。诸如埃尔金·戈登食品商和马克菲尔这样的独立装瓶者常年从当地的蒸馏酒师处收购木桶，然后将其置于自己的仓库中陈酿，最后装瓶并作为独立个体进行销售，但如今单一麦芽的交易规模则要大得多，并由格兰菲迪集团一手操纵。

波本威士忌则随着三种著名威士忌的兴起而重新迎来自己的春天。它们分别是口味更为柔和的小麦威士忌——美格威士忌，独创单桶灌装技术的布兰顿威士忌以及不经过滤具有原桶浓度的布克威士忌。这些瓶装酒的认可度不断增加，并为行业树立了典范，也为波本威士忌博得了一些它本应享有的声誉。

爱尔兰威士忌幸存下来，直到合并之后方才开始恢复活力。到1966年，所有留在爱尔兰共和国的蒸馏酒师统一起来设立了一家名为爱尔兰蒸馏厂的公司。10年之后，他们又在米德尔顿建立了一座现代化的蒸馏酒厂，并收购了北部剩下的布什米尔酒厂。他们决定将爱尔兰威士忌重塑为一种更为清淡的兑和威士忌，这就为爱尔兰威士忌在过去20年中经历的高速增长做好了铺垫。

在"妇女圣战"①（1874）中，身披盔甲的女子挥舞着致命的战斧砍破装满烈酒的木桶。宣扬节欲的禁酒之风最终促成了1920年禁酒令的颁布，这对生机勃勃的威士忌酒业造成了毁灭性且旷日持久的影响。

① 19世纪上半叶，美国妇女争取平等权利运动兴起，众多妇女在参加女权运动的同时，积极参加禁酒运动。争取妇女权利与反对酗酒活动交织发展。1873—1874年，美国中西部清教徒妇女更是掀起了一场被媒体称为妇女战争的圣战运动，并最终促成了基督教妇女禁酒联合会的成立。

有人认为宣传威士忌的媒体只不过是一个配角，在这里我不得不为之辩驳一番。诸如迈克尔·杰克逊（他在美国是一位家喻户晓的关于啤酒的作者，而在英国则以有关威士忌的写作而声名鹊起）、吉姆·穆雷、大卫·布鲁姆、约翰·汉塞尔、加里·里根、查理·麦克莱恩和恰克·考德利这些名家对威士忌推崇备至，从而为威士忌带来了更高的声誉，也赢得了更多的关注。还有针对威士忌消费者制作的两本杂志：我在其中工作了17年之久的《威士忌倡导者》和内容更为宽泛的《威士忌杂志》，以及一些社会性媒介，比如博客和立马可以"告诉我更多"的神奇搜索引擎——谷歌，都大大增加了获得威士忌相关知识的即时性。

但不得不承认，威士忌在个人交际场合更有独特的魅力：在面对面手握酒杯之时。慢慢地，一些有关威士忌的盛大节日开始兴起并备受欢迎，比如威士忌节和威士忌现场秀，这些节日改变了大众对威士忌的认知。当那些真正的威士忌狂热爱好者想到不同品牌时，脑中不会浮现野火鸡（威士忌牌子）或格兰杰（威士忌牌子）的字样，而是蒸馏酒大师吉米·罗素和威士忌创作师比尔·卢姆斯敦的名字。这些大师常年独自地默默耕耘，只有那些在酒厂里和他们天天打照面的工人才认得出这些大师来，节日和重大活动的举办才将他们引入公众的视线，他们一举成为超级明星。

不仅如此，宣传和活动还使威士忌变得更加真切。虽然威士忌一直如此纯正，但如今公众有幸目睹这一切。他们可以看到酿酒师制作威士忌的全过程，和他们面对面地交谈和提问，并向他们表达谢意。与威士忌有关的一系列活动带来了极大的反响，比如肯塔基州的波本威士忌节、伊斯莱岛的威士忌节、斯佩赛威士忌节，这些威士忌的庆典活动都就近在其各自产地中心举行，每年都吸引着成千上万的观众参与其中，人们都想亲眼瞧瞧他们所热爱的威士忌的故乡，事实上，早在200多年前，这些地方就已经开始孕育美妙的威士忌了。

在过去的20年间，威士忌从遭遇销售下滑的窘境转身成为世界酒精饮料中的领头羊，可以说实现了惊天大逆转，而与此同时，啤酒倒是显得有些踟蹰不前（充满香味的纯正精酿啤酒除外，但是并未出现收藏热），葡萄酒也刚刚走出供大于求的泥潭。20世纪80年代，供大于求残余下来的陈酿威士忌由于品质上乘，价格一路攀升。威士忌的生产势头大好，而同时还有比以往任何时候都要丰富的威士忌品种正等待着我们去尝试。

我不禁想起数年前曾为《威士忌倡导者》制作的一场有关黑麦威士忌的圆桌访谈，其间，安佳蒸馏公司的创始人弗里茨·梅塔格所说的一些话我至今依然记得：就威士忌本身而言，我们也看到了很多的变化，这也正是挖掘威士忌更多口感和风味的黄金时期。当时共有10位威士忌的蒸馏酒师、装瓶者和零售商参与了圆桌会谈，共同商讨了黑麦威士忌的复兴以及那些刚刚出库却又令人惊艳的超级陈酿威士忌。

我们当时就深知，陈年威士忌的供应无法持久，梅塔格倒是认为，这种现状并不见得是件坏事，说不定会引发另一股潮流。"宽泛地说，威士忌界认为陈年威士忌更佳，"他说道，"较陈的威士忌确实很特别，可以说与众不同，但我必须强调，正因为在黑麦威士忌领域还面临着极大的短缺，我们必将着力开发美妙的年轻黑麦威士忌品种。"这几日里，当我在精酿威士忌制作者那里品尝到非常年轻且又非常美妙的黑麦威士忌时，我发现梅塔格当初说的真是太对了，很多种新型威士忌都验证了他的说法。

以上差不多就是威士忌的发展历程和现状。在下一章中，我们将谈一谈一颗谷粒是如何逐渐演变成清澈的威士忌原酒的。就让我们共同开启这段美妙的探索之旅吧。

第2章

烈酒的制作：
发酵与蒸馏

要想学会品鉴威士忌，首先要知道威士忌究竟为何物，它是如何酿制的，又包含了哪些物质。你不妨端起酒杯，闭上眼睛，先轻轻地嗅一下，再小啜一口，在观其色前首先用心地品鉴它的味道，忘记周围的一切，全然沉浸于眼下威士忌带给你的愉悦时刻……人们究竟为什么会被威士忌如此吸引呢？

在各项竞赛和正式的评酒环节，威士忌蒸馏酒师及专栏作者，还有其他的一些威士忌专家也会按照上述步骤对威士忌做出品鉴。此时此刻，品尝威士忌不是为了自我享受，也不是为了节日庆典，但不得不说，这同样是激动人心的重大时刻！当然，在品鉴威士忌前，你最好已掌握了相关的背景知识，了解眼前的这瓶威士忌源于何处，采用何种陈酿方法，又是经谁装桶的。在掌握了这一系列来龙去脉之后，除了品鉴威士忌口味本身，你还能将这背后的故事娓娓道来。除此之外，当下次再提及某位蒸馏酒师或某兑和师的大名，再或者某个产区或某一型号的称谓，你就能胸有成竹地知道自己应该期待些什么了。

了解威士忌，首先要掌握它的制作过程。全世界各地威士忌的制作工艺虽大同小异，但彼此之间依然具有差别，其醇美口感的细微变化正在于这些细节。某些蒸馏酒师总能在某些时候、某些地点，把玩和利用哪怕一个细小的因素，使之发挥巨大的作用，过去如此，如今依然，这给威士忌带来了丰富的变化。

开篇很简单，首先要知道，所有的威士忌都无一例外地源于谷物，这世上压根儿不存在什么"土豆威士忌"或者"苹果威士忌"。只要不是由谷物制作而成，它就不能被称作威士忌。

大麦、玉米、黑麦和小麦是制作威士忌最为常用的谷物，当然也不排除某些威士忌是由燕麦、藜麦或诸如黑小麦、荞麦这样的杂交谷物（技术层面讲，它们并非谷物，而是麦芽类产品，它们经研磨后也能生成面粉类产品）制作而成的。有时，手头有什么就用什么，选择某种谷物作为原料也是必然之选。

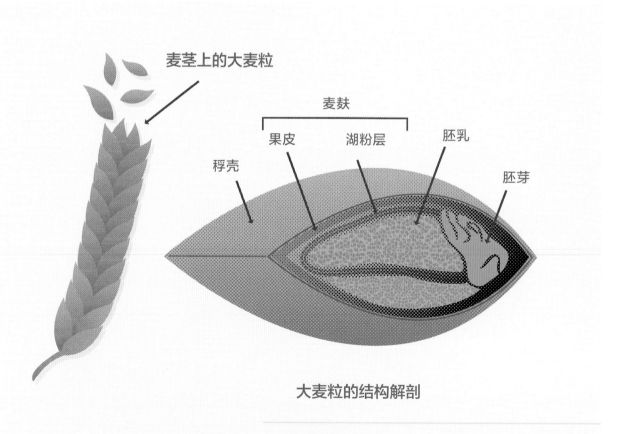

麦茎上的大麦粒

麦麸

果皮   湖粉层   胚乳

稃壳   胚芽

大麦粒的结构解剖

大麦粒的胚乳中含有淀粉，威士忌制作过程中，这些淀粉转化生成糖。

当然，多数情况下还是可以有所选择，最终胜出的谷物或是口味最佳，或是最为经济。当你站在酒类专卖店内进行选择时就能发现，要么是口感非凡、出类拔萃的酒，要么是性价比高、物美价廉的酒，只不过前者的价格可以高达后者的3倍。

乍眼看来，从谷物中酿造出清澈的液体似乎不太可能。在人们的印象里，谷物总是干巴巴，布满灰尘的，常被用于面包制作，或者干脆用作饲料。事实上，恰恰是谷物中所含的化合物使其成为制作威士忌（以及啤酒）的不二之选。取一颗大麦粒或玉米粒，将其剥开，你会发现在里面有极为微小的淀粉块，它们硬硬的，不溶于水，被包裹在一层蛋白质基质中，这两者威士忌都不需要。但是这些淀粉块能通过化学作用转化为糖，这才是通往威士忌制作的关键。

借助一系列的化学变化，谷物融入了威士忌。本章将依次描述这些变化，这里首先做一个笼统的阐释：植物吸收了水分，从泥土和阳光中汲取了养分，在化学作用下生成了茎秆和谷粒，接着收割谷物并加以清洗。如果是用于制作苏格兰威士忌的大麦，它将被制麦①，这是一个促使谷物发芽的自然过程。发芽的过程中释放出多种酶，可将硬质淀粉转化为较为柔软的淀粉。麦芽，现在我们可以这样称呼了，就和其他谷物一道，进一步被研磨和烹煮。烹煮激活了植物酶，并通过化学作用转化为淀粉和糖（其他种类威士忌，比如波本威士忌的蒸馏酒师会在其配方中加入麦芽，这是为了增进酶的活性，而非为了改善口味；加拿大的蒸馏酒师会自己培育酶，并直接将其加入）。

上述步骤为酵母的出场做好了铺垫。酵母是一种以糖为食的微小菌类，它们疯狂地繁殖，并释放出二氧化碳和酒精。至此，威士忌的制作流程还和酿造啤酒一模一样，而现在开始，就要开始在原液中提取并浓缩酒精了（蒸馏）。将该混合物放在一起加热，由于酒精的沸点较低，当达到该温度时，酒精就比水更为迅速地蒸发，于是就可以收集酒精蒸气并将其冷凝浓缩。通常情况下，收集并被冷凝浓缩的酒精蒸气会被至少再蒸馏一次，使其变得更为纯净，当减少酒精浓度达标准装桶等级（威士忌中酒精百分比）时，方可将其灌入橡木桶中。

之后的步骤就是我们下一章将要讨论的内容了，现在让我们来仔细探讨一下有关谷物、发酵以及蒸馏的细节。

母类谷物

威士忌也是一种谷物产品，只不过和面包不同的是，它是一种液态的浓缩型的谷物。我们所拥有的面包种类繁多，不计其数：深色圆形的粗裸麦面包、香甜的金黄色玉米面包角、浓郁耐嚼的全小麦面包条。与此相似，威士忌丰富的个性也主要源自于其所用的主要谷物——母类谷物。

大麦和麦芽

全世界任何一种威士忌都有其所属的母类谷物。毫无疑问，苏格兰威士忌的母类谷物就是麦芽，也就是它在制麦工艺中的称呼。虽然任何一种谷物都可以制作生成麦芽，但是我们常用的绝大部分制麦谷物都是大麦（主要归因于啤酒的流行），因此在麦芽威士忌或单一麦芽威士忌中，当我们说到大麦时，基本上指的就是"麦芽"。

全球几乎所有的啤酒都基于麦芽制作而成，相似地，大麦也是威士忌制作中优先选用的谷物，其原因具体在于：大麦相对容易制麦，人们可以较好地控制其部分发芽。大麦粒中富含淀粉，可作为浓缩食物源为发芽提供营养，并易于转化为糖类，而糖就是谷物中最终转变为威士忌的成分。而采用大麦制作啤酒

① 制麦：由原料大麦制成麦芽，它是啤酒生产的开始。

威士忌的制作流程

栽培谷物

收割谷物/清洁

制麦（有的时候）

磨碎/研磨

捣碎/烹煮

发酵

蒸馏

陈酿

兑和

装瓶

和威士忌的另外一个原因在于：它口味出众。

这是大麦那么长时间以来风靡不衰的原因。制麦可谓是一项古老的发现，甚至可以追溯到人类文明史的开端：美索不达米亚地区。我们如今之所以知道古老的制麦工艺，是因为找到了早在公元前4000年左右苏美尔时期有关酿造的物证和文字记载。

这个想法十分简单，虽然在实际执行时还要略微复杂一些。当谷物经过寒冷的冬天重新暖和起来，再经春雨的滋润，便在春天来临的时候悄然发芽。发芽，或者萌发的真正目的在于帮助谷物实现繁殖。一旦发芽的条件成熟，谷物中就会释放出各种酶，这会打破包裹着硬质淀粉的蛋白质基质。谷物开始抽芽，

淀粉转化为糖并为之提供养分。

然而，这并不利于威士忌的生产：威士忌的蒸馏酒师想从每颗谷粒中尽可能多地获取糖分。这就是所谓的收益值，它也是关系到大规模生产商生死存亡的关键成本计算数值。正因如此，制造商会对制麦工艺严加把控，所有相关的参数，包括温度、湿度和时间都会受到全程严密监控。

首先将大麦浸泡于水中两天，然后沥干水分并开始催芽，在此期间，要手工或者借助机器不断地翻炒麦芽，以避免抽出的嫩芽互相缠绕，纠结在一起形成难以理清的团块。在抽芽的过程中，酶始终在发挥作用，包裹在淀粉外的蛋白质基质被打破，内部的淀

在经充分浸泡之后，将大麦粒撒在蒸馏酒厂的制麦层以催芽，淀粉发生改变，转化为糖并最终成为威士忌。在此过程中，需要不断地加以翻转，以避免其结块。

什么是泥煤?

泥煤本身并不难描述,但是要真正理解泥煤却有些困难。它是一种部分腐殖化的植被,多数情况下是泥炭藓在泥塘、湿地、沼泽中历经数世纪甚至千年而形成的。由于被水覆盖,所以泥煤在那么长的时间内也未腐烂掉。

如果你也曾从事过园艺工作,那么就可能也用过泥煤苔,以此增加沙土的保水力,或者你就是想让植物周边积蓄一定的水分,而这正是泥煤堆积的过程。当老的苔藓死去,新的苔藓就会接替继续蓄水,这会降低已死亡苔藓的氧气交换率,也就阻止了其腐败变质。一片泥炭沼泽地会吸收充足的水分,使得氧气交换的过程变缓。

当腐殖化的物质不断堆积,分量越来越重,便开始向下施加压力(来自重力作用),地底层就会被压缩而变得密集,就像颗粒板那样。泥煤从沼泽中被割离出来形成长条,也被称作草皮泥炭条,然后被排列成行并加以晾干。在伊斯莱岛的公路两侧,你都可以看到这样的草皮泥炭条,当地镇上的人们切割泥炭条将其用作壁炉中的燃料。

有些蒸馏酒厂想在自己的威士忌中融入烟熏味的泥煤精华,他们就会在麦芽干燥期间,在烧窑里燃烧泥煤。这个过程中,需要控制缓缓地燃烧泥煤,不能使用过多的明火,否则就会将泥煤烧个一干二净。我们希望看到大量刺激性的烟雾升起,穿过绿色的麦芽,并滞留在稃壳上。

对于威士忌制作者而言,有趣的是,世界上任何一个地方的泥煤都是独一无二的。泥煤遍布全世界各地,从印度尼西亚的热带地区到诸如南美洲火地岛这样的高纬度寒冷地区。世界上很多国家和地区都拥有泥煤,包括马尔维纳斯群岛、加拿大、北美洲北部、芬兰、俄罗斯和苏格兰。据估算,全世界约有2%的陆地表面是泥炭沼泽,所以短时间内并不会耗尽资源(已经有关于保护苏格兰泥煤的计划,而蒸馏酒师则正致力于研发新的技术,以更加充分地利用燃烧泥煤所生成的烟雾)。

沼泽地中生长的植物会赋予每种泥炭独特的个性。

爱尔兰的泥煤就不同于伊斯莱岛的泥煤,苏格兰北部高地区域的泥煤也不同于奥克尼群岛的泥煤。对于化学家而言,只需做个化学分析就可轻而易举地解释这些不同之处,但是对于威士忌品鉴者而言,这则事关嗅味,你可以闻出其间的微妙差异。

泥煤具有一种强烈的芳香/味道,但假如你曾亲自前往过泥煤沼泽地,身临那些被切割成条用于燃烧的泥炭条,或者你曾闻到过尚未燃烧的泥煤,那么你就会知道,这并不是威士忌中的气味。可能你曾听说,某些威士忌之所以带有轻微的泥煤气息,是因为它所使用的水在流往酒厂的途中经过了泥煤地,而这种说法恰恰是错误的。波摩威士忌蒸馏酒厂的经理埃迪·麦克艾弗认为,这不过是一种浪漫却不真切的想法罢了。要想真正获取泥煤独特的风味,唯一的方法就是燃烧。

苏格兰威士忌使用经泥煤烘烤的麦芽,对其而言,泥煤和麦芽或水一样,本身就是构成苏格兰威士忌的一种要素。这就是我们所说的,一方风土①酿一方威士忌。我曾经只身前往霍布斯特沼泽地和奥克尼群岛高地公园,看到那里的泥煤切面。我站在位于沼泽地底层的黏土次层上,那里有差不多厚达6英尺的泥煤,表明它们已经在那里积淀长达5000年之久了。地质的顶层比较松散,呈浅棕色,并布满了石楠的茎秆和杂草的叶片。远处下方,泥煤显得更为紧实,虽然比较脆弱,其中的植物茎秆和叶子依然清晰可辨。

一直往下走,深处的泥煤可以追溯到5000年前,这些泥煤颜色很黑,也更为坚硬……我甚至可以看到一些极为古老的植物茎秆,它们早在公元前3000年,即维京人抵达奥克尼群岛前3800年就已然生活在这片沼泽地中了。如今,这些泥煤,这些古老植物的茎秆就可能经燃烧而融入麦芽的风味,继而用于大批制作高地公园的威士忌原酒,再经过15年至18年,醇美的威士忌就诞生了!

---

① 风土(Terroir),即风土条件,通常包含土壤、光照、坡向、风向、周围环境(山、水、森林等)对酿酒的综合作用。

泥煤被切割成泥炭草皮或泥炭条,人们先是将它们堆积起来,在数周的干燥之后,再把它们一块块收集起来,继而一股脑地投入蒸馏酒厂的烧窑里燃烧,用来制作泥炭麦芽。

粉就裸露在外了。

一旦这种转换到达最为活跃的峰值,也就是在抽芽开始消耗大量的食物之前,我们适时地在烧窑中对麦芽加热,从而及时切断萌芽的进程。艾迪·麦克艾弗是位于伊斯莱岛的波摩蒸馏酒厂的经理,他就曾当面给我展示了一种麦芽制造者用来检验麦芽是否已适合送入烧窑的古老技法,这种手法也被戏称为"麦芽粉笔画墙法"。他从酒厂铺满麦芽的地面上随手捡起一颗谷粒,在面前的抹灰墙面上往下刮划,墙面上就留下了一道白色的刮痕。"这就差不多可以了,"他进一步向我解释,"只有软化的淀粉才会在墙壁上留下如此的刮痕,未经充分转化,也就是'未

变性的'谷粒是无法划出白色刮痕的。"在这方面,他是富有经验的老手,自 1966 年开始在波摩酒厂工作以来,他一直秉承着这种方法,坚持在这里用手工的方式翻炒着麦芽。

一旦充分变性,发绿且依然潮湿的麦芽就会被送入烧窑,那里有热空气不断吹入,嫩芽被烘干并丧失活性。这步操作中,我们仅仅希望通过加热终止麦芽的生长,倒并不是为了升温烘烤麦芽或者使酶发生变性。

如果你希望最终的成品威士忌中蕴含泥煤的烟熏味,那么这道工艺是赋予其这种特殊气味的关键步骤。如今的麦芽烧窑使用的热空气不带任何的烟味或燃烧气味,但这在 200 年前可是件难事,麦芽通常会在干燥的过程中或多或少地沾染上些烟味。不过,在两种情况下,我们恰恰非常需要麦芽拥有这种烟熏味,也就需要采取某些特定的工艺来保留这股味道:其一是德式熏制啤酒(德语 rauchbier),其二是大量的苏格兰(以及日本)威士忌。

焚烧泥煤只能对湿润的麦芽发挥作用,鉴于此,如果确定采取这道工艺以赋予酒品独特的泥煤烟熏味,那么它应该是烧窑加工的第一步。烧窑中会加入大量的阴燃泥煤[①] 作为燃料,而所产生的烟雾会在长达 18 小时的时间内穿越整个烧窑。这种烟雾并不算太热,你大可以在整个过程中站在烧窑中,环境会比较潮湿,但由于麦芽大量吸收了烟味,所以并不会感觉太呛。

我们可以采用百万分率(ppm)的酚含量来衡量麦芽吸收的烟量,而所谓酚是一种可以赋予酒品烟熏香的芳香族化合物。在经泥煤强烈熏制的麦芽中,该值可以高达 60ppm 甚至 70ppm。可能你也曾听到有些人谈论起威士忌中的酚含量,但这些数值并不精准,实际上,麦芽中的酚含量和最终烈酒中的酚含量之比约为 3:1,有很大一部分烟在糖化阶段被滞留在了麦芽的外壳中。事实上,影响威士忌烟熏度的因素

---

① 指无焰燃烧的泥煤。

用于威士忌制作的各种谷物

麦芽威士忌	单一壶式蒸馏爱尔兰威士忌	加拿大威士忌
（苏格兰、日本，以及部分爱尔兰威士忌） 100%大麦芽	麦芽和生大麦的混合物	玉米、黑麦和麦芽 实际的混合比例变化多样
谷物威士忌	黑麦威士忌	波本威士忌
（苏格兰、日本，以及部分爱尔兰威士忌） 谷物种类变化多样 通常采用小麦	51%⁺黑麦，加上麦芽和玉米	51%⁺玉米 加上麦芽以及黑麦或小麦

还有很多，其中酒品的蒸馏方法最为重要。当然，衡量烟熏度最好的方法莫过于人类嗅觉敏感的鼻子了。

焚烧泥煤完成之后，再将热度调高，当然了，如果不需要焚烧泥煤这道工序可直接进入该步骤。在约两天之后，麦芽被烘干。这个制麦芽工艺耗时约一周。曾有一位麦芽制造师傅和我这样描述道：进去的是谷物，出来的是麦芽，这个过程需要顺其自然，基本上没有什么人为加速的办法。

这就是麦芽，它构成了单一麦芽苏格兰威士忌和日本麦芽威士忌的基础。此外，爱尔兰威士忌也是由麦芽制作而成的，一些知名的爱尔兰威士忌蒸馏酒公司（比如尊美醇、鲍尔斯、知更鸟、米德尔顿）所生产的威士忌也都或多或少地含有一定量的未出芽大麦。美国威士忌则与之不同，尽管诸如波本威士忌和黑麦威士忌也会用到一部分麦芽，但主要是为了酶的作用，这类威士忌的母类谷物并非麦芽。波本威士忌的主基调是玉米，而黑麦威士忌则酒如其名，自然以黑麦为主，同时这两者中又略含彼此。现在，就让我们好好瞧瞧这些制作威士忌所用到的不同谷物吧。

黑麦

黑麦算不上是一种表现特别优异的谷物，而这也不令人意外：黑麦是一种年轻的谷物，被人类人工种植的历史还不久。各种考古学证据显示，黑麦的历史仅可追溯至公元前 500 年，这使得它成为谷物家族一名相对年轻的成员，而事实上也正是如此。

作为草类，黑麦个子特别高大，它可以长到 6 英尺甚至更高，而且总生长在不讨人喜欢的地方。黑麦的茎秆总会在收割之后生机勃勃地冒出来，而谷粒也会极为迅速地萌发出来。如果在小麦田里突然窜出一片黑麦，势必会使原来的收割大打折扣。此外，黑麦还以其苦涩且带有一丝泥土味的口感而著称，这种味道曾受到罗马人的极度鄙视，至少对罗马的自然科学家老普林尼先生来说是这样的。

老普林尼认为黑麦这种低级的草类几乎可以说一无是处。在他所著的《自然历史》一书中，黑麦被描述为"一种非常低等的谷物……只有在出现严重饥荒的不得已情况下才会被食用"，他也特别不喜欢黑麦的味道，并如此叙述道："通常会在黑麦中混入斯佩尔特小麦，以调和其原有的苦味，即便如此，它还是叫我们的胃难以接受。"

当然，即便是如此厌恶黑麦的老普林尼，也不得不承认黑麦所拥有的优点："黑麦可以在任何土壤中生长，产量极为丰盛，它还可以用作肥料，使土壤变得更加肥沃。"农民们则认为黑麦是一种顽强的、在岩石上亦能生存的谷物，而事实亦然。我曾经访问过加拿大阿尔伯塔省的一片黑麦农场，那里的土地荒芜至极，但是只消有那么一丁点儿的土壤或者死草，黑麦就会蓬勃地萌芽，无论是在岩石上、楼房上，还是在农业机械上。

黑麦如此坚忍顽强，如此生长迅猛，如此深深地扎根于土壤，甚至都无须人工为其除去杂草。事实上，黑麦能够轻而易举地扼杀掉所有试图与之一较高下的竞争者，还能帮助土壤抵抗腐蚀。还有，正如老普林尼所说的，黑麦是一种两年期生长作物，人们还可以在第一年将其犁回土壤中作为肥料。黑麦所具有的这一系列品质特征促使其成为东欧以及斯堪的纳维亚地区一种广受欢迎的种植谷物。在这些地方，裸麦粉粗面包和黑麦面包成为主要的面包品种。

黑麦既然可以用来烘焙面包，自然也就可以用来制作威士忌，而且黑麦很容易制麦。我想，德国人对于这一点是再熟悉不过了。当德国人在18世纪移民到北美时，他们也一同带去了有关黑麦以及蒸馏的知识，各式各样的农场蒸馏酒厂也就开始在宾夕法尼亚州遍地开花，而富有浓郁香味的黑麦威士忌也就成了美国的经典。加拿大人也以同样的方式掌握了黑麦的种种特性；而在东方，这种高大又任性生长的草类也开始在坑坑洼洼的土壤上，在广袤的草原上茂盛地生长起来。

玉米

另外一大美国蒸馏酒谷物是玉米。玉米其实也是一种草类，这可能有点令人难以置信，尤其是当你看到玉米田边上一大片修剪平整的草坪时。事实上，你所看到的两者都是草类植物，它们同属于禾本科。毋庸置疑，小麦、黑麦和大麦明显属于草类，只不过它们的个头比较大。相比之下，玉米的茎秆更为粗壮，而谷粒则生长在硕大的玉米穗轴上，外面包裹了一层保护壳。可以说，玉米是一种看起来有些奇怪的草。

恰恰因为是一种草，玉米在蒸馏中表现得尤为出色。玉米经过培植变成了一种统治北美地区的作物。玉米（corn）在世界其他地方也被称为 Maize，它源于一种名为墨西哥类蜀黍的草类，这是一种外形呈波浪式复叶状的植物。本土的美国人成功地对墨西哥类蜀黍进行杂交，直至形成一种单茎的结有玉米棒子的植物，随之而来的产量大增也在人们意料之中，玉米也就成了美国食品科技中极为重要的一种作物，并对美国食品业的发展产生了大多数人难以想象的巨大影响。

而说到本书的重点——威士忌，我们也不难解释为什么美国的蒸馏师会选择玉米作为威士忌制作的母类谷物，原因在于玉米有着超强的繁殖力。只要提供优质的土壤和适宜的气候，玉米就能得到极为广泛的培植，并结出大量的谷粒。玉米粒比较难以催芽，但是削去其外皮的方法却多种多样，一旦玉米被磨成粉状并经过烹煮，其含有淀粉的基质就会开裂，加入少量的麦芽就能为其提供丰富的酶，从而促使玉米中大量的淀粉转化为麦芽浆中的糖类。

玉米仅有的一点不足可能在于其风味比较单一，就是甜而强劲。鉴于此，农场蒸馏师学着创造出了一种配方，我们现在也将其称为麦芽浆配方，其中包含大量的玉米，构成了甜甜的口感，而其中的糖也为发酵提供了能源。配方中还加入了一部分麦芽，这可以帮助酶将淀粉转化为糖类物质。此外，配方中还含有一点儿黑麦（或者有时是小麦），这能起到调味的作用，使烈酒的风味更为丰富。制作者先是研磨谷粒（可能会留下一部分产品作为磨坊工人的报酬，多数情况下，磨坊工人同时也是蒸馏师，或者也可能承诺之后以威士忌回报），之后就可以开始制作麦芽浆了。

烹煮麦芽浆

无论使用何种谷物，也不管谷物有未经过制麦或烟熏处理，现在它们都将经历一道几乎相同的工序。谷物已被研磨成为粉状颗粒，形成了酿造用的碎麦芽，之后再将其和水混合。水在威士忌的制作中尤为关键，正因如此，蒸馏酒厂往往会坐落在优质水源附近。制作开始阶段，蒸馏需要大量的水用于冷却，在沿着蒸馏柱下行的过程中，酒精蒸气需要冷却并冷凝，而在炎炎夏日里，发酵也需要较低的温度，以免酵母活动过于旺盛而破坏了麦芽浆。酒厂几乎可以从任何洁净的水源地获取冷却水，而蒸馏水的选用则更

为严苛。作为蒸馏用水，水中的钙可以为酵母提供所需的养分，而水中的铁则很不利于威士忌，会使其发黑和腐败。肯塔基州中部大部分地区的地下都分布有石灰岩层，这为威士忌制作提供了不含铁却富含钙的优质水源。我曾经听一些蒸馏师谈论起历史上一些酒厂制作失败的原因：他们没有优质水源的地缘优势。

优质的水必不可少，其次，你还应当拥有黏稠度适中的酿造用碎麦芽，它们将被置于麦芽浆发酵桶中。在这种发酵容器中，碎麦芽，其实现在也可以叫作麦芽浆中的淀粉，就会转化为糖类。视酒厂的不同，麦芽浆或被置于适当温度中进行转化，或在上升"阶段"被轻微加热，以激发各种酶的最大活性。

松木质"发酵槽"或者发酵用容器。苏格兰伊斯莱岛上的阿德贝哥蒸馏酒厂。

酸麦芽浆

如果问威士忌饮者酸麦芽浆是什么意思,他们可能会告诉你:"酸麦芽浆就是杰克·丹尼,它是真正的酸麦芽浆威士忌,能散发出酸麦芽浆的强烈气味。"那么果真如此吗?酸其实仅仅存在于麦芽浆内,待原液穿过蒸馏器后,其中的酸味已消失殆尽。正如所有人告诉你的,田纳西威士忌(以及它的亲密兄弟波本威士忌)都是甜味的。

你可能还听说过,酸麦芽浆类似于一种酸酵头(酸酵头(sourdough starter)是经过长时间自然发酵产生很多酵母菌和乳酸菌的面团,它是一种天然酵母),蒸馏师会保留一小部分已经发酵的酸麦芽浆,也就是现在的酸,用于下一次的发酵,以此确保各批次产品之间的连续性。除了酸麦芽浆以外,通过新鲜的流通蒸气并最终从蒸馏柱中流出的产物中还包括一种所谓的酒糟,人们有时也称其为逆流物,或者令人费解地叫作回流物。这种酒糟中不存在任何有机生命体,它只是一层薄薄的充满了死亡酵母尸体的酸液层,而这正是酸麦芽浆所需要的。

这种"酸麦芽浆"和一种新的麦芽浆一起被加入发酵器,整个发酵器总容量的三分之一为酸麦芽浆,后者在发酵器中埋头苦干两件事情:其一是喂养酵母,死亡的酵母尸体是下一代新酵母绝佳的食物来源,而酸酵母中残余的酶也能促进新鲜酸麦芽浆中新一代酶的生长。其二是降低麦芽浆中的 pH 值,使得其微微发酸,这正是酵母所喜欢的环境,它们向酸的状态进军,并开始酿制下一批酸麦芽浆。

可是,为什么酵母会喜欢酸酸的麦芽浆呢?杰克·丹尼威士忌酒厂以应用酸麦芽浆而闻名的蒸馏酒大师杰夫·阿内特对此曾经发表过感言:酵母喜欢酸麦芽浆这一说法并不尽然。他拿赛马界享有"泥地善跑马"之盛名的赛马品种和酵母做比较,前者是非常善于在泥泞跑道上竞赛的马种,阿内特这样评价这些马:"泥泞的跑道本身并不能使泥地善跑马跑得更快,但是它却能在泥泞的跑道上比其他种类的马匹跑得更快。"

与此类似,酸麦芽浆虽然也会降低酵母的活性,但是它同时能更多地抑制麦芽浆中细菌的活性,而细菌是最令蒸馏师挠头的一个问题。细菌会吞食糖类,却并不生成酒精,而且还会散发出难闻的异味。抑制和减慢细菌的活动有利于酵母战胜细菌这个对手,并在繁殖上大获全胜。

由此可见,酸麦芽浆的用途和酸酵头不太一样,更多是为了实现连续性和一致性。通过酸麦芽浆的使用,我们可以确保蒸馏酒厂的酵母菌株在发酵过程中发挥主导性的作用,每次发酵都能健康且富有活力地完成。

对于波本威士忌而言,酸麦芽浆几乎是其不可或缺的组成部分。也有极少量的一次性装瓶威士忌仅仅作为实验未使用酸麦芽浆,而制作者也很清楚这意味着什么。我想现在,亲爱的读者,你也应该理解酸麦芽浆的含义了。

温度的控制极为关键:温度如果过低,转化就无法发生,而温度如果过高,酶就会分解,也就什么都不会发生。转化一旦启动,可以说一个神奇的变化过程就开始了。富含淀粉的麦芽浆厚重黏稠,就像燕麦粥一样,然后就是酶大展身手的魔力时刻了。在其作用下,一瞬间,麦芽浆就变成滑润并富含糖类的汁水,这简直是一个令人啧啧称奇的物理转化。

此时,不同酒厂开始采取不同的操作方式。大多数的蒸馏酒厂会将糖汁(麦芽汁)从麦芽浆中挤出,再通过连续的热水将残余的糖类从麦芽浆中洗涤出来,我们也将这种热水称为"喷雾"或简单地称其为"水"。在一些更复杂糖类的作用下,这种热水会促发最终的转化。之后,流动的麦芽汁和喷雾水(最后一拨喷雾除外,它通常会用作下一批次的碎

苏格兰达夫小镇上格兰菲迪蒸馏酒厂的威士忌蒸馏器；请注意图中展示的三种不同的蒸馏器几何形态。

麦芽用水）会在一个热交换器中得以冷却，再被送入发酵环节。传统的美国蒸馏师并不会挤压麦芽浆，所有东西一股脑儿地被送入发酵器，包括粉状的碎谷粒以及其他的所有物质。

发酵

麦芽浆会占据整个发酵器的三分之二左右，发酵器中剩余部分容量则会用来装填前一次发酵后流经蒸馏器残留下来的酸麦芽浆。此时，加入蒸馏师的特制酵母菌株，发酵随之开始，麦芽浆中的糖类开始转化为酒精和二氧化碳。

发酵的速度和温度会对酵母生成的香味造成一定的影响。发酵本身是一个生热（放热）的化学反应，于是麦芽汁在发酵过程中会变得越来越热（除非蒸馏室做冷却处理）。热量会加速化学反应，并生成更多的芳香族化合物。适量的芳香族化合物能增添风味，但一旦过量就不讨人喜欢了。此外，酵母菌株的选择也会影响香味，正因如此，蒸馏师会始终注意保持其酵母的洁净和健康。他们还会选取一部分样本进行显微镜分析，以此确保菌株未发生任何突变。

视蒸馏酒厂和所用酵母的不同，发酵产物的标准酒度（ABV）会在8%~18%之间。美国的蒸馏师会将此时的产物称为"啤酒"，而苏格兰和爱尔兰人则称其为"原酒浆"，现在可以准备进入蒸馏了。

壶式蒸馏器的工作机制

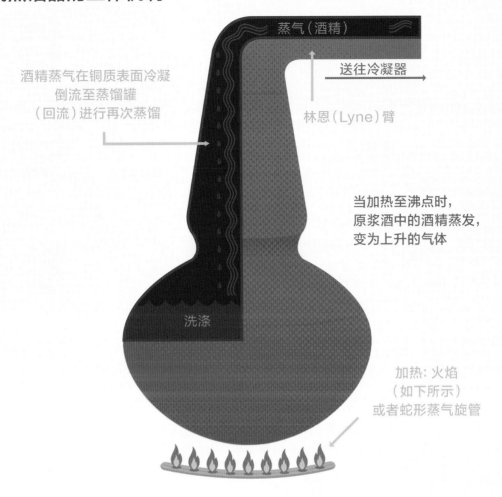

蒸气（酒精）

酒精蒸气在铜质表面冷凝
倒流至蒸馏罐
（回流）进行再次蒸馏

送往冷凝器

林恩（Lyne）臂

当加热至沸点时，
原浆酒中的酒精蒸发，
变为上升的气体

洗涤

加热：火焰
（如下所示）
或者蛇形蒸气旋管

蒸馏

不同蒸馏酒厂的蒸馏运作机制往往也有所不同，这是一个比较令人难以捉摸的工艺环节，当然这也不足为奇。光是蒸馏器械就五花八门，包括：壶式蒸馏器、柱式或连续柱式蒸馏器、混合式蒸馏器和萃取式蒸馏器。每种蒸馏器的运作模式都有所不同，但相同的是，它们都会从原酒浆或啤酒中这种最初的发酵产物中分离出浓缩酒精。多数的威士忌蒸馏会进行两次或更多次数的系列蒸馏，每一系列蒸馏之后，酒精浓度都会有所提升，或者酒中不需要的杂质会被去除。

一系列的蒸馏壶

壶式蒸馏是一种分批流程，先是把"一批"原酒浆送入蒸馏壶，加热直至蒸馏完成，之后清洗蒸馏壶，再重新开始蒸馏。

蒸馏壶的概念很好理解，我想每个人都曾见过壶。要想了解壶的运作模式，不妨取一把烹饪用壶，在其中灌入水，接着把它置于火炉上，盖上盖子，然后开始加热。当水沸腾的时候，蒸气就会将盖子往上顶。和下面发烫的金属相比，上面的盖子温度较低，蒸气就会在此冷凝，如果此时你掀开盖子，就能看到这些冷凝水。

铜：称职的卫士

铜质蒸馏壶在蒸馏室中闪闪发光。柱式蒸馏器的铜壁会在蒸馏中发出咝咝的声响，冒出泡泡，有时蒸馏器的顶部还会额外装载有一些铜的杂件。可以说，铜在蒸馏室中是无处不在的。然而，随着不断地使用，铜也会磨损并出现凹痕，它会慢慢失去光泽并显得暗沉而破旧。为什么蒸馏师会如此偏爱铜这种材质呢？

"最初，人们使用铜，只是因为它方便可得。"比尔·卢姆斯登教授这样解释道，"铜具有可锻性，你可以很容易地将其打造成蒸馏器的形状，同时它还有很好的热传导性。如今，加热过程多半在蒸馏器内部的蛇形蒸气旋管中完成，所以材料的热传导性已显得不再那么重要。然而在过去，我们是通过煤火或类似的方式进行加热的，因此我们亟须将热量传导到蒸馏器内部，而恰好当时人们通过偶然的机会发现了铜能很好地与冷凝蒸气发生反应。"

铜能和蒸气中的硫结合并形成硫酸铜，其中蒸气中的硫成分来自谷粒。这样一来，硫这种黑色且散发出有毒气味的化合物就能被滤除，剩下的就是清澈的烈酒了。

"活福珍藏波本威士忌的生产中，第一道蒸馏后流出的液体中充满了硫酸铜，与此同时，铜的化学反应也会使麦芽浆配方中玉米粒内的油分离出来，这种油是不利于酿酒的蹩脚货。"蒸馏酒大师克里斯·莫里斯这样说道，"我们称其为蹩脚货，可千万不要触碰这些油，否则就算是洗上三天三夜，你的双手还是会沾染上那股难闻的气味。"

如果我们不在蒸馏中使用铜，那么你最终得到的威士忌会呈现另外一股味道。"不使用铜，你的威士忌会有一股强烈的硫黄味，有点肉味，还有一种几乎类似于卷心菜的味道。"卢姆斯登这样描述道，"这种味道并不是你所真正期望的，它很大程度上会掩盖掉威士忌本该拥有的果香和若隐若现的醇美感。"

而颇为有趣的是铜与硫结合的过程在去除硫的同时，也带走了铜本身，无论是在蒸馏器、冷凝器，还是在林恩臂中都是如此：沿着蒸馏路线，凡是用到铜的地方都应在某些部位填补新的铜，而正是铜的释放使得威士忌格外美味和芳香。如果说最光辉的人类拥有一颗金子般闪耀的内心的话，那么毫无疑问，威士忌则拥有一个闪烁着微光的铜心。

这就是一个壶式蒸馏器的工作原理，和一般的壶相比，它有两大突出的不同点，第一点同时也是蒸馏最为核心的关键：酒精的沸点低于水的沸点，因此只需加热蒸馏器及其所含物到酒精（乙醇）的沸点——173华氏度（78摄氏度）和水的沸点——212华氏度（100摄氏度）之间时，就会生成大量的酒精蒸气，你可以将其冷凝并收集起来。

要想成功收集酒精蒸气还基于壶式蒸馏器区别于一般壶的第二大特点：排放孔。蒸馏器需要一个用于排放酒精蒸气的出口。一旦蒸气被排出壶式蒸馏器，它们将经过顶段的颈口，继而抵达被称作为林恩臂的一根侧管。林恩臂有可能会急剧地下弯，也有可能较为柔和地下弯，多数情况下是水平的，还有一些会微微上倾。不管以何种形状出现，林恩臂的作用是一样的，即回流（蒸馏过程中的再蒸馏）。

威士忌饮者并不常常谈起回流这个概念，然而，

双柱蒸馏器的工作机制

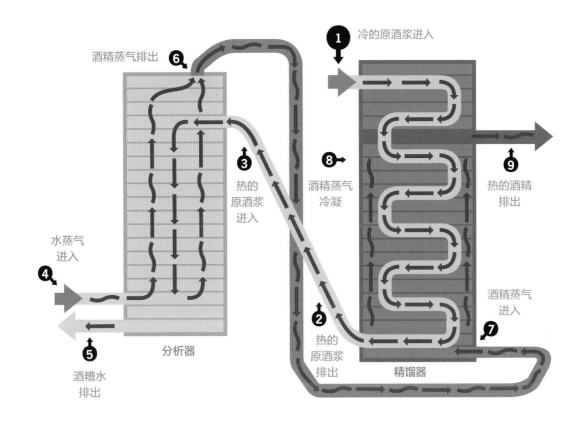

1. 冷的原酒浆 ① 进入精馏器柱，流经整个管道系统，同时变热。

2. 热的原酒浆从精馏器中流出，并流入临近的分析器柱顶端。

3. 热的原酒浆流入分析器柱，向下流经一系列带孔的薄板。(提示：在这里，冷的发酵麦芽浆将进入专为波本威士忌、黑麦威士忌和田纳西威士忌准备的柱子内，开始其酿造的第一步。)

4. 当原酒浆向下滴流时，新鲜的流通蒸气则会穿过薄板上行。热的水蒸气流使酒精蒸发，使其变为酒精蒸气，并挟带其抵达柱子的顶端。

5. 剩余残留物——酒糟水和麦芽浆固体，会从柱子的底部流出。

在制作波本威士忌的酸麦芽浆制作工艺中，水状的麦芽浆固体块——也被称为"泔水"或"酒糟"，则会被加入未经发酵的麦芽浆中，作为"回流物"再加利用。

6. 热的不纯净的酒精蒸气流经分析器柱的顶端。此时的酒精度各有不同，基本上超过 50%。如果制作谷物威士忌，蒸气会进入精馏器柱的底部，如下所示；如果制作波本威士忌，蒸气会进入一个类似于壶式蒸馏器的加倍器，经历进一步的纯化。

7. 热的酒精蒸气进入精馏器柱的底部，又穿过一系列的带孔洞薄板上行。在上升的过程中，热的酒精蒸气与温度不断降低且装有原酒浆的管道相遇。一部分杂质，以及水会冷凝并留存下来(大多数情况下，它们会被排到柱子底部，再被泵入分析器，进入再一次的蒸馏)。

8. 酒精蒸气撞击到"烈酒薄板"上，并在特定的高度和温度条件下冷凝。高级醇和其他一些蒸发性的杂质则继续上升(大多数情况下，它们会冷凝并返回到流入的原酒浆中，进行再蒸馏)。

9. 热的酒精流入冷凝器，酒精收集器中的标准酒度为 90%~95%。

① 原酒浆（wash）：发酵麦芽液。

回流这个步骤极大地影响着威士忌的口感。

威士忌的狂热爱好者们可能会就水源、木桶、仓库以及泥煤侃侃而谈，但是却极少能听到他们会提及回流量这个概念。

回流量这个概念其实并不难理解，它是指在"逃逸"到冷凝器前就发生冷凝并流回蒸馏器中的蒸气总量。流回的蒸气越多，也就是"回流量"越高，烈酒在进入下一个加工环节时的清澈度就越高。矮胖形蒸馏器的回流量要少于瘦长形的蒸馏器，生成相对较为重质的酒。与之相似，朝上弯曲的林恩臂将引导冷凝蒸气流回蒸馏器，只有最热且最为纯净的蒸气才能通过并形成较为轻质的酒。

在蒸发过程中，原酒得到了一定程度的清洁，而沸腾则使原酒得以纯化，但原酒的清洁和纯化有很大一部分是在其与蒸馏器铜质表面接触时才得以实现的，这一点却未引起很多关注。采用铜这种材料不仅仅是为了美观，它还在蒸馏过程中扮演着极为重要的角色。

正因如此，格兰杰和阿德贝哥威士忌的蒸馏和创作大师比尔·卢姆斯登博士才会认为，苏格兰威士忌蒸馏酒厂所用的两种不同类型的冷凝器会造成酒品的差异。在壶式冷凝器和管式冷凝器中的铜壳内装有多达 250 根的铜管，来自林恩臂的蒸气穿过这些管道。冷水流经这些管子并促成了冷凝，这样一来，也就发生了回流。另外一种冷凝器则相对简单，是一种轮状桶，林恩臂中的液体流入铜质蜗轮，也就是一根常见的螺旋管向下穿过一桶冷水。

卢姆斯登曾经在一家使用过上述两种冷凝器的蒸馏酒厂工作过，"我能够识别出其中的不同，单是盲闻和盲品就能分辨出这两者，"他这样回忆道，"这两者间有着显著的差异。如果酒厂采用蜗轮状桶进行冷凝，那么制成的威士忌会明显带有更多的肉味和硫黄味。"

当第一道蒸馏在"初馏器"中完全启动，液体开始冷凝后，清澈的酒液便开始流淌出来，此刻就是制酒者做决定的时候了。这些酒液的品质是否已经达到威士忌的水平了呢？制酒者要在这里操作关键的一步：馏分。刚刚从初馏器中流出的酒液并不令人满意，它其实是一种非常低度的酒，含有各种不良成分，此时酒液的品质特征还无法使其成为一瓶优质的威士忌。这部分最先从蒸馏器中流出的酒液，我们也称其为"酒头"，它们将被引入一个槽中，并进行下一轮的再蒸馏。

当流出物达到一定的酒精度（事实上存在着很多"酒精"，而威士忌制作者关注的仅仅是乙醇），它们将被引流至收集器，这就是"酒心"。我们会小心翼翼地调节热量以确保酒心尽可能长时间地维持流淌，一段时间之后，我们会再次转移流出的液体，这就是酒液的最后一部分，也被称为"酒尾"。酒尾也会进入再蒸馏。

酒心，我们现在也可以称其为"低度酒"，其标准酒度在 20% 左右，将被置于一个较小的蒸馏器中再度进行蒸馏，并再次进行馏分。这一次的馏分会对最终烈酒的特征造成很大的影响，而酒头和酒尾依然会被截留并加入下一轮的蒸馏。截取较窄的酒心会使酒质更为清澈而轻盈，而截取较宽的酒心则会使酒液中含有更多的酯类、醛类和被称为酒精同系物的高级醇类物质，这会赋予酒液更为黏稠，甚至有些油状的特征。此时，流出酒液的整体酒精纯度会更高，接近 70%。这个时候，装桶陈酿的时机已经成熟了。

柱式蒸馏器:
丑陋却高效

　　柱式蒸馏器和壶式蒸馏器全然不同。它们模样丑陋,只不过是将很多个带有拧紧薄板的高柱用螺栓连接在一起,通常是锈迹斑斑的,有时甚至呈铁锈色,可谓其貌不扬。这些柱子彼此间很相似,几何形状几乎无异,至多是在大小上略有不同,它们声音很大,常常发出咝咝声,当新鲜的流通蒸气穿过其中时,还会发出巨大的咆哮声。它们24小时不停工作,而不是按批次进行——我们也称其为"连续式柱"——这种蒸馏器中不再进行酒心分离,而是源源不断地流过高酒度的酒液。

　　好像不怎么激动人心是吧?但是,一旦当你了解了柱式蒸馏器内部的工作原理,以及19世纪的蒸馏师是如何借助这一发明解决了高效蒸馏这一难题的,那么你一定会感受到这种装置的迷人之处。壶式蒸馏器可以生成品质上乘的烈酒,但在各批次之间却必须设有一个停机时间,人们要利用这段时间清空蒸馏器中的废料,将其清洗干净并重新填料,此后方能开始加热进入下一轮的蒸馏。蒸馏师迫切地想找到一种更好的蒸馏方法,以便更快速更高效地生成更多的酒液,并使酒液的品质更加均匀。

　　柱式蒸馏器的核心理念在于,仅朝一个方向引流原酒浆,或者啤酒。当其在柱子中向下流淌时,新鲜的水蒸气则以相反方向向上流动,于是两者就相遇了。随着原酒浆向下流动,其中的酒精蒸发出来,并随同向上的水蒸气一同上行移动,而水蒸气(水)则会冷却并下行,当其抵达柱体顶端的时候,酒精蒸气的浓度进一步提升。只要原酒浆和水蒸气还在不断地流入柱体,蒸馏就会继续下去,而高纯度的酒精就会以稳定液流的形式从顶端源源不断地流出。在此过程中,蒸馏师只需确保发酵环节跟上蒸馏的步伐,并留心观察产出物即可。

　　实际操作中却还要略微复杂一些。在敞开的柱体内,原酒浆并不仅仅在上升的蒸气流中流淌而下那么简单,它可能会下流过快,以至于温度还未能被加热到酒精的沸点之上。于是人们想到一个办法,那些柱体中彼此间相距15英寸的带孔薄板会滞留原酒浆,当蒸气上升穿过孔洞时,就能剥离蒸发出来的酒精(部分蒸馏师依旧称这种柱式蒸馏器为"剥离式蒸馏器")。一旦原酒浆的重量超过蒸气的压力,这一过程就会再度发生并循环往复,直至酒精被彻底地剥离,而液体废料则会从底部被排出(这些液体废料会进而被冷却,并被用作波本威士忌发酵中的酸麦芽浆)。

　　波本威士忌在蒸馏中会用到一种单一柱式蒸馏器,这有可能令你回想起未经过滤的啤酒,伴随着谷粒向下流经蒸馏器。蒸气发生冷凝,此时酒液的酒精纯度达到约140度(当然,每个蒸馏师都会有所不同),此时,我们可以将其称为"低度酒",它将被送往加倍器,其实就是一个经典的铜质壶式蒸馏器。在这里,威士忌的酒精纯度还有可能发生轻微的提升,可再次馏分去除不良杂质,或直接使其流过容器和铜质表面发生反应。在这个环节,不同的蒸馏酒厂又有着不同的处理技术。按照规定,威士忌的制作中,在最后一道蒸馏工艺完成之后,馏出液的酒度不得超过160。

　　苏格兰谷物威士忌的制作装备略有差异。苏格兰的蒸馏师通常使用经埃涅阿斯·科菲加以完善的经典双柱蒸馏器。比较具有讽刺意味的是,埃涅阿斯·科菲恰恰是一名爱尔兰的收税官,或者准确地说,是19世纪30年代的一名威士忌酒收税官。科菲蒸馏器(有些蒸馏师这样称呼它)拥有两根柱子,分别是分析器和精馏器。原酒浆在预加热后,被引入分析器的顶端,这就类似于波本威士忌蒸馏器的单柱,酒精在通过薄板被分离之后,流入精馏器的底部。

　　人们设计精馏器是为了在分离酒精的同时允许更多具有较强挥发性的不良同系物上升至柱体的顶部。

酒精液流蒸发并向上移动，通过另外一系列的薄板，其浓度在上行的过程中进一步提高。不同于波本威士忌的蒸馏过程，我们此处所采用的蒸馏方式是为了获取更加清澈和纯净的酒精液流，对于谷物威士忌而言，这通常意味着从精馏器中流出的酒液酒精含量需达到 90% 以上，即酒精纯度达到 180 之高。从精馏器底部流出的液体将循环流回原酒浆中，以确保最大限度地获取酒精。从精馏器顶部流出的具有更高蒸发性的物质将被释放到大气中或作为化工原料。

现在，你觉得有点绕晕了吧？别担心，要想理清这里的每个细节需要一些时间。简单一些，不妨把柱式蒸馏器想象成一系列叠加起来的壶式蒸馏器，它们各司其职，分别进行蒸馏，并将得到的蒸气传送给下一个壶式蒸馏器，如此接连下去。

还有第三种蒸馏器，在其中会加入水以分离更多的同系物。我在加拿大威士忌的制作中第一次见到这种蒸馏器的运用，因此关于这一点，我会在加拿大威士忌这一章节中做更为详尽的叙述。加拿大威士忌之所以采用这种特别的蒸馏器，我想多半是因为加拿大的蒸馏师特别希望得到清澈的酒液，而萃取式蒸馏器恰恰可以帮助他们做到这一点。

蒸馏过程结束后得到的产物基本是一样的：清澈且具有高酒精纯度的烈酒，现在可以将其置入木桶中陈酿了（或者直接装瓶作为"白色威士忌"）。酒精纯度较低的烈酒有着更加丰富的风味和芳香，但这并不全然是人们所期待的。相对而言，酒精纯度较高的烈酒则更加清澈，也没有任何不良特性，但与此同时，它们在风味和芳香方面就略显逊色。木桶的陈酿恰恰可以滤去前者的杂味使其更加纯净，同时又能增添后者的风味使其更加丰富，并同时赋予两者色泽。

到现在为止，我们从一片种植谷物的农田谈起，将谷粒制麦、研磨、糖化，进而发酵和蒸馏。制麦工艺耗时 1 周，糖化和发酵又需要 5~6 天，而蒸馏还需要 1 天。可以说，持续 2 周的加工之后，现在我们来到了灌装室，烈酒在这里被装入木桶，接着再进入仓库……然后就要在那里漫长地待上多年。好吧，就让我们在下一章中谈一谈装盛酒液的木头吧。

混合蒸馏器：灵活之选

壶式蒸馏器特别适用于单一批次的蒸馏，细心谨慎的蒸馏师也能依据自己的想法对酒液做出馏分。相较于壶式蒸馏器，柱式蒸馏器可以容纳较大的回流量，生成的烈酒更为清澈，蒸馏的效率也更高。很多手工蒸馏师在面对这两款各有千秋的蒸馏器时，会选择兼有这两者特点的混合蒸馏器。

现代的蒸馏器制造商提供了这样一种混合蒸馏器，在壶的顶端设有一根柱子。这种装置的巧妙之处在于，柱子是灵活可调节的。如果蒸馏师想将其作为壶式蒸馏器使用，就可打开各个薄板，然后它就能如同一座壶式蒸馏器那样工作了。如果蒸馏师想制作波本威士忌类型的烈酒，就可以关闭部分薄板，如果想蒸馏出更加清澈的酒液用于后续伏特加或者"白色威士忌"（未经陈酿的威士忌，

通常由手工威士忌蒸馏师自行出售）的制作，那么就可以关闭所有的薄板，使酒液在柱子内不断地循环，或者甚至将其输出送往另外一根柱子，而此装置中的壶主要仅仅用来加热。蒸馏师甚至可以在蒸馏器上设置一个不含排气管的球根状容器，其中盛有"金酒酒头"，这样一来，烈酒就能循环穿过这种植物性成分，继而下落回至壶中。

在参观手工蒸馏酒厂时，导游可能会轻描淡写地告诉你这就是一种壶式蒸馏器，你可千万别听信了这种忽悠，其实它是一种混合蒸馏器。它既非真正意义上的柱式蒸馏器也非真正意义上的壶式蒸馏器它有些特别，兼而有之又比较灵活，可以根据蒸馏师的需要而变换自己的角色。

第3章

陈酿

　　我们在上一章中描述了蒸馏的过程，整个过程结束时，蒸馏器中会流淌出清澈的烈酒，这正是200年前我们祖先眼中的威士忌。当时，人们可能会将其与热水、糖以及其他的一些调味剂混合，或者将草药、树皮、水果、花朵等其他自然的风味调料浸渍其中数日至数周，再或者人们也可能不做加工而直接饮用。

　　但是，200年前的威士忌基本上都是原始且未经陈酿处理的。即便是经过了陈酿，也只是出于偶然，而非人为地安排。在经历陈酿之后，威士忌的性状发生了巨大的变化，它从一种粗糙的精神麻醉剂升华为一种世界范围内广受欢迎的烈酒，富有成熟的内涵，又具有区别于其他酒类的显著特色，而帮助威士忌实现这一转型的正是一项极为古老的技术：木桶陈酿。

在经典的土质层"衬板式"仓库里，
苏格兰威士忌正在橡木桶中悄然熟成。

木桶陈酿

早在威士忌诞生之前，木桶就已成为远古时代的一项重要发明。将木材蒸干以便将其弯曲，这是一种被认为最早应用于造船领域的工艺。一些有识之士，很可能是某个凯尔特人，借用了这种弯曲木材的技术，将多块木质狭板拼制成一个圆柱形桶，分别在顶部和底部将其向内弯曲，并用一个桶盖或者桶头覆盖住每个端口，使其和狭板中的槽线融为一体。最早人们使用绳索对木桶进行捆扎，后来金属箍替代了前者，人们将金属箍铆接在一起，并在木桶鼓起的外凸处，用铁锤将其敲紧。

木桶可不是一个简单的容器，可以说，它是一项非常具有独创性的天才式发明。借助这样一个木桶，搬运者就可以很好地控制负载，并充分发挥自己举起或扛住重物的能力。在每年举行的肯塔基波本威士忌节中，你可以目睹波本木桶接力赛。

波本仓库里的工人们会沿着一系列轨道，熟练地把这些木桶（在节日活动中，这些木桶灌装的是水，而非威士忌）滚动下来，并在一个仿造的仓库内将其堆积成垛。他们会尽可能快地滚动这些木桶，做一些直角转弯，在快要抵达目的地时，将这些木桶摇晃起来并最终停下来站住。借助木桶圆滚滚的外形以及弧形的曲边设计，单个的搬运者就能做到快速而精准地操控500多磅重的波本威士忌。另外，木桶的尺寸统一，有经验的人就能以特有的方式沿着轨道滚落木桶，使得最终停下来的时候，桶塞板条恰好顶端朝上并无法发生泄漏。要知道，木桶是通过桶塞板条上的小孔进行灌装的，完成灌装之后，人们会用一个杨木栓将其封实。

早先的威士忌制造商之所以会想到使用木桶，是因为它相较于陶器罐或皮革而言，能更好地盛载液体。就像铜质蒸馏器一样，木桶的应用使得威士忌的品质出现了人们难以想象的前所未有的突破。

木桶的组成

1. （木桶两端的）凸边
2. 桶头
3. 铆钉
4. 桶头箍环
5. 四分之一处箍环
6. 桶腰箍环
7. 封塞孔
8. 桶腰
9. 桶板

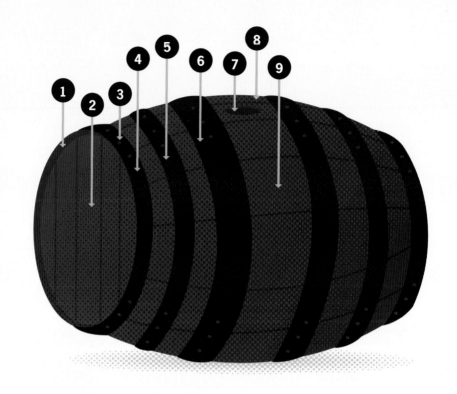

焙烤

　　威士忌熟成的一大关键在于，将端部开放的木桶置于火炉之上，向其中吹入热焰，从而焙烤木桶的内部。这种人工控制下的燃烧焙烤可以使木板发生物理变化，橡木桶则由此从一个单纯的容器转变成一种多功能的加工载体，它可以和盛载其中的酒液发生化学反应，并进一步实现过滤和浸渍。

　　美国的波本威士忌制作者是最先将经过焙烤的木桶用于威士忌的贮藏和陈酿的。至于他们最早是何时开始启用这种焙烤木桶的，至今已无法精确考证，关于这点，我们在第六章中还会做更深入的探讨。橡木桶的使用给威士忌带来了翻天覆地的变化，这也对全世界的威士忌制作影响颇深。

　　焙烤使木头发生了几大变化。其一，焙烤使桶板内壁形成了一层木炭，而木炭是一种绝佳的过滤剂，一旦木头转变为木炭，其吸附和包裹化学化合物

的有效表面积就大大增加。单单是1克重的木炭就拥有高达约200平方米的有效表面积，这简直是一个惊人的数字。盛载威士忌木桶内部上的炭能捕捉和吸纳那些人们所不需要的芳香剂，比如硫。

　　焙烤的热量同时还会改变位于木炭下方的橡木。木材中的糖类物质会被焦化成为我们所谓的"红层"，这在木材中是纤薄却显著染有色泽的一层物质，如果拆开木桶，你可以很清楚地在桶板中观察到。威士忌中的酒精是一种天然的有机溶剂，它能够渗透入红层，炎炎夏日的高温使之发生膨胀，并将其推送入木材之中。焦化的糖分会溶解并转变为威士忌的一部分，使其风味更馥郁，色泽更饱满。

　　焙烤也会分解橡木中的木质素。木质素是一种存在于木头中的天然聚合物，它拥有大而复杂的分子，可以增强木材的强度。一旦开始焙烤，酒精就会持续不断地分解木质素，它会创造出一些风味化合物，使威士忌呈现出一些典型的特征，比如香草味，

波本威士忌中的奶油香草基调即源于此。此外，一些木质的醛类化合物还会生成芳香酯，在此过程中会形成三大主要的酯类，分别是：丁香酸乙酯（烟草和无花果的香味）、阿魏酸乙酯（浓郁辛辣的肉桂香味）、香草酸乙酯（烟熏和燃烧的气味）。波本威士忌的饮者应该对所有这些酯类物质生成的香味非常熟悉。另外一大系列化合物——内酯，则会赋予威士忌椰子的气息。随着酒精持续不断地分解木质中的其他成分，它还会释放出一种名为类黑精的物质，该物质会使威士忌的风味更醇厚，色泽更浓郁。

总而言之，焙烤这一工序令威士忌的熟成增色不少，成为不可或缺的关键环节。人们有时会再次焙烤已用过的木桶，并进行再一次的利用。关于木桶的重复使用，我们之后还会详细讲解。

燃烧的火焰和弯曲的橡木：木桶的焙烤

泄漏和检漏者

贮藏威士忌的仓库中弥漫着一股味道，其中多数来自木桶缓慢的"呼吸"，但也有那么一部分直接来自发生泄漏的木桶。制桶工人会尽可能地箍紧木桶，每个木桶在离开制桶工场前也会接受压力测试：在桶中灌入水和压缩空气，然后将其密封起来，观测桶是否会在水压作用下发生任何泄漏，一旦发生就会对桶加以修补。体量较大的木桶会被拆卸开，各块桶板被更换或重新塑形，而体量较小的木桶如果出现线性泄漏，只需插入"木栓"（小型的木质长钉）或塞入少许干燥的灯芯草即可。

即便如此，泄漏还是在所难免。当夏季炎热的高温烘烤着仓库时，威士忌会发生膨胀，压力作用下，它会透过桶上任何细小的裂缝渗出到桶外。当渗出物变干，橡木中的糖分就会残留下来，形成一种黏稠的棕色斑迹，这正是大多数威士忌仓库中弥漫着的甜腻味的来源。

威士忌在陈酿的过程中总会损失那么一小部分，慢慢地，威士忌蒸馏师也接受了这一事实，并把它视作陈酿的代价。然而依然有一小部分制作者会雇用一些专门负责检漏的员工，他们会徘徊游走于仓库之中，携带着手电筒，在摆放成堆的木桶之间匍匐前进，细心检查是否有任何木桶在侧面溢出大量的威士忌酒液。一旦发现这样的情况，如果在能力范围之内，他们会就地修复；如果工程较大，他们会将木桶滚出来，并希望不久就能完成修复工作并使其归队。

呼吸

橡木在持有液体方面表现卓越，因而未加焙烤的那部分橡木也会对威士忌的熟成带来重大的影响，但是橡木也非尽善尽美。盛载威士忌的木桶会制作得尽可能的严实，以确保其能在长达数月甚至数年的时间内不发生泄漏，但事实上，橡木的分子结构依然允许液体和氧气在仓库里漫长的数周、数月甚至数年内发生交换，你可以用鼻子觉察到这一点。贮藏威士忌的仓库往往弥漫着一种强烈的，可以说浓郁的味道，只要你迈入仓库的大门，这股气味就会扑面而来，有点类似甜得发腻、带着霉腐气息的焦糖味，有点像熟过头的水果味，也有点像湿漉漉的木头味，当然，自然还飘浮着酪酊的酒精味（只有部分仓库里这股味道不重。我曾经造访过一些仓库，在进入时我甚至不敢擦亮火柴）。

蒸馏师和仓库工作人员已在长年累月的工作中适应了这股味道，逐渐地也就感觉不到它的存在。"如果我嗅出了什么味道，只能说明哪里出错了，我才会闻出不同来。"长期工作于野火鸡威士忌酒厂的资深蒸馏师吉米·拉塞尔曾这样和我说道，这实在令人称奇。在酷夏，贮藏野火鸡威士忌的仓库里弥漫着特别浓郁的味道，让你感觉像是走进了一块巨大且柔软的焦糖香草布丁一般。

这些气味中有一部分来自木桶在长年存放中的微小溢出，一小点一小滴，在数年的取样（官方和非官方的）中，从木材以及固定其位置的木质框架中流溢出来。但是，气味中的绝大部分来自木桶的"呼吸"，空气和液体极为缓慢地交换能以每年5%的比率偷走贮藏中的威士忌（这个比例在使用小型木桶的手工蒸馏酒厂或在特别炎热或干燥条件下的陈酿中会更高），蒸馏师亲切地称其为"分给天使的份额"。

总的来说，苏格兰威士忌在呼吸的过程中，流失的酒精多于水，因此须特别留心关注那些年纪较长的木桶，以免威士忌的酒精纯度降低到80以下，而不再满足法律上对威士忌的规定。在美国较高较热的仓库层面上，酒液中水分的流失要多于酒精，也就导致了威士忌酒精纯度的上升；也就是说，进入仓库时酒精纯度为120的威士忌，在经历7年贮藏后出库时，有可能酒精纯度已升至135，此时的威士忌体积变小，但更强劲了。

如同必须为酒纳税一样，蒸发的损失是制作威士忌不可避免要付出的代价。在温度较低的气候条件或者较为潮湿的环境下，蒸发量会相应减少，但依然每年发生，从未改变。当威士忌陈酿超过最佳时期，木质会变得愈加粗糙和干燥，蒸发作用会真正地终结威士忌的陈酿。最终，天使将汲取木桶中所有的威士忌，木桶被抽干并且大量流溢，甚至有可能一触碰就彻底崩塌。

与此同时，木桶的呼吸又是威士忌熟成的一个基本要素。一旦失去这种与外界的交换，威士忌就无法恰如其分地熟成。原因何在呢？不妨让我们回过头看看橡木的分子结构。在有生命的橡树上，木质不停地进行着慢速的交换，树木通过一系列错综复杂的纤维和通道进行着水、空气、糖类和矿物质的运输。橡木会生长出越来越多的木质外层，同时，树木中具有生命活力的那一部分（你在观测树木剖面时可以看到它是充满树液而湿润的）又会生成一种侵填体，这是一种可以封锁通道的堵塞物。一旦遭遇干旱或者感染，甲基纤维素能够阻断活体组织的流失。在制桶工人看来，橡木正是因为含有了甲基纤维素这种物质而具有很好的防水（防威士忌）性能，因此特别适于木桶的制作，橡木因此能封锁通道，从而阻止液体的流通。然而，这并不能阻止空气和水分通过细胞间隙的微小空间发生微缓的渗漏。

在连续的数个夏季中，威士忌慢慢地渗透出来，而空气则缓缓地渗透到木桶中。我们已经了解威士忌渗出带来的结果：我们会损失一部分威士忌，而仓库中会因此弥漫着一股怡人的气味！

尺寸很重要

手工蒸馏师曾因使用小于工业标准的木桶而一度引起争议（在美国，工业标准为53加仑的木桶）。他们想将威士忌置于木桶中陈酿，但是出于经济利益的考虑，又想缩短陈酿的时间。手工蒸馏师们注意观测不同比例的木桶接触威士忌表面积所产生的效果，并认定较小的木桶能更加迅速地陈酿威士忌，于是，有一小撮产量不大的蒸馏酒厂开始采用30加仑、15加仑、5加仑，甚至仅为2加仑的木桶。

那么这些小木桶能够发挥作用吗？威士忌能非常迅速地从比例更大的表面积中提取色泽，但是和在大木桶中陈酿并获得相同色泽的所谓"大木桶威士忌"相比，其风味不尽相同。蒸发量剧增，每加仑因此损失的陈酿威士忌也随之增加，但是采用小桶可以加速投资回报的获得，两者之间达成了折中。真正的问题在于，威士忌的陈酿是否真的因此加快了，并且有所不同呢？

斯科特·斯珀维利诺，一名威士忌化学分析家，曾特别留意观测过小木桶中发生的陈酿过程，并阐释了陈酿和熟成之间的差异。"陈酿是指你最终在瓶子上标注的酒的年龄。"他这样描述道，"它更加关乎于木材的选用、木质的基调以及从木质中的萃取。从字面上理解，就是威士忌贮藏在木桶中的时间。而熟成则指化学反应和蒸发到达了峰值。"

蒸发确实极为重要，但斯珀维利诺同时指出，这个过程只取决于时间的长短，而不受木桶尺寸的影响，这是"乙醇聚集"的过程，乙醇和水在结构上相聚在一起，使得在品尝酒时，你能在味觉上感到更加丝滑。"在这方面，较小的木桶并不能带来什么特别的。"

那么用较小木桶陈酿的威士忌味道究竟是怎样的呢？我开始小心翼翼地提出了这个问题。在过去20年中，我一直饮用、品鉴着威士忌，这并不算太长，但期间我已经遇到过很多人，他们原本认为小木桶会加速威士忌熟成，但最终不得不表示出失望。我手头倒是有几瓶我甚是喜欢的在小木桶中陈酿的年轻威士忌，比如说，兰杰·克里克36得克萨斯波本威士忌就是其中之一。我认为，小木桶陈酿并非如我最初想象的那般不堪。

我还注意到，一些小型蒸馏酒厂，随着其销售量和产量的增加，也会慢慢地转向大木桶陈酿。较大的木桶意味着较少的蒸发，这和较长的熟成时间形成了平衡，这就意味着威士忌的销量会有所增加，这应该是一个有力的论据。但我也认为，有一部分蒸馏酒厂依然会，或者至少选择其库存中的一部分威士忌进行小木桶陈酿。由此得到的酒风味更加粗犷，工人们会不断地取样监测，一旦到达峰值就立马中止陈酿，这种方法同样会酿造出颇具魅力的威士忌。

而空气的渗入则会促进木桶中正在发生的所有化学反应，从由炭引发的木炭过滤，到木质素的分解，以及相继生成的各类不同风味的化合物。随着威士忌混合物中的化合物遇到渗入的氧气并发生氧化作用，水果酯的味道弥漫开来，赋予了威士忌富有个性的芳香，很难想象仅仅是简简单单的谷物和木头竟然能酝酿出如此美妙的气味，而所有这些香气和风味竟都源于木桶……此外，所有的威士忌制造商都绞尽脑汁地寻求贮藏酒液的最佳容器，以便最好地将威士忌运输送往市场。

时间就是金钱

与此同时，木桶的陈酿远非酒液的缓慢风干那么简单。已故的林肯·亨德森曾长期在百富门公司担任蒸馏师，并负责监管一些知名威士忌品牌的生产，诸如杰克·丹尼、老林头波本威士忌以及活福珍藏威士忌。他曾向我描述了30年来他的团队在百富门公司所进行的一些试验。

他们指派了一些化学工程师专门研究学习陈酿的过程，以更好地理解其中的奥妙，并试图找到缩短陈酿时间或提升陈酿效果的办法。对于威士忌制造商（以及他们的财务会计师）而言，缩短陈酿时间始终充满了诱惑力；在商业领域，时间就是金钱，这是亘古不变的定律。若能缩短威士忌制作的周期，就能减少蒸发损耗，节省税务支出，还能降低仓库运作的人工成本。

"其实，我们能在5天内完成波本威士忌的制作。"他这样咧嘴笑着说道，伴随着回忆，脸上又难免流露出一丝苦涩，"然后你需要在木桶中获得空气，于是我们透过木头，将氧气注入威士忌中，这使得威士忌看起来美极了，但是味道却很糟糕。"

究竟是什么赋予了陈酿无穷的魔力呢？是空气和液体发生交换的速度吗？是大气压力，木桶中的压力吗？还是木桶中发生了什么致使物质发生了变化呢？这些问题提得都很不错，可以说都部分解释了我们无法在短短5天内完成威士忌制作的原因。

老桶新酒

苏格兰、加拿大以及爱尔兰威士忌的制造商很少使用新桶，而且使用新桶仅仅算是它们不久之前的创新之举。在相当长一段时间内，这些威士忌的制造商都习惯采用已使用过的旧木桶来陈酿威士忌，并且非常擅长运用不同的旧木桶创作出种类丰富、口味各异的威士忌。其中，他们最常使用的就是贮藏过波本威士忌的木桶，有可能是因为其为数众多的缘故吧。

其实，采用波本威士忌木桶也有其必然性。美国的威士忌制造商购买获得全新的木桶并加以焙烤，多数情况下，这些木桶仅被使用一次。按照美国的法律规定，波本、黑麦、小麦、麦芽（仅适用于美国制造威士忌，对于苏格兰威士忌而言有一些单独的规定），以及黑麦麦芽威士忌都必须在全新的焙烤过的橡木桶中进行陈酿。那些在或多或少使用过的旧木桶中进行陈酿的威士忌，几乎很难得到新木桶所散发出来的强烈而浓郁的风味，这些酒品不得不在售卖时贴上"波本（黑麦、小麦、麦芽或黑麦麦芽）麦芽浆蒸馏酿制威士忌"这样的标签。虽说也有那么一些手工蒸馏酒厂依然在使用旧木桶进行陈酿，但当下唯一以这种方式进行陈酿的知名威士忌品牌也就剩下时代波本威士忌了。

自从美国的纯饮威士忌酒制造商只允许一次性使用木桶之后，其使用过的木桶差不多成了世界所有其余威士忌制造商的木桶供应源。美国人经常这样开玩笑说："我们已经提取了木桶中的精华风味，现在可以轮到你们使用了。"而接手使用这些木桶的威士忌制造商则回应道："在浸渍过你们的酒液之后，我们现在可以使用这些已被剔除了杂质的成熟木桶啦。"

可能听上去很好笑，可这也是不争的事实。苏格兰的威士忌制造商并不想沾染新木桶中带有的馥郁的香草气味，而波本威士忌制造商恰恰亟须这股味道，在经过他们的第一轮使用之后，这股香草基调也差不多被萃取完毕，于是轮到苏格兰威士忌制造商上场了，可以说两者是各取所需。

这也部分解释了为什么我们通常能在苏格兰威士忌的酒瓶上看到比波本威士忌更多的关于陈酿年份的说明。

我所珍藏的几瓶苏格兰威士忌甚至比我自己的年龄还大，但我手头年份最久的美国威士忌当属2008年出厂、出品于爱汶山酒厂的27年陈的"派克传承典藏"波本威士忌。这瓶威士忌美妙动人，充满魔力，喝起来的口感要比它的实际年龄年轻很多，当然这种情况实属罕见。我还有一些18年陈的波本威士忌，它们在橡木中过度陈酿，富含单宁酸，且具有涩涩的味道。新的木桶拥有释放出丰富味道的巨大潜力，之后一经拆卸，那么即便它曾在4年的时间内和高度烈酒充分接触过，还是会对新的烈酒产生一种较为缓慢的累积效应。

盛装雪利酒的木桶构成了陈酿威士忌所用旧木桶的另一大来源。通常情况下，贮藏雪利酒的木桶是由欧洲橡木质成，这种木材含有较多的单宁酸，木质结构也和美国橡木不太一样。这种雪利酒木桶中遗留了一部分之前装载其中的强化葡萄酒的特征，具体的风味随雪利酒的种类不同亦有所变化：干辣的菲诺雪利、坚果味/香草味的欧罗索雪利、甜美浓郁的佩德罗–希梅内斯雪利。波本威士忌的木桶则可以赋予酒液香草和椰子味，这也是波本威士忌的饮者所熟悉的味道。再度使用这些旧木桶，制作者可以将头道再用的"初次灌装"木桶所蕴含的风味和与蒸馏酒液的特征充分地融合，从而创作出极

为美味的威士忌作品来。

当然，除了贮藏波本威士忌和雪利酒的木桶以外，偶尔，人们也会循环再用贮藏过波特酒、马德拉酒的木桶，或者干脆采用全新的橡木桶。有些蒸馏酒厂会采用已被用过两道甚至三道的木桶，这样可以使酒液尽可能少地沾染上木质的味道，从而凸显出烈酒本身的独特味道和蒸发效应。有意思的是，我们还可以将在这些不同种类木桶中陈酿的威士忌再度兑和，这样同一个酒厂就能以新的方式创作出不同种类的单一麦芽瓶装威士忌。换言之，千万不要认为18年陈的格兰某某单一麦芽威士忌除了比12年陈的格兰单一麦芽威士忌年长6岁以外，其他方面是一模一样的，有可能两者会呈现出完全不一样的面貌。

仓库

苏格兰和其他的一些威士忌蒸馏酒厂能很好地混合运用旧木桶，使之发挥最佳作用并创作出不同风味的威士忌，而制作波本威士忌的蒸馏酒厂则会走不同的路子，比如说，四玫瑰威士忌就是由10种不

活福珍藏波本威士忌位于肯塔基州凡尔赛的仓库，四周均由石墙围绕。

木桶的两种称呼：Cask 和 Barrel

我在本文中提到木桶这个概念时基本上会使用 barrel 这个词，但有时我也会称其为 cask。那么两者到底有什么区别呢？这样说吧，美国基本使用 barrel 这个词，而苏格兰人则更喜欢把木桶称作 cask（爱尔兰人同样偏爱使用 barrel 这个词，同样他们也喜欢将威士忌拼写为 whiskey）。然而事实上，美国仓库中的波本威士忌木桶和苏格兰仓库中的波本威士忌木桶还是有很大差别的……有时候，苏格兰的木桶体量更大。

波本威士忌木桶被贩卖给苏格兰的威士忌蒸馏酒厂，但并不会整桶装船运输，人们会将其拆卸为一包包桶板和桶箍，然后再分别装船。抵达苏格兰后，它们会被运往制桶工场（通常是位于克莱拉奇的斯佩塞制桶工场）并加以组装，可以按照美国标准将其重新组装为容量为 200 升（差不多刚刚好 53 加仑）的木桶，也可以加入更多的桶板，制作出传统的容量为 225 升（63 加仑）的大型猪头桶。

这也正是我更愿将苏格兰的木桶称为 cask 的一个原因——其实，它们已然不再是最初的那些木桶，我将木桶称为 cask 的另外一个原因则更带着些情感的因素：因为这是苏格兰人对其的称呼。

同的威士忌兑和而成，而占边威士忌则有两种不同的麦芽浆混合配方，其中一种黑麦含量更高。当然，一家蒸馏酒厂的威士忌作品若想获得丰富的口感和风味，最常用的方法还在于仓库的选择。

无论是在美国、苏格兰、爱尔兰、加拿大还是日本，仓库的种类丰富多样。首先浮现在我脑海中的便是位于爱尔兰基尔伯根的模样有点奇特的半管式混凝土仓库，走入这座仓库有点像进入了一条巨鲸的内部。可以说，手工蒸馏酒厂在构建仓库方面从来不缺乏奇思妙想，兰杰·克里克威士忌就是将盛装着酒液的小木桶放在金属质的船运集装箱内，接受着得克萨斯骄阳的照晒。仓库也可以位于山丘之中、河流之畔或者大海之边，或位于林中空地、广袤空野或是城市的街边。筑造仓库可以采用木头、砖块或者石头。外形上，仓库既可以是矮墩墩的，也可以是高耸的。仓库的所有这些不同特征都会对贮藏其内的威士忌发生一定的影响。

美国的威士忌制造商要想酿造出个性鲜明、独特的酒液，最应该加以利用的莫过于仓库了。不妨想一想：盛装酒液的木桶是全新的，清一色地使用经过焙烤的橡木，通常还由同一家供应商供货。木桶中的炭会有少许的差异，有时人们仅仅是烘烤而不是炭化桶头的内壁，但即便如此，所有蒸馏酒厂都会对木桶进行相同的处理。不同的蒸馏酒厂所用的麦芽浆混合配方会有所不同，但是在一家蒸馏酒厂附近，通常至多不会分布超过两家制作波本威士忌的酒厂。至于酵母，一家蒸馏酒厂往往会使用同一种菌株，当然，四玫瑰威士忌在这方面是个较为突出的例外。此外，一家酒厂在蒸馏工艺中所用的柱式蒸馏器几乎也是毫无二致。

于是，仓库便在酒液的差异性方面为酒厂创造了机会。如果登顶装载有威士忌的七层高"铁甲舰"（木质框架带有瓦楞状金属表皮的仓库），你会发现位于顶层的木桶会承受较大的热量，并带有较强的橡木气息。相对而言，在温度不那么高的较低楼层，你可以找到贮藏超高龄陈酿威士忌的最佳场所。中间楼层的最中心区域四周有上千个木桶围绕着，形成了一个热缓冲区。这个地方的温度波动最小，在此陈酿的威士忌特性最为稳定，也就成了标准装瓶的核心区域。

所有富有经验的蒸馏大师都有着自己特别偏爱

贮藏位置对波本威士忌风味的影响

经验法则：波本威士忌中50%以上的风味来自木桶。波本威士忌贮藏于木桶中越久，就能从木桶中汲取越多的橡木味。此外，贮藏方式和地点对于波本威士忌同样重要。

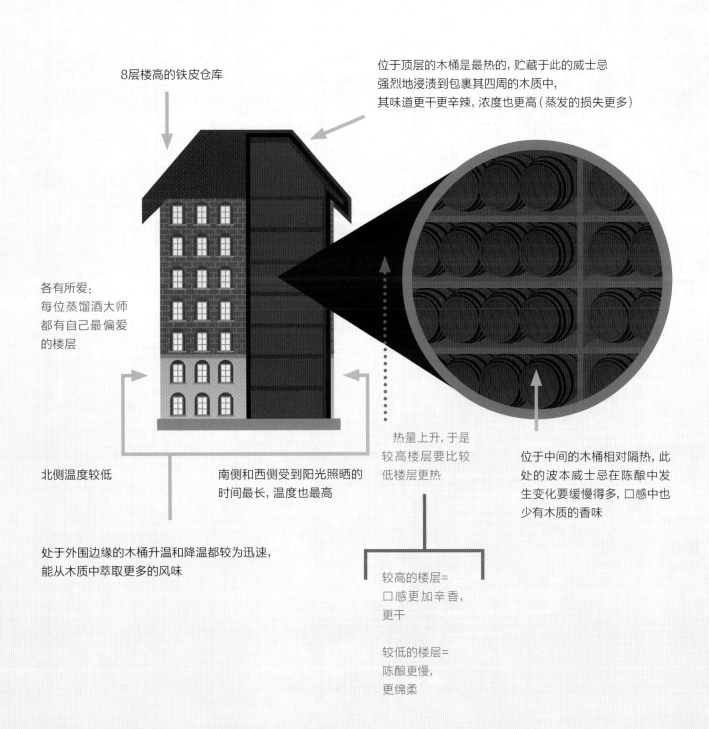

8层楼高的铁皮仓库

位于顶层的木桶是最热的，贮藏于此的威士忌强烈地浸渍到包裹其四周的木质中，其味道更干更辛辣，浓度也更高（蒸发的损失更多）

各有所爱：
每位蒸馏酒大师都有自己最偏爱的楼层

北侧温度较低

南侧和西侧受到阳光照晒的时间最长，温度也最高

热量上升，于是较高楼层要比较低楼层更热

位于中间的木桶相对隔热，此处的波本威士忌在陈酿中发生变化要缓慢得多，口感中也少有木质的香味

处于外围边缘的木桶升温和降温都较为迅速，能从木质中萃取更多的风味

较高的楼层=
口感更加辛香，
更干

较低的楼层=
陈酿更慢，
更绵柔

贮藏威士忌的木桶以及条码：新老技术的混杂使用给威士忌的制作带来了革命性的变化。

的贮藏楼层（而仓库的工人也清楚蒸馏大师们所爱的楼层分别在哪里），在他们看来，有些楼层是永远无法制作出优质威士忌的。仓库的部分楼层是不被使用的（有时是空置的，有时则用来陈酿其他种类的烈酒），甚至还有一些仓库经久不用，就干等着拆迁了（在威士忌酿造这个行业里，直到数年之后，你才会发现早先的那个决定并非明智之选）。

仓库本身有着如此多的变数，因此在制作某些家喻户晓的威士忌品牌时，为了确保装瓶的一致性，通常需要从多个不同仓库的楼层中分别少量取出几个成熟的木桶，然后将所有来自不同仓库和楼层木桶中的酒液充分混合。这就是为什么在完成为期一个月的蒸馏后，酒液在装桶陈酿时并不会被集中贮藏于一个仓库，一个楼层中的原因。这些酒液会被散布在各个地方，以此确保无论遇到什么不同的情况，最终的威士忌总拥有相当的成熟度。同时，这种做法也避免了遭遇火灾情况下威士忌因失去其"年份"而毁于一旦。

由于苏格兰威士忌蒸馏酒厂的产量要高得多，而且还要面临其他一些导致酒品差异的因素，因此它们的仓库显得更为统一。但是在众多仓库中，有一些被授予品质优良的封印，也因此披上了一层神秘的面纱，其中最为著名的当属那些位于伊斯莱岛上的仓库，它们面朝大海，并且在风暴中时不时地经受海浪的冲击。其中，波摩威士忌的一号拱形酒窖可能是最为出名的了，它也是苏格兰最为古老的威士忌仓库，并且位于海平面以下。这个酒窖中的天花板非常的低，灯光散射开来，而气味则非常浓郁：雪利酒的调子、木质的味道、大海的清新气息，还有来自麦芽威士忌饱满有力而无比甜美的气味。这里的无穷魅力培育出了世界上最最热衷于威士忌的狂热爱好者：1964年，黑波摩被贮藏在存储过欧罗索雪利酒的旧木桶内。如果现在你想在市面上搞到这么一瓶头次装瓶的黑波摩，其价格将高于 10000 美元。

年份多久？产量多大？

说到年份标注就不得不提及以下几点。首先，并非所有的威士忌都拥有年份标注，一般情况下，也没有规定强制要求威士忌必须拥有年份标注，它更多的是作为威士忌的一种卖点。没有年份标注的威士忌往往较为年轻，但也不完全如此。如今，蒸馏酒厂越来越多地在酒瓶上贴上"无年份标注"的标签，他们认为这样一来可以在装瓶熟成威士忌酒液时拥有更大的自由度，而不必受到预先印制年份标注的限制。这点倒是不错，但这也同时反映出一个现状，相较于10年之前，如今威士忌库存的平均年龄要低得多，这反过来又折射出近年来威士忌销量猛增这一事实。好吧，这可能是我们的错：我们喝光了所有陈年的威士忌！

其次，年份标注中的年龄大小是指兑和瓶装酒中最为年轻的威士忌在仓库木桶中陈酿的时长。威士忌最终离开木桶的那刻起，官方意义上的陈酿也就终止了。酒液装载在瓶中的时间并不能计入陈酿的年份，而威士忌在瓶中也不会再发生任何变化，除非酒瓶在密闭性方面出了什么问题，比如软木塞、瓶口的螺旋盖子或者其他的什么松动了，导致大量的空气流入瓶中。也就是说，即便是你的祖父早在20世纪70年代就买回了一瓶珍宝威士忌，也并不意味着在经历了那么多年之后，它就变成了一瓶45年陈的威士忌。

最后一点，你现在肯定已经注意到了，年份较久的威士忌价格更高。我想，你在阅读完本章后一定已经深谙其中原因。我们还是来详细解释一下：其一，并非所有的木桶都能贮藏威士忌达到极限年份，可能是木桶的材质或者贮存的地点所限，无法在如此长的时间段内贮存威士忌而不降低酒液的品质，也有可能威士忌蒸发得过快，或者木桶在长时间的陈酿过程中突然发生了泄漏，也有可能是因为木质并不合适，使得贮藏其中的威士忌口感变涩，

再或者仅仅是因为没有将木桶放置在仓库中合适的位置。总之，并非每个木桶都能成功做到这一点，而所有中途失败了的木桶所带来的损失也要被计入最终少数成功的陈年威士忌中。

此外，蒸发作用，分给天使的份额也在长年的岁月里不断侵蚀着木桶中威士忌的余量。通常情况下，波本威士忌贮藏20年后，苏格兰威士忌贮藏40年后，即便剩下的酒液美妙无比，从量上讲，木桶中已经所剩无几了。一个木桶最终可能只能产出不到100瓶的威士忌，而这个木桶灌装满的话本可以产出300瓶烈酒。

还有一个铁的事实就是珍稀性：特别罕有的瓶装威士忌在拍卖会上和收藏家中会叫卖出惊天的高价，而这些酒会参照这个价格进行标价。如果有买家在拍卖会上愿意以4000美元的价格拍下一瓶40年陈的威士忌，那么就会有越来越多的人趋之若鹜，而如果生产这瓶威士忌的酒厂仅仅以2000美元的价格售卖这瓶40年陈威士忌的话，就没有获得最大的经济利益而白白损失了一票。威士忌的制造商可能会将酒液盛装在人造水晶制成的细颈玻璃器皿中，或者将其包装美饰一番，以此慢慢抬高酒的身价，当然这些都已包含在酒的价格之内。

当然了，也有像格兰花格这样的蒸馏酒厂……它最近刚发布一款40年陈的威士忌，但却较为低调地将其装盛在和其他所有威士忌一样的酒瓶中，仅在标签上和其12年陈的威士忌稍有差异。不得不说，这款威士忌非常美味，简直满足了人们对40年陈"斯佩塞"雪利桶装威士忌的所有期许：水果芬芳、坚果香味、带有一点皮革气息的丰富层次，以及使用矮胖型蒸馏器带来的厚重感。那么这瓶酒的价格是多少呢？460美元，显然，这款酒才是真正为威士忌饮者准备的，而非那些收藏家。

甄选和装瓶

现在我们可以谈谈威士忌制作工序的最后一道步骤了。在这个环节中，一批批的木桶被甄选出来，人们倾泻并混合酒液，然后将其装瓶。这个步骤听上去很简单，而实际上也正是如此。

当谷物被送入酒厂大门的那一刻起，酿造者就开始对威士忌进行跟踪、取样和监控，每个环节中都会保存样本，并留下笔录：研磨成粉、淀粉糖化、发酵、蒸馏，这整个过程中的每个环节都会进行取样。在威士忌酿造业内，关于酒厂采用自动化设备利弊的争论从未停歇过，自动化究竟是使威士忌的品质更加均一呢，还是说自动化在一成不变的操作中削弱了威士忌的个性魅力？不过，在熟成过程中应用计算机和条形码来实现对单个木桶的追踪，在这一点上，大家倒是几乎一致认为好处多多。

木桶被分类成组，各自有着不同的特殊用途：兑和威士忌、优等装瓶、单一麦芽、超级陈年单桶，当各组木桶成熟时，人们会通过取样，而不是单纯以

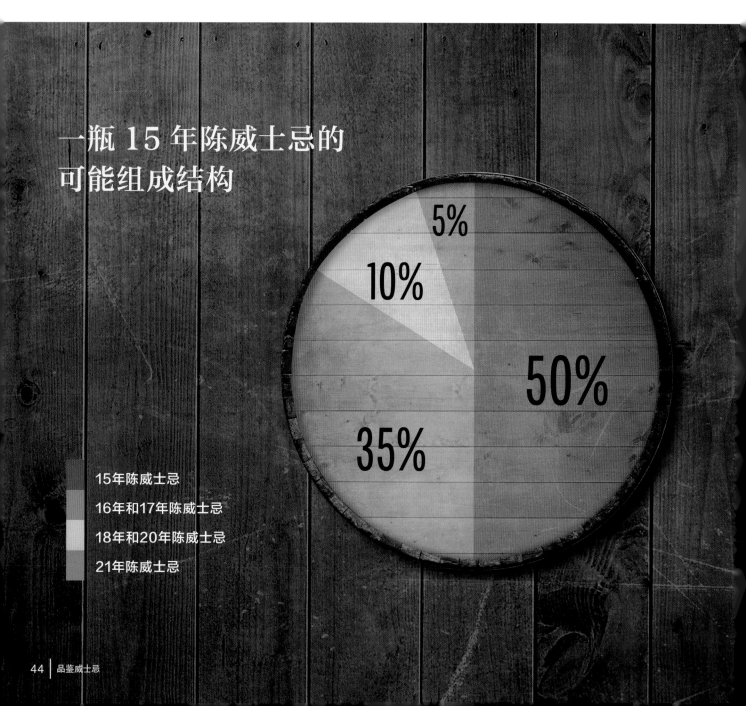

一瓶 15 年陈威士忌的
可能组成结构

5%

10%

50%

35%

- 15年陈威士忌
- 16年和17年陈威士忌
- 18年和20年陈威士忌
- 21年陈威士忌

某个年份数字来判定其中的威士忌是否已熟化得恰到好处。威士忌越陈，或者装瓶方式越是特别，就越需要小心翼翼和谨慎对待。

新的装瓶，或者也被称为"表现力"总是激动人心的。有些时候，威士忌的一种全新表现力是整个生产团队的结晶——蒸馏师、仓库经理、兑和大师、酒厂经理全都参与其中，直到作品问世之后，他们再向酒厂的管理层和市场推销这款充满特点的新酒。而有些时候则是反过来，市场上先出现了一种想法或者需求，继而推动生产者去尽力地实现。

这就是威士忌推陈出新的活力所在。但还有些时候，由于另外一款酒销售业绩好过预期而脱销，人们不得不为此创作出一款新酒来弥补这一空白。业内曾经就有这么一个有关市场倒逼生产的笑话："这瓶16年陈的威士忌棒极了，太美妙了，干得太出色了！现在已经售罄了，你们下周能否赶工再生产些出来？"生产方面只能回应道："要么再等上16年？"

甄选的后端是计划，人们需要做出很多决策：究竟要制作多少威士忌（以及何种类型的威士忌）？选用哪些木桶盛装酒液？又是在哪里贮藏木桶？对于波本威士忌而言，计划制定者需要提前4~9年甚至更长的时间做出前置规划。加拿大威士忌需要提前3~6年，而苏格兰、爱尔兰和日本威士忌需要更长的提前期，往往是8~12年及以上……在过去的39年内，市场经历了两次主要的方向性转变。如果你就长期规划事宜追问一位为人实在的酒厂经理，那么他的第一反应应该是报以你一个苦涩的微笑。

一旦一组木桶被甄选出来，那么下面就要进入我最喜爱的一个环节了：倾泻。人们将木桶排列成行，木塞被钻孔取出，之后威士忌便喷涌而出，自由流淌进入一个水槽（部分酒厂在操作中会采用抽水泵将威士忌从木桶中吸出，这也是可行的，只不过观赏性不佳）。酒液体倾泻的过程是非常有意思的，而且闻起来也很美妙，有时你还能直接从木桶中取样，蒸馏师和兑和师会直接品尝一下（虽说这在法律上是严禁的，但是实际操作中时有发生）。

各个木桶中的酒液被混合在一起，之后通常会被置于一个水槽或是大型木桶中存放较长一段时间（各酒厂之间有所差异）。我们也形象地称这段时间为"结婚期"，来自不同木桶的酒液可以在此期间均匀地调和。

我们往往会将威士忌进行冷凝过滤。如果威士忌变得非常冷，温度降至水的冰点左右，那么其中的一些蛋白质会发生沉淀，从而使威士忌变得稍微有些混浊，而这会影响威士忌的外观，因此人们会在威士忌冷凝之后将沉淀物滤除，但与此同时，某些风味物质也会被一同滤除（乙酯和一些吸附其上的脂肪酸）。有些人坚定地认为，这步操作会改变威士忌的口感，弱化了它原有的风味，因此当下各大酒厂中放弃冷凝过滤的呼声越来越高，酒瓶可能也会说不。

这个环节中，如果威士忌的原产国在法律上允许的话，人们也有可能在酒液中少量添加一些焦糖色素。制作这种焦糖的麦芽糖和制作该款威士忌所用的麦芽糖完全一致，据说这么做是为了确保同一品牌威士忌具有统一的色泽，不过，依然有部分鉴赏家对此表示反对。他们认为只有未加着色的酒品才具有本真表现，才能彰显其独特魅力。

完成上述步骤后，威士忌就能下至灌瓶作业线进行装瓶了，接着再被运到装货码头，然后就能出现在你最喜欢的商店货架或者酒吧酒柜中了。当然这还没包括所有相关的市场营销活动（玩笑话）！还没有包括需要缴纳的税款（可惜，这不是玩笑话），不过最好还是不要考虑这些烦心事了。不如好好利用之前所学，集中精力用心品鉴威士忌吧，相信你的收获亦会越来越丰富！

第4章

烈酒的制作：
品鉴威士忌
面临的挑战

漫长的等待已经过去。橡树果子植入土壤并茁壮成长，橡木被砍下、风干，被制成了木桶，先被用来熟化葡萄酒或其他种类的威士忌，之后再被用来陈酿你眼前的这瓶威士忌。谷粒播撒进大地，经历了成长、成熟和收割。大麦、玉米、黑麦还有小麦被研磨成浆，酵母在其中欢快地工作着，啤酒浆穿过了蒸馏器。木桶和外界的气候环境滋润着酒液，在其精雕细琢之下，威士忌在长年的陈酿之后终于获得新生。打开木桶后，酒液被倾泻、装瓶、船运、贩售。要知道，你眼前的这瓶威士忌在开始制作时，你的祖母都可能还未出生呢。

历经岁月的洗礼，威士忌已经准备好接受你的品鉴，那么你呢？

我当初就没有做好准备。我喝威士忌已经有15年了，还记得第一次面对威士忌时，我真的非常想品鉴一番。我曾喝过啤酒，而且为了写专栏评述对其进行品鉴。很荣幸地，我有机会在一些最早的顶尖手工啤酒酿造师那里学习了如何品鉴啤酒。

我饮用威士忌，要么就是简单地直饮，豪爽而炽烈，要么是和某种软饮混合——姜汁、可乐、柠檬莱姆，我觉得这样的搭配非常美味。我从不小口地啜饮威士忌，因此差不多只能品尝出某款威士忌最为显著的几种味道。威士忌尝起来像烟熏味（我所品尝的尊尼获加①精致而玄妙）或者类似于燃烧的香草（直饮一口野火鸡会回涌一股热火，充满男性气概）。还有一个不怎么好的主意，就是将加拿大俱乐部随意地倒入水果宾治中看看它是不是像朗姆酒一般，事实上并不是。

以前，我几乎只饮用啤酒并为此撰文。我曾定期为一本名为《麦芽倡导者》（现在名为"威士忌倡导者"）的杂志供稿（至今依然如此）。这本杂志一度是一本啤酒专业杂志，它由啤酒的狂热爱好者约翰·汉塞尔创刊，并从他的地下酒窖中发行出来。我们当时正好赶上了20世纪90年代中期小啤酒厂的快速发展期，我也被任命为总编辑。酿酒厂的数量不断递增，最终导致了供大于求（训练有素的啤酒酿造者也出现了短缺）的局面。资金匮乏的酒厂纷纷关门，要不就缩减规模，再不然就是减少开支……比如说，省去在啤酒杂志上刊登广告的支出。

幸运的是，约翰同时也饮用威士忌，甚至有点沉迷其中，我们也曾偶尔写过一些有关威士忌的文章。到1996年，小啤酒厂市场出现了重大的再调整，约翰很快认定威士忌杂志会在市场上占有一席之地，于是我们当机立断地将重心转移到了威士忌上。

好吧，坦白说，约翰当时是毫不犹豫的，而我却有些踌躇。当时，我对威士忌可以说几乎是一窍

---

① 尊尼获加（Johnnie Walker），又译约翰走路，是世界著名的苏格兰威士忌品牌，有150多年的历史，由帝亚吉欧在英国基尔马诺克的酿酒厂酿造。

不通！至今我依然清晰地记得，当时我们在约翰家的后院里开了一个两人会议，抽着雪茄，喝着波罗的海的波特酒，而且最后，我们还喝了几杯威士忌。就这么一言为定了。他告诉我说，如果你还想继续为杂志写作，如果你还想在总编辑这个位置上待下去……那么你必须开始学习品尝威士忌。

听起来，这点很容易做到，但我当时却面临着一个问题。我对威士忌不甚了解，如果继续按照以往的方式饮用威士忌，那我就无法沿袭之前啤酒写作的方式，撰写出有关威士忌的专栏文章来。我必须首先理解威士忌及它的制作方法，目睹它的制作流程，掌握最终融入酒液之中的每一个要素……然后还要学会辨识各种不同的香气和风味，区别出各个酒厂作品的不同特征，发展出自己的偏好，不断磨炼我对酒的感知力，并最终真正达到品鉴威士忌的层次，能够判别出哪些是我所喜欢的，哪些是我不屑一顾的，又有哪些是我所钟情的。

刚开始真的谈不上喜欢，因为我那时喝下威士忌后，唯一的感受就是热！在燃烧！就在我的嘴中燃烧！当我口中含着威士忌，就觉得简直在喝火。正是这个原因，我要么会将威士忌直饮而下，要么会将其与其他软饮混合，好让其尽快下肚，或者是掺和别的饮料以柔化它原本炽热的口感。我还会阅读有关威士忌的各种非常细致的专业品酒记录，关于枫树味、柑橘味、薄荷味、乳脂软糖味、温蜂蜜味、焦油绳味、橘子味、薰衣草味……还有涌上舌尖的类似于无水酒精那样的炽热感。我还是我吗？我的基因是不是发生了什么转变？或者是什么东西，使人产生了这些错觉？

我回头去找约翰并问他是怎么从威士忌中品出那么多道道来的。那个时候，他就给我提到了初始壁垒这个概念，并告诉我该怎么度过这个阶段。

这也正是我现在想告诉你的，同时这也是品尝和享受威士忌最为重要的一点。

首先，你的内心必须渴望着去享受威士忌。除非你在之前已经学会了如何品尝真正的烈酒，否则你

何为初始壁垒

究竟什么是初始壁垒，又如何通过日复一日的饮用最终克服这个阶段呢？巴兹在 1996 年撰写过一本有关酒精和咖啡因之科学的书，书中科学作家史蒂芬·布劳恩解释了酒精令人感觉如同火焰一般的原因。他剖析了一小口威士忌（很有意思的是，他选用了一款 18 年陈的麦卡伦作为例子）是如何通过舌头味蕾上的离子通道在化学上被感知的；他还指出，你所感知到的诸多味觉中没有任何一种源于酒精。正如政府对伏特加所做的官方定义，纯的无水酒精在嗅觉和味觉上均是无味的，它并不会对味蕾造成任何影响。

然而，酒精又确实会作用于一系列被称为多觉型疼痛感受器的神经感受体。布劳恩指出，这类感受体会对三种刺激做出反应：物理负压、温度以及某些特定的化学制品。一旦这些感受体受到过度刺激，就会感到疼痛。高浓度的酒精，比如说威士忌，就会刺激到这些感受体中的疼痛

纤维，以至于令你产生一种燃烧似的感觉，而啤酒或者葡萄酒就不会如此。

胡椒中一种名为辣椒素的活性成分也有相似的效果。你可能能猜到我接下去所要讲的了，没错：如果能经常吃吃辣椒的话，你就能更好地耐受威士忌中酒精所释放出的物理热以及由此带来的疼痛感。如果你能坚持每天吃上一个墨西哥绿辣椒的话，保证你在一段时间之后不再会像最初那样，一喝威士忌就产生一种灼热的燃烧感。很快地，你就能开开心心地度过艰难时刻，进而可以品尝到威士忌所蕴含的各种饶有情调的草本植物芳香了，而之前你有可能都要被威士忌的烈性辣得痛哭了，都未曾注意到过这些有意思的风味。好了，现在你已攻破这道初始的壁垒，而疼痛感也再不会遮盖掉威士忌本就拥有的美妙风味了。

必先突破眼前的这道壁垒，方能真正徜徉于威士忌的美妙世界。我想，你现在也一定意识到了，投入精力学习如何品鉴威士忌是非常值得的。你可能是因为听了别人的一些言论，读到过一些相关的文章，再或者只是想对鸡尾酒或高杯酒中的那些风味一探究竟，从而萌生了精心学习一番的想法。如果不是出于以上任何动机，不过是有人把眼前的这本书作为一份善意的礼物赠予了你，那么不妨就请相信我的话吧。学习品鉴威士忌虽说要花些功夫，但当你穿过这道壁垒之时，你一定会觉得这是一项划得来的投资。

事实上，成功穿越壁垒有赖于大量的实践。"你必须每天都饮用威士忌。"约翰曾这样告诉我，而他并不是在开玩笑。倒不必每天都大量饮用，但我必须

确保每天都至少品尝 1 盎司分量的威士忌。我尝试了各种波本威士忌，经过兑和的苏格兰威士忌，单一麦芽威士忌。那段时间里，每天傍晚我在面对眼前的威士忌时，都有那么些许的恍惚。我并不期待着去品尝，却每天坚持着这么做。慢慢地，我的鼻子已经能嗅闻出那些美妙的东西，因而能辨别出威士忌，但是嘴巴却还不那么驯服。

终于到了某一天，差不多在我启动每日一饮威士忌计划后的 3 周左右，我将一杯达尔摩单一麦芽威士忌（我本想说出具体是哪一瓶，但实在是想不起来了）靠近了唇边并开始轻轻地嗅起来。我闻到了些许水果的芬芳，夹带着一丝可可粉的气息，之后我小啜了一口……又尝出了乳脂软糖的味道。

那一刻令我难忘：我睁大了眼睛，再次张开嘴巴，吸入空气，我尝到了甜美的奶油糖味，还带着些许烘焙店里的巧克力芬芳。我终于迈入了品尝威士忌的殿堂。

还有一点值得注意，当你在所谓"品尝"威士忌时，其实是在嗅闻威士忌。实际上，和极为灵敏的嗅觉相比，我们的味觉感知能力是极为有限的。大可不必去翻读那些研究这个话题的生理学报告，只消想象一下，如果你有严重的鼻塞，因为无法用鼻子正常地呼吸而只能靠嘴呼吸，此时你在品尝食物时就会觉得它们寡淡无味了。

如果你在品尝新鲜的油炸薯条时，用鼻子仔细地闻一下，就能感受到土豆中蕴含的泥土气息，从它边缘棕褐色的酥脆外皮中嗅出一丝焦糖味，这其实是煎炸用油的调子（希望所用的油是清洁新鲜的，否则你可能会闻到鱼腥味或者焦谷粒的味道），还有一些热盐散发出来的味道。现在，不妨请你用手指夹紧鼻子，然后开始品尝一份完全一样的油炸薯条，依然是新鲜和热喷喷的，咀嚼起来的质地没有改变，但是食物中蕴含的所有前调都不复存在了，你的食欲也会大不如前。

当你在吃什么或者喝什么的时候，你是在用舌头进行品尝，但同时也在用鼻子嗅闻，食品中的芳香物质会顺着气流通过嘴巴，进而抵达你的鼻子。18世纪的法国美食家萨瓦兰言之精辟："味觉和嗅觉其实综合构成了一种感官，其中嘴巴如同实验室，而鼻子就像烟囱。"

而酒精的物理存在使得威士忌以及其他种类的烈酒令人如此激动和兴奋。酒精对身心的影响是人所周知的，但此外，它还是一种强大且具有高挥发性的溶剂。正如我们之前亲眼所见的，酒精能溶解并吸收啤酒以及木桶中的各种芳香物质，一旦遇到口腔中的热度——甚至在进入口中之前受到手握酒杯传导的热度时，酒精就开始蒸发并携带着大量的芳香物质涌向"烟囱"——也就是你的鼻子。

从这个意义上讲，威士忌有点类似于香水，两者都含有酒精成分，都借助酒精的流动和挥发传递着香气。这是一个协同运作不可分割的整体。酒精发酵这一创举使得酒液中浸润着丰富的芳香和风味，而蒸馏工艺又对其加以过滤和提纯。木桶的陈酿再次起到了过滤的作用，同时也赋予了酒液更多的内涵，并增添了它的色泽。酒精携带着这所有的芳香和风味刺激你的感官，老实说，千百年来，它恰到好处地滋养了人类的身心，令人焕发活力又为之陶醉。

千言万语汇成一句话，美味至极！我想再度引用萨瓦兰先生的一句描述："酒精将味觉的愉悦体验带入了至臻的境界。"这真可谓是至理名言。

没那么简单

现在，你开始品尝威士忌了，你已经通过坚持和努力穿越了最初的壁垒，向你表示祝贺！你的嘴巴和鼻子已学会了紧密协作，你也已经准备好开启品尝威士忌之旅，并享受它带给你的愉悦，但首先你要牢记一点：品鉴威士忌没有捷径可言，同时也并不存在某种最好的威士忌。

品鉴并非做个一般的陈述那么简单。市面上有一些书籍包含了大量的专业品酒记录，其中作者对其找到、买到或者获得样本的每一款威士忌都进行了星级评定，而你也就可以按图索骥，在杂志或者威士忌的网站上找到同款的威士忌。我自己也曾写过一些评述文章。你能找到有关"十佳威士忌"榜单或者"世界最佳威士忌"榜单，还有其他琳琅满目的各种奖项、奖章以及绶带等。如果这还不够，在任何一家威士忌酒吧或者酒类专卖店里，都会有人向你描述他们心目中的最佳威士忌，他们往往会这么说："我向来只饮用某某威士忌。"好像在暗示着你也应该这么做。

一口闷！一口闷！一口闷！

是小口地啜饮，还是一饮而尽？你们猜我想要说什么？如果你一口气把威士忌喝光，那么就算是"一口闷"，完事。你享受这份痛快，有点喘不过气，但是都已经过去了。除了有些后味以外，还没来得及缓过神来，一口闷就已经让你忘记了其中的味道。

诚实以待非常重要：威士忌是一种强劲的烈酒，如果一下子饮用过多或过快实际上都是很危险的，无论眼前这瓶威士忌味道有多么好，你都应该显示你的敬意，慢慢地喝，这也比较安全。

喝得太快不仅危险，还会很快钝化你对威士忌的品鉴力。如果在 90 分钟内"品尝"5 种不同的威士忌，那么最后的一款或者甚至两款，你根本谈不上是在品尝了。小口地啜饮可以使你在享受威士忌时保持一定的节奏，确保你即便品尝到最后一款威士忌时依然具有丰厚的感知力。

说了那么多，我在这里还要提一下，偶尔我们也可以恢复性地猛饮几口威士忌。迅速地饮入少量威士忌可以使神经紧绷，如同脸上被掴了一巴掌似的，这会让你为之一震并集中精神，好比是按下了重置键。只要注意别养成这种喝酒的习惯就好。

根据大家的推荐选择，听上去是个简单、不错的想法。随着威士忌越来越风靡，人们总是面临庞大的选择，可以说每个月货架上都会增添很多新款酒，听起来很可怕吧，而且它们有可能价格不菲。与其花大量的金钱购买不同的威士忌，继而花大量的时间去品尝它们，不如简单地浏览下相关的指南手册，然后再开始饮用并享受这些"最佳"威士忌。

如果你真的这么做了，不仅会丢失很多乐趣，也会错过不少优质的威士忌；在还未真正开始这方面的学习之前你就给自己设置了障碍，你甚至会因为感受到严重的不满而开始自责起来。有不少人总会把我拉到一边，然后和我谈论起威士忌，或者边品尝着威士忌边神秘兮兮地问我同一个问题："到底哪款是最好的威士忌？"事实上，他们想买而且只想买入这瓶所谓最好的威士忌，我可不希望你成为他们中的一员。这些人想投机取巧，在最短时间内假借他人的知识买到所谓最好的威士忌，或者仅仅想向朋友们炫耀自己拥有了最棒的威士忌。

我本人则会走进酒类专卖店或者酒吧，然后扫视一遍我所面临的各项选择。我会发出自问，我是否想买些久经考验的好酒，我是否想挥霍一把入手一些稍高于一般水准的酒品，或者这一次我是否真的要豁出去买下一些真正珍罕而美妙的威士忌呢？我从未做过令自己后悔的决定，几乎每一次我所选的酒都表现出色，而且都让我受益匪浅。不过，我倒是真的遇到过一种极其糟糕的兑和威士忌，那是在法兰克福的机场酒吧……这应该成为一个教训：大家千万不要去品尝那种名叫"圆滴小猫咪"（Glob Kitty）的威士忌，即便是壮着胆子也不要。

巴里·施瓦茨曾著有《选择的困惑》一书，其中把面临大量选择时采取不同策略的两类人分别称为"完美主义者"和"满足者"。其中，完美主义者希望通过他们的决策获得可能获得的最佳结果，而满足者则寻求"还算不错"的结果。我确定自己是一名

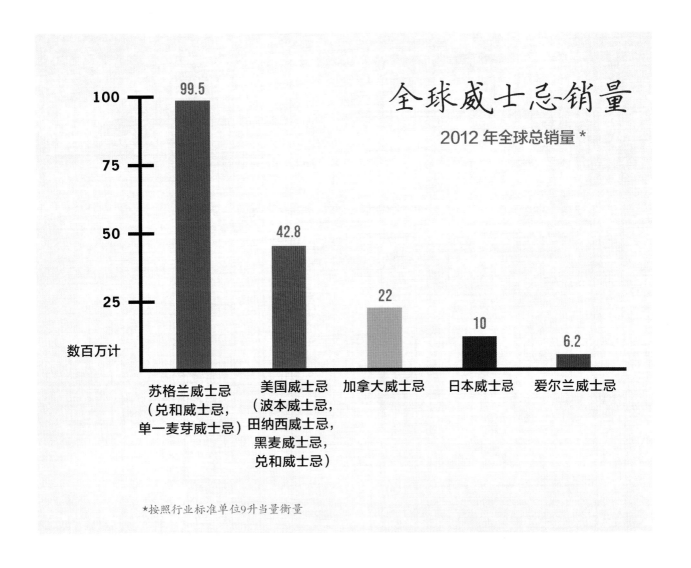

全球威士忌销量

2012 年全球总销量 *

数百万计

| 苏格兰威士忌（兑和威士忌，单一麦芽威士忌） | 美国威士忌（波本威士忌，田纳西威士忌，黑麦威士忌，兑和威士忌） | 加拿大威士忌 | 日本威士忌 | 爱尔兰威士忌 |

99.5 — 42.8 — 22 — 10 — 6.2

★按照行业标准单位9升当量衡量

满足者，却希望获得比"还算不错"略好那么一点点的结果。我想你一定明白我的意思。

完美主义者通常在面临选择时会很艰难：他们会花更多的时间去调研，然后会打听别人购买了什么，而且往往会对自己最终的决定不甚满意。

这些完美主义者也会支出更多的金钱……是多得多的金钱。高端的威士忌往往也是稀有的，而珍罕的威士忌价格高昂。一瓶 40 年陈的单一麦芽威士忌价格可以高达 1000 美元甚至更高；一瓶 20 年陈的派比·范·温克波本威士忌令人梦寐以求，如果你有幸找到一瓶的话，其价格应在 800 美元以上。世界上不存在那么多所谓最佳的威士忌，而苦苦寻觅这些最优的威士忌也着实叫人发狂。

如果有人依然执着地只想获得最佳威士忌，那么很有可能他并非那么热爱威士忌。真正热爱威士忌的人会和他人共享这个过程并乐在其中：他们注重品尝威士忌，而非拥有威士忌。那些热衷炫耀的人买的不过是标签和外瓶，并非威士忌本身。

就任他们高价购买这些稀有而昂贵的威士忌吧，等到泡沫破灭时，或许你可以在拍卖会上将其一举拿下。

还有那么一群人会牢牢关注某款特别的威士忌或者某个品牌：美格、麦卡伦、尊美醇、绅士杰克·丹尼、尊尼获加蓝方，还有很多别的。他们只饮用指定的某款威士忌，并想让你知道这就是最棒的威士忌，如果得不到这瓶最好的威士忌，他们宁可去喝啤酒或

威士忌在陈酿过程中的风味演变

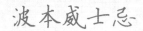

波本威士忌

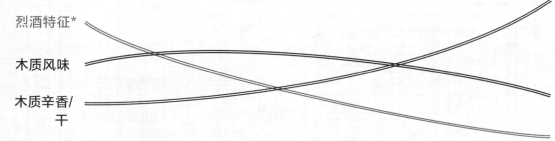

烈酒特征*

木质风味

木质辛香/
干

　1　2　3　4　5　6　7　8　9　10　11　12　13　14　15　16　17　18　19　20

木桶中贮藏年份

苏格兰威士忌

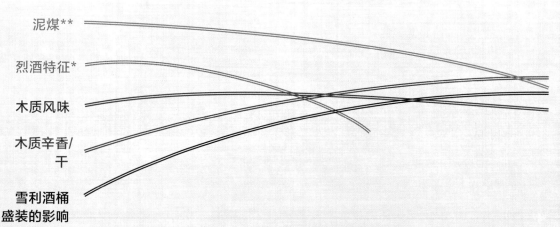

泥煤**

烈酒特征*

木质风味

木质辛香/
干

雪利酒桶
盛装的影响

　1　2　3　4　5　6　7　8　9　10　11　12　13　14　15　16　17　18　19　20

木桶中贮藏年份

★ "烈酒特征"是指崭新的未经陈酿烈酒的天然味道——格兰杰的轻盈而优
雅的甜美感，格兰花格厚实而油质的分量感，美格清新的玉米味，以及各种不
同类型的泥煤味。它在一开始就是一种主导性的风味，并能很快地与任何别
的物质结合，首当其冲的就是木头。

★★ 泥煤和雪利酒都是可选择项目。

者葡萄酒，也不愿将就着喝另外一种不同的威士忌。

不管他们认定哪款威士忌，其实都是不对的：对任何人而言，都不存在唯一最佳的威士忌。不过无论出于什么原因，他们就是喜欢这么做，我甚至怀疑这些人是否愿意读我这本书，可能他们更愿意坚持饮用自己所选的威士忌，并且沉浸其中吧。

你还得特别留心一撮势利小人，任何时候，他们都会从国家新闻网站上盗取个把有关威士忌的故事，然后大肆向人们吹嘘一番，还会迫不及待地指出别人喝的威士忌是错的。他们会夸夸其谈：唯一的真正威士忌是酸麦芽浆；你应该喝单一麦芽威士忌，要不然就算不上是在喝真正的威士忌；爱尔兰威士忌才是最早的威士忌，诸如此类的话头。

以上这些人在威士忌的选择和品鉴上都有失偏颇，你可不能受他们的影响。事实上，正如这世界上压根不存在唯一的最佳威士忌，同样也不存在唯一的最佳威士忌类型。是的，每个人的偏好都有所不同，有些人会说："我最喜爱苏格兰威士忌。"或者"我觉得波本威士忌尝起来不够细腻，因而我喝爱尔兰威士忌"；再或者"我认为单一麦芽威士忌比兑和威士忌风味更丰富"。以上这些都事关个人喜好，然而以个人喜好作为一般性的普遍真理并非可取之道（这一点不仅适用于威士忌这个话题，也同样适用于普天下所有其他的事物）。

不妨现在就对此剖析一番。苏格兰威士忌是全球销量最高的一款威士忌（除了南亚地区的所谓"威士忌酒"以外，这些酒并非基于谷物制作，因此大多根本算不上是传统的威士忌）。苏格兰威士忌大获全胜背后的原因很多，一方面它有着成功的出口营销策略，另一方面还受惠于盛极一时的大英帝国的影响，而美国和爱尔兰在商业和政治上遭受的挫败也阻碍了其威士忌的增长势头。

当然还有一个原因，苏格兰威士忌确实质量上乘……但这并不意味着其他威士忌有所逊色。其他几款主要的威士忌，比如波本威士忌、黑麦威士忌、爱尔兰威士忌、加拿大和日本威士忌也都非常出色，同样受到追捧者的喜欢。以上每一类威士忌，我都有几款不错的酒样，这些威士忌令我陶醉，愿意一饮再饮，并很自豪地将其与我最好的朋友共同分享。如果只狭隘地饮用单一类型的威士忌，你是无法寻觅到自己真正所爱的。

那么来到商店，你究竟会选择哪款威士忌呢？有没有帮助你买到最佳威士忌的购买指南呢？事实上是有的，但是我们不妨首先来看看，哪些购买指南是误导性的。

"越陈就越好"。年份更长的酒就是更陈，但同时也意味着更贵。可是必然就更好吗？这可不一定。请务必牢记，价格越高并不等价于质量更好。多数情况下，高昂的价格更代表着该款威士忌的珍罕性，这是一个不同的视角。年轻的威士忌因为贮藏时间较短而更加便宜些，而且市面上供应量也比较大。我们在前章谈到过蒸发过程中"分给天使的份额"，也正因如此，陈年威士忌总是要比年轻威士忌稀少得多。酿造 8 年陈和 20 年陈的威士忌，酒厂需要投入等量的金钱，用于谷物、能源、劳力、木桶以及陈酿所需的空间，然而最终获得的 20 年陈威士忌却要少得多。产量稀少导致价格昂贵，所以越是陈年的酒，价格越是不菲。只有更高的售价才能确保每瓶酒获得等额的利润。

正因如此，威士忌制造商总是千方百计地想让消费者相信越是陈年的威士忌，越是昂贵的威士忌质量也必然越好。确实，陈年威士忌尝起来味道确实不同，但是"更好"这种评判却更具主观性。比如说，15 年陈或者更陈的波本威士忌近来就广受追捧，这股风潮是由市面上已难以循迹的范·温克小麦波本威士忌所带动的。这些威士忌评分很高，获奖无数，收藏者们以囤积此物为傲。不过对我而言，波本威士忌的最佳年龄是在 7 年至 12 年之间，此时的波本已经度过了青涩而暴躁的青年时期，同时又未显现出老年人（不好意思，此处应说"熟成"，我得提醒自己的年龄见长，越来越接近这个阶段了）所明显具有的干味，还有并不非常涩口的木质气息。当然也不排除存在一些例外，而且就是有那么些特殊情况——较陈的波本威士忌可能由于所用的贮藏木桶或者仓储地点较为特别而保留了年轻威士忌应有的新鲜感，但是至少在我的概念中，年份越久并不意味着质量越好。在这方面，黑麦威士忌的变数甚至更大，有不少年轻的黑麦威士忌表现堪称惊艳，这因个人欣赏角度不同而异。

那么苏格兰威士忌又是如何呢？它才算是真正的价格不菲，你马上就会联想到一些年龄甚至比你还大的陈年威士忌。年份越久的兑和威士忌价格越为高昂，而单一麦芽威士忌一旦超过 15 年，价格就会飙升。然而，这是不是意味着 30 年陈的高龄威士忌就必然比同家酒厂生产的 15 年陈的威士忌更加精致，更加高贵，并被公认为质量更加上乘呢？好吧，这依然取决于你的偏好，你究竟喜爱的是什么口味。不同酒厂蒸馏制得的威士忌拥有不同的特征，伊斯莱岛的泥煤赋予了威士忌粗犷而浓烈的气息，而低地的麦芽则赐予威士忌轻盈而柔绵的特征。但是，如果木桶木料选用不当或者表面处理粗糙，那么长期贮藏有可能致使酒液原本的粗犷味消失殆尽，而相反地，巧妙地陈酿又可以显著地增加酒液的风味，比如说，可以采用循环再用的性格低调的旧橡木桶贮藏酒液。

只要不断地品尝威士忌，慢慢地，你便能发现自己的所爱，找到你最钟情的威士忌年份，这样一来，你就可以有针对性地选择购买，而不会花了大价钱买回令你失望摇头的威士忌了。

"酒精纯度越高就越好"。法律规定威士忌酒精纯度的最低标准值为 80（标准酒度 40%）是"稀释酒"。因此，有人认为酒精纯度更高的威士忌质量更好，倒并不是因为其中包含更多的酒精（当然也有人就是这么觉得），而是因为酒精纯度更高能令你感到口感更加丰富，更加饱满，若将其用于鸡尾酒调制或者加水或冰兑和能散发出更多的威士忌特征。

在这方面我也有些特殊癖好：我是桶装原酒威士忌的忠实粉丝（装瓶时拥有原桶酒精浓度而未经稀释到标准酒精纯度）以及保税（存在保税仓库待陈的）波本威士忌（法律上要求"保税"波本威士忌的酒精纯度需达 100）。我喜欢随心所欲地将威士忌的酒精纯度降至我所偏爱的水平，而且想探知其所包含的所有风味。高酒精纯度的瓶装威士忌通常也价格不菲，尤其是那些尚在市场上流通的保税酒，往往消费者并不太清楚这种酒的内涵或者会被其天价吓倒。爱汶山酒厂便产有一款 6 年陈的保税波本威士忌，这款酒生机勃勃，洋溢着年轻波本威士忌的风味，并在外包装上敲有酒精纯度 100 的压印。

那么我最喜爱的夏日威士忌之一，标准的"黄方"威士忌四玫瑰波本威士忌酒精度有多高呢？对我来说，它 40% 的标准酒精度恰到好处，曾是陪伴我们度过炎热而潮湿夏季的良品。在矮墩而厚实的平底玻璃杯中投入一把冰块，倒入黄色的四玫瑰，然后随意地饮上几口。正如我偏爱在曼哈顿（鸡尾酒）中应用浓郁的酒精纯度超标的黑麦威士忌一样，我也更加喜欢在夏季的高杯饮料中采用标准酒精纯度的威士忌。

有一些威士忌，可以说是很多种威士忌压根不存在高酒精纯度的酒品，比如说，绝大多数的加拿大和爱尔兰威士忌，还有多数的苏格兰兑和威士忌。你就能因为它们酒精度不够而一笔勾销吗？当然不是了。我再重申一遍，你必须亲自去品尝它们，并且采用不同的组合方式加以体验：纯饮、加冰，或者调制鸡尾酒，这样你才能发现自己的最爱。

"烟熏味越浓就越好"。显然，这么说是针对苏格兰威士忌的，当然某些手工的美国威士忌也会在制作中很有意思地加入烟熏工艺。除此之外，还有一种针对苏格兰威士忌的谬论：如果烟的质量上乘，那么就多多益善。

我不由得立马回想起，在 20 年间，美国的手工啤酒业在啤酒花度这个指标上经历了抛物线式的发展：含啤酒花的，含更多啤酒花的，啤酒花含量达到

泥煤之赛

　　泥煤的狂热爱好者热衷于比较各种不同的泥煤威士忌，他们会用百万分率（ppm）的酚含量，这种来自泥煤烟雾的烟熏味化合物作为一种客观的衡量指标。我们很容易就能测量麦芽中的酚含量，但这个值并不必然等价于最后装入瓶中的酚含量。拉加维林酒厂的经理乔治·克劳福德就曾告诉我，麦芽中的酚含量约为最终烈酒中酚含量的 3 倍之多。不要只盯着数字看：毕竟，泥煤度仅仅只是威士忌整体中的一部分而已。当然，比较不同的百万分之酚含量值还是挺有意思的，不过人们只会就某些蒸馏酒厂以及少数特别的泥煤威士忌进行酚含量的比较，请注意不同瓶装之间的酚含量值也会有所差异。此外，即便是未经泥煤焚烧处理的麦芽也有可能含有一些天然的酚成分，比如，苏格兰的格兰利威士忌（如果你在想高原骑士威士忌究竟是怎么来的，那么我告诉你，酒厂先是选取一部分自有麦芽进行烟熏处理，直至其百万分之酚含量达到"35~50ppm"之间，然后再将其和未经煤炭焚烧处理的麦芽以 1：4 的比例混合，结果就诞生了这令人愉悦的变体）。

最重泥煤味威士忌 布鲁莱迪泥煤怪兽
5.1/169——169PPM 酚含量

阿德贝哥超级新星——100PPM

阿德贝哥——50PPM

拉弗格——40PPM

布纳哈本 陶特阿克 ——38PPM

卡尔里拉——35PPM

拉加维林——35PPM

康沛勃克斯泥煤怪兽麦芽威士忌
（兑和威士忌）——30PPM

波摩——25-30PPM

大力斯可——22PM

阿德莫尔——12PPM

百富——7PPM

格兰威特——2PPM以下

　　峰值……不，**停止加大啤酒花含量**！在 25 年前，人们几乎就要放弃诸如拉加维林或大力斯可这样的泥煤威士忌了，波特艾伦和阿德贝哥已分别停产，布纳哈本也即将面临停产，而泥煤威士忌渐渐成了一些古怪的狂热爱好者的代名词，或也用于兑和中以增添酒的风味。

　　然而，随着单一麦芽威士忌越来越受欢迎，泥煤也突然之间得到了极度的追捧，而热衷于泥煤的狂热爱好者也不再显得那么古怪了。阿德贝哥和布纳哈本重新开张，销售量和生产量都与日俱增，我们看到

同样的年份也有差异

不同威士忌的陈酿过程也不尽相同。波本威士忌贮藏于肯塔基州较为炎热的仓库中，盛装酒液的木桶又是刚刚经过焙烤的新木桶，其熟成的速度较快。而苏格兰威士忌贮藏于较为寒冷、气候潮湿的赫布里底群岛，盛装酒液的木桶是循环再用的旧木桶。加拿大威士忌所面临的气候条件差异很大（举例而言，毗邻安大略省温莎市的海勒姆·沃克仓库，其温度就类似于肯塔基州的仓库），这就

会成为伴随变量对威士忌的陈酿造成影响。与此同时，印度和台湾地区的热带气候又会使当地的威士忌酒极为迅速地熟化。30年陈的单一麦芽威士忌绝妙无比，令人惊艳，而同样30年陈的波本威士忌就算木桶中尚且还留有存量的话，也会显得不那么入口。因此说到陈酿年份，千万不要拿一成不变的标准去衡量不同种类的威士忌。

名为泥煤怪兽和巨重泥煤这样的瓶装酒也涌现出来，而像布鲁莱迪泥煤怪兽和阿德贝哥超级新星这样的重泥煤瓶装酒含有极为浓郁的烟熏味。似乎一时间，我们希望威士忌中含有尽可能多的泥煤，最好多得从瓶子中冒出来直接扑面而来。

那么究竟怎样才算好呢？如果你真的喜欢泥煤味，那么含有一定量的烟熏物质是更好的选择。但也有很多人并不好这一口，或者只喜欢一丁点烟熏味，假如你也是其中一员，那么显然更多的烟熏物质对你而言并不可取。总之，我要不厌其烦地重申：只有通过亲自品尝才能找到你的最爱，而非道听途说。

"手工／小规模制造商酿造的威士忌就越好"。我个人喜欢小型生产者，曾经在小啤酒馆里，我和啤酒酿造师们愉快地畅谈有关啤酒的种种。在和手工干酪制造者、烘焙师、肉贩聊天的过程中，你总能受益匪浅，你能够了解事物的来龙去脉，明白为何要采用某种特定的加工方式，那些丰富的味道源自哪里，又是什么使他们的产品与众不同。

这一点同样适用于小型的威士忌酿造者，他们有些独立独行。相对来说，我很容易和他们碰面，并

一起探讨创造出产品特色的方法，而且我还能时不时地走进他们的工坊，在那里参与威士忌的陈酿。对了，我还可以和他们当面握握手，这真是太棒了！

那么手工或者小规模生产也不必然会提高威士忌的质量，是这样吗？不妨想一下，位于我家乡的一家手工蒸馏酒厂仅仅2名员工，偶尔也会招募一些志愿者帮助装瓶。他们的产量十分微小，但是质量却属上乘。再来说说格兰威特威士忌吧，它是全球销量排名第二的苏格兰单一麦芽威士忌，制造商在2012年一年内的生产量达到了1050万升。它是一个国际性的威士忌品牌，但要是走到酒厂里（它位于乡村的出口处，狭窄道路的尽头，在那里已经约200年了），你会发现，每一滴酒液诞生的过程里，也仅有10名员工参与其中。

虽说酒厂引入了一些自动化设备，但是毕竟只有10名员工，而产出的酒品同样非常出色，部分甚至是令人惊艳。

手工威士忌头顶着手工酿造的光环。手工酿造工坊确实可以制作出品类丰富且口感上乘的啤酒，和产品单调且口感寡淡的少数几个巨型酿造厂相比，

前者在市场上具有更大的竞争力。然而威士忌的情况和啤酒却不太一样，在威士忌制造业，大型的蒸馏酒厂同样能酿造出品质卓越的威士忌，这样的酒厂有数百家，且各具鲜明特征，比如尊美醇、留名溪、18年陈麦卡伦、迪克尔木桶陈酿精选酒，它们之间风格迥异。

所谓"大型"蒸馏酒厂的规模其实也并不算大，比如说，格兰花格和爱汶山这两家都算是大型酒厂，但都依然独立运作并属于家庭制企业。大型酒厂比较富有创新的活力，当手工小酒坊里的师傅试图做些什么改变的时候，前者早已开始着手实践了，比如，采用小木桶陈酿、加速陈酿（催熟）、采用不同类型的谷物作为原材料。大型酒厂往往也拥有更多的陈年威士忌，而且正因为其产量较大，价格也较为低廉。

我并不否认市场上同时存在着上乘的手工酿制威士忌，事实上是有的，至于其质量是否"更佳"，应该由你来做出评判，而非泛泛地听取他人所言。

最佳的威士忌

请放心，我一定会向你提供遴选最佳威士忌的正确方法，之前我们已经大致罗列了一些错误的评判标准，是时候来公布正确答案了。我想或许你已经猜到了，没错：你必须亲自品尝很多种不同的威士忌，然后方能选出适合你口味的最佳威士忌。之后，你便会学会如何根据不同的特定场合为自己挑选出最合适的威士忌了，可能到那时你已储备了足够多的知识并乐于不断尝试，那就更好了，说不定恰好某款新出的酒品能成为你心仪的对象。

我并不是建议大家完全忽略那些有关威士忌的评述和评级，在威士忌价格一路上扬的年头，这些文字还是选购时颇有价值的参考信息。但是如我之前所描述的，有些评述者只会夸夸其谈，说什么某一类型或某个品牌的威士忌是最好的，或者你绝不能喝某种另外的威士忌……好吧，对于这些大放厥词者，你应该不予理会，客气地说，你大可以不屑一顾。

优秀的评论家几乎是不会劝阻你购买或者饮用某款特别的威士忌的（如果某位资深的评论家 确实这么说了，你应当仔细斟酌这一建议）。他们可能会说，这种威士忌的加工比较粗糙，或者这款威士忌糅合不佳，味道比较冲，没有充分融合成口感丝滑的整体。他们还可能会对某些异味加以标注，或者描述出某些影响因素的过度作用（比如说，贮藏在雪利木桶中的威士忌攫取了过多的雪利风味）。评论家们还可能指出，某些威士忌的价格过高，有点物非所值。如果你想采纳评论家的建议并少走弯路的话，不妨从以上这些角度加以思考。

这世界上的威士忌各有不同，一想到这点，我就不禁回忆起一些苏格兰的蒸馏师在探讨不同瓶装酒时曾说过的话，这些酒中既有价格亲民的兑和威士忌，也有极为珍罕的单一麦芽威士忌，他们说得极为精妙："物尽其善，各有所长。"就如赛马一样，在越野障碍赛、尘土飞扬的赛马场以及草地赛马场中，你绝不会选用同一匹马进行比赛。与之类似，当你忙碌了一整天回到家时可能会喝点威士忌放松一下，当你为第一个孩子或第一个孙儿庆生时也会打开一瓶威士忌，但你在不同场合下的选择必定有所不同。

在品尝威士忌时，请务必保持开放的心态。我很高兴能自由地游走在全球各种不同威士忌之间，并尽情享受它们带给我的愉悦。或许在品鉴威士忌方面，我并不比别人高明多少，但我不局限于欣赏某种特定的威士忌，在这方面，我自认为是幸运儿。在下一章中，我们将探讨一下威士忌的不同特点是如何形成的。请始终牢记"不同"的概念：不同就是差异，并不一定意味着更好或更糟！

第**5**章

品鉴：
修炼直至炉火纯青

还记得我如何告诉你自己是怎样穿越这道初始壁垒并品尝出威士忌中的乳脂奶糖味的吗？你可能想问我怎么会从威士忌中喝出奶糖味，也想知道这背后的原因，这个问题问得好。如果你读过大量威士忌评述者的专业品酒记录，就会发现他们往往借用以下词汇描述自己在品尝威士忌时的味觉及嗅觉感受：橘子味、肉桂味、焦油绳索味、薄荷味、无花果味、海水味、充满叶子的篝火味、油味、杏仁味、药味、青草味、碾碎了的蚂蚁味……但我可以确凿地告诉你，威士忌中并未加入以上任何一种物质。

长期在爱汶山酒厂工作的蒸馏大师帕克·比姆甚至不认为人们能从威士忌中品尝出以上这些味道来。他在超过 60 年的从业生涯里品尝过无数的威士忌，并且无比坚定地认为，你从威士忌中品尝出的所有味道都源于制作威士忌的原料。"有人说他们在威士忌中尝出了芒果味和皮革味，"他曾这样和我聊道，"但是我并没有在威士忌中加入芒果或皮革，我只是采用了玉米作为原料，并在橡木桶中陈酿酒液体，而这就是我所尝到的：玉米和橡木！"

我非常尊崇帕克本人，但在这一点上我却不敢苟同。正如我们在上一章中向大家描述的，橡木中有很多种风味物质，谷物中蕴含得更多（玉米、麦芽、黑麦、小麦等），发酵和蒸馏工艺会产生更多的风味物质，另外，空气能透过具有半渗透性的木材进入木桶，并与威士忌以及橡木发生化学交互作用，这个过程中会产生更多影响威士忌风味的化合物。帕克的话或许可以这么理解：他仅仅尝到了源于玉米和橡木的味道。

如果你也想品尝出各式各样的味道，比如乳脂软糖、芒果、涂抹了焦油的绳索味，你首先得想想你究竟在尝什么东西，你又由此联想或回忆到了什么。不要担心，其实过去你一直都在培养自己这种技巧。我管它叫作空手道小子法。

空手道小子法：追寻香气的记忆

1984 年拍摄的电影《空手道小子》中丹尼·拉鲁索重复"上蜡，刮蜡"的那一幕已成为电影业界中标志性的一幕。他恳求宫城先生教他学习空手道，宫城先生同意了这个请求并开始让他先为车打蜡，在甲板上撒沙子，给篱笆上油漆。丹尼感到垂头丧气，但宫城老师却要求他坚持不断地"上蜡、刮蜡"，通过重复这个动作训练这个男孩的肌肉，以适应反射性的空手道动作。

你就像丹尼一样，但是你之前已经为车打过蜡了。你已穿过初始壁垒，并拥有品鉴威士忌的各种工具，其实你之前一直就在训练自己成为一名威士忌的品鉴专家，只是你自己没有意识到而已。在每一天的日常生活中，我们摄入食物，喝入饮料，并用鼻子嗅闻着周围的世界，只不过我们中的多数从未思考过我们品尝到的究竟是什么。我们可能用一些形容词加以描述，比如"好的"、"辛辣的"或"油腻的"，不过我们每个人都能在被蒙住眼睛的情况下，通过嗅闻辨别出香蕉、烤鸡或者松针。

人类对气味的记忆是非常强大的，而且你可以学着驾驭它。有时，当我切下一块松脆的青椒时，某位前女友就会浮现在脑海中，可能是因为她曾经喷洒过的一款名为合金（Alliage）的香水有着相同的新鲜气味。在品尝威士忌时，就让诸如此类的联想自由地驰骋吧，不断地重复这些上蜡、刮蜡的动作，经过重复的训练，你将成为一名威士忌小子。

开始品尝

现在就让我们做好准备开始品尝威士忌吧。理想状况下，你应该找一处安静的地方，尽可能地减少注意力的分散，你能越长时间不受外界干扰聚精会神在威士忌上，你就越能发挥你的感官联想，从而塑造出眼前这瓶威士忌的形象。保持安静，或者也可以播放一些音乐，如果后者能帮你摆脱这纷扰的世界的话，关闭所有会分散你视觉注意力的设备，比如电视和电话。你自然也不愿意在品尝威士忌时被任何强烈的气味所包围，所以请不要同时烹饪或摄食，并且在饮用威士忌前用无香的肥皂清洗双手。挑选一个舒适

同样的年份也有差异

　　对威士忌颜色的评价需要一定的技巧。波本威士忌由于贮藏在新焙烤过的木桶中而能快速地着色，所以颜色也迅速变得很暗，手工威士忌贮藏在小木桶中陈酿，它和木材直接接触的比例更大，也就能更快地着色。苏格兰威士忌在着色速度方面差异较大，不一而足。和二次空或三次空的木桶相比，采用首次空的雪利酒木桶陈酿会使威士忌着色更快。威士忌如果贮藏在多次使用过的旧木桶中，那么即便陈酿多年，依然会色泽浅淡而柔和。苏格兰、爱尔兰、加拿大和日本的蒸馏酒厂被允许在威士忌中添加一种名为"酒用焦糖"的色素，这种焦糖色素由加热糖或糖浆制得，这种情况下就很难判定威士忌中有多少色泽来自木质。有一些国家（比如说德国）就要求制造商在添加色素时必须贴加标签做出说明，因此酒厂通常会选择不添加色素（也往往会在标签上对此标注）。根据联邦政府的规定，美国的纯饮威士忌中是不允许加入任何色素的。

浅麦秆色或金色的烈酒往往带有更多蒸馏酒的特征，其香气和风味都标志着该酒是蒸馏酒厂的新酿酒。

如果你的威士忌呈现桃花木色或糖蜜色，那么这是一瓶很陈的苏格兰威士忌或一瓶完全熟成的波本威士忌……再不然就是有人给这瓶威士忌加入了人工色素。

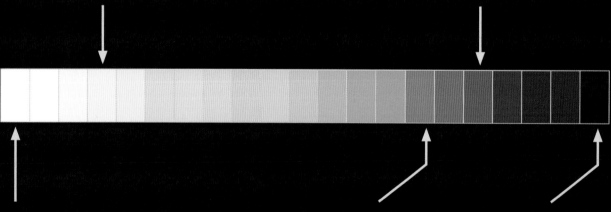

未经陈酿的烈酒是清澈或"白色"的。

琥珀色、深铜色及黄褐色标志着该酒为15年或以上的中年陈酿苏格兰威士忌（或者添加有色素）或较为年轻的美国纯饮威士忌。爱尔兰威士忌往往不会显现这种颜色，而加拿大威士忌中这种颜色较为普遍。

如果威士忌的颜色如此之深，那么要么是添加了人工色素，要么就是年份非常非常之久，无论是以上哪种情况，我都不建议你饮用这种颜色的威士忌。

在木质中熟成的不同颜色：0年、2年和4年陈威士忌样本，颜色相应加深，从白色到铜色至桃花心木色。

的座位坐下，如果喜欢站着也可以。将背景设置为垂直的白色，比如，可以将一张普通的白纸置于后方，这将有利于你在前方举起酒杯检查酒液的颜色。光线应当白色而均一，不能过于明亮。

你需要一大杯水，可在两次啜饮间用于漱口，如果你将品尝多种不同的威士忌，这点尤为重要。漱口最好采用矿泉水，当然如果手头有上好的自来水，也尽可以放心使用。我在家里会先用布丽塔过滤器筛滤一遍自来水，而后再使用，效果不错。你也可以在威士忌中添加少量的水，用玻璃水杯或小型调味瓶加水，有些人为了更加精确地测量，也会使用眼药水滴管或者一种移液器加水。如果你想咀嚼些什么东西来刷新你的味蕾，不妨咬一块白面包或淡饼干，比如撒盐饼干或牡蛎苏打饼干。

我认识一位专业的尝味大师，他每天都会对食物和饮料进行嗅觉上的分析，在刷新人的感官体验方面，我曾从他那里学了一招。以前，我曾和他一起在一次鉴赏大赛中评判啤酒，我注意到他时常会微微弯曲自己的右臂，将脸置于手肘弯曲部位，和自己衬衣袖口相对，然后用鼻子深深地吸一口气。

在一轮评判结束后，我悄悄问他为什么要这样做。他向我透露说，其实这样做是为了嗅闻自己的味道，就是他自己肌肤的基础体味，他自己所穿衣服的熟悉味道。这一系列熟悉的味道平时总围绕着他，就像一种背景和基线一样，能够重置他的鼻子，使其复位到原始的状态。

我也照样试了一下，一旦克服了对自我的敏感意识，这种方法还是挺奏效的。

最后一点，如果你还想对你的品鉴做任何记录的话，不妨准备好一本笔记簿和一支钢笔，或你的手机和写字板。现在已有少数几个APP应用可专门用于威士忌的专业品酒记录，但目前尚处于开发完善状态，这些不太完善的应用程序常常会迫使你按照其设定的方式进行记录。取而代之，我个人使用的一款 APP 比较普通（带有搜索功能），我可以随心所欲地徒手写下任何所思所想。

当然，你也不是非做笔记不可，尤其在并非由你本人品尝的情况下。如果你品尝威士忌是为了学到更多相关知识，了解自己的所爱，那么笔记有助于你更加简便且明确地在各种不同的威士忌之间进行比较和对照。你也可以翻一翻过去的记录，回顾一下你对数月或数年前品尝过的威士忌曾做何感想，再想想是不是威士忌本身有所变化，抑或是你自己的味觉又有所提升了呢？

通常情况下，我发现记笔记会促使你更加聚精会神地品酒，为了做好笔记，你会更加严肃认真，以便找到最为贴切的描述。我的几个朋友（其中也包括我的妻子）都会对"品鉴威士忌"这项艰辛的工作表示不屑一顾，但是一旦他们列席旁听过一场带有品酒记录比较的专业品鉴会后，就会彻底改变之前的观念了。

不要为品酒记录感到忧心忡忡，如果你愿意的话不妨尽享其中的乐趣，毕竟这是你自己所做的笔记，不管其本身具有多大价值，它都是你独一无二的产物。我多年来坚持做品酒记录，在拿出来与大家分享之前，我总是专心地为自己做笔记，这是另一种可以用来积累品酒经验的好方法。

万事俱备了吗？检查一下现场，是否环境安静，不存在任何转移你注意力的干扰声音和气味？光照是否合适，背景是否已布置成适用于色彩检验的白色？你是否已准备好洁净的杯具，你的双手（还有小胡子，如果你有的话）是否已洗净并不含任何香味？还要注意，手头得备好可用于饮用和稀释的凉水，再配上些饼干或面包，当然，还有你即将品尝的威士忌。

好了，现在你已准备好了，让我们开始品尝吧。

格伦凯恩水晶威士忌酒杯　古典杯　雪利杯

玻璃器皿

在品鉴威士忌时，你应该选用哪种玻璃杯呢？整个行业都对你这个答案翘首以盼！玻璃杯的选用不仅关乎金钱或作秀，它的类型确确实实会影响到威士忌的气味和口感。大酒杯太宽，威士忌可能会过快地氧化，你只来得及感受到最初的香气对你一瞬间的冲击。颈部和开口处过宽，酒液的香气就会逃逸得过快。如果酒杯过厚，你就无法将手部热量传导给威士忌，如果过薄，像我这样手指粗壮的人就会担心一不留神会将杯子打碎。

我在为写评述品尝威士忌的时候会选用格伦凯恩水晶威士忌酒杯，这种杯子是为品尝威士忌所特制的，它的颈部呈锥形烟囱状，这有利于集中和汇聚香味，同时又和狭口酒杯不一样，非常方便饮用。该酒杯躯干部位呈洋葱膨胀状，便于饮者检查酒液色泽，如果想要传导手部热量也很方便（我通常情况下并不这么做）。这种酒杯的底座小而坚实，易于手握的同时又不会遮盖饮料本身，制作酒杯的玻璃本身坚固而不笨拙。总之，这是一款非常适合用来品尝威士忌的酒杯。

体验威士忌中另一半的味道

在诸多品鉴威士忌的练习中,我和《威士忌倡导者》杂志的出版商约翰·汉塞尔一起经历的那次让我受益匪浅,而且颇有意思。那时,我们两人在苏格兰斯佩赛蒸馏酒区的核心地带,那里算得上是全球威士忌酒厂最为密集的区域。斯佩河畔坐落着一个名叫阿伯劳尔的小镇,差不多就在麦卡伦蒸馏酒厂上游1.5英里处,我们在那里的糖化桶边上美美地吃了一顿午餐,之后再稍作歇息。

我们向下一直走到一家名为斯佩食品坊特产杂货铺,我感到几分疲倦需要提提神,就要了一杯咖啡,而约翰则开始挑拣一些小零食:杏仁水果蛋糕、橘子果酱、苏格兰软糖,还有一些别的,加起来一共有8样,还有一瓶水,我们一路朝下走向斯佩河,并在长凳上坐了下来,眼前河对岸正好有一小子在用飞钩钓鱼。

约翰取出他之前买的小东西,开始一件件地打开,一边打开,一边向我解释为什么选择买了这些东西。所有这些吃的都是苏格兰威士忌作家以及酒厂尝味家在描述威士忌时频繁使用的字眼他认为我也必当知道它们的味道,这就如同威士忌味道代码的试金石一般。

杏仁水果蛋糕是一种富含水果的蛋糕,顶部点缀有杏仁颗粒;橘子果酱味道浓郁,带着深深的甜橙味;而软糖则和我原先所设想的软糖很不一样,它更加呈颗粒状,散发出更多的糖味和焦糖味,而非奶油味。对于眼前的各种小食,我都咬了一口,并联想了一下威士忌的味道。

完成了这一切,我们驾车驶往位于克莱拉奇的高地人小酒馆,我又有机会少量品尝了一些斯佩赛地区的精品威士忌,这再一次地丰富了我的品鉴经验。总之,那确实是个非常美妙的下午。

老实说,我参加各项威士忌大型活动获赠了差不多一打格伦凯恩水晶威士忌酒杯,所以在品鉴中我也主要使用这种杯子。关键的一点在于,每次我认真地品鉴威士忌时,都会使用同一类型的玻璃杯,即便是品尝某些枫味威士忌时也不例外,这可以避免因使用不同器皿而可能导致的感官影响。

每一次认真地品鉴威士忌,你都需要使用同一款酒杯,而且你需要备上数个同款酒杯。这种杯子无须特别昂贵,你尽可以在厨房用品商店一次性买上一盒价廉物美的玻璃杯,数量要足够,能确保你一口气品上几种不同的威士忌。然后再将数量翻一番,足够你和朋友共同分享,和朋友一同品鉴威士忌更有乐趣。

无论你最终选择了何种玻璃杯,它需满足以下基本要求:

·由透明清澈无色的玻璃制成,你可以清楚地看到威士忌的颜色(有些兑和大师会选用深色的玻璃,以避免自身受到颜色的干扰,他们的需求和我们不一样)。

·宽度和高度充裕,但无须过大。不要使用像烈酒杯这样短而窄的杯子。在威士忌酒液表面之上,你想留有足够的空间以汇聚香气,同时你还想留有足够的高度,以便在品尝时可以轻轻地旋转酒杯以激发酒液中的香气。同时,酒杯也不能过宽,否则香气会迅速地消散。

·酒杯应有一个坚实的底座或手柄,这样你就可以选择握住这个部位而不会将热量传导给威士忌。小的白葡萄酒杯或雪利酒杯就很不错,经典而坚实的古典玻璃杯也是很好的选择(也以"岩石杯"著称)。

·洁净，清洗干净，不带有任何清洁剂残留物。我会先用手清洗杯子，再用非常热的水冲洗一遍，再让它悬挂滴干。在你开始倒酒时，玻璃杯中唯一存在的东西就是威士忌和空气。

放松享用威士忌

你现在将要开始享用威士忌了，你也将踏上威士忌的学习之旅。当你初次品鉴威士忌时确实如此，而且之后每次你品尝威士忌都会是如此，即便是再度品尝之前已经喝过数次的威士忌也不例外。请保持你的敏锐度，并且享受这一过程。

打开酒瓶：一瓶全新的威士忌，一瓶熟悉的威士忌，无论是什么威士忌，都取半盎司（15毫升）左右的量倒入玻璃杯中。现在举起酒杯凑到鼻子前，不要将鼻子探入酒杯中，否则你会被酒精味给呛到，轻轻地将杯子靠近鼻子，直到你刚好可以闻到威士忌的气味，然后就停留在那里不动。

闭上眼睛……让思绪漂移一会儿。想一想，眼前的这股气味激发你回忆起了什么，你的脑海中浮现了什么？曲奇饼干？阳光照晒下的草坪？金黄色的葡萄干？各种辛香调料？除甲油水（丙酮）？烟熏味？刚刚砍伐下来的木材？新鲜面包上的蜂蜜？轻轻地嗅闻一下，直到你回忆起以前所闻到过的某种东西。如果你在做笔记的话，立马把想到的写下来，然后再等待其他的想法冒出来，远离威士忌呼吸几口空气，然后再回来。稍微旋转一下酒杯，激它散发出新鲜的香气，再嗅闻一下。

现在慢慢地小啜一口。闭上嘴巴，让威士忌在舌头上流淌而过。只要感到舒适，舌头含住威士忌尽可能久的时间，然后轻松地呼吸并吞入酒液。很有可能出现这种情况，在威士忌刚刚触碰到舌头时和接着弥漫蒸发时，你会尝出不同的味道，之后当你吞咽下酒液时，还有可能尝到其他大不相同的味道，最后威士忌还会产生回味。

你究竟尝到了什么？热味？苦味？甜味？你现在又究竟闻到了什么？这股气味和你在饮用前所闻到的威士忌一样吗？通常情况下是的……但有时又不是。再次向自己发问，我感受到了什么熟悉的味道吗？一旦你联想到什么，首先不要加以评判，也不要害怕写下来或大声说出来。

现在再小啜上一口，这次会有点奏效了。你想使威士忌贯穿整个口腔，千万不要像漱口一样囫囵吞下，这样太快也过于随意。比较推荐采取缓慢的咀嚼式动作，与此同时你会吸入少量的空气，不要太多，否则你可能会吸入威士忌。

此时你要努力完成的是将更多的气流吸入嘴中，并向上送至鼻子处的"烟囱"，将威士忌的香味传达给你的嗅觉器官。你不必刻意这样做，也不必用力将其上推至鼻子，只要咀嚼并吸入空气，这一切自然就会发生。

再一次地，嗅闻，品尝，再想一想还有什么闻起来、尝起来也是同样味道。在你呼吸的同时，酒液的香气和风味会发生变化吗？在你吞咽威士忌以及呼吸滞留在嘴中的那层薄薄的酒液时（此刻也被称为回味时刻），有没有发觉什么新的东西，或者之前味道的强度有所变化？如果你正在这么做，不妨尽可能多地写下笔记。

然后我们就要讲到一个关键点了：你喜欢这种味道吗，或是不喜欢？你喜欢和不喜欢的又具体分别是什么？如我一位朋友所说，当你对此做出思索和评判时，你就正在"撰写你的味觉体验之书"。随着你品尝的威士忌越来越多，你所撰写的这本书就会越来越有参考价值。在品尝过更多的威士忌后，你的味觉体验也随之进化，未来你有可能会重写这部作品，这也是非常可行的做法。

威士忌的风味从何而来？

　　总的来说，每种威士忌都呈现出一系列共同的可识别的风味（当然也不排除个别威士忌可能拥有该范围之外的风味）。威士忌的风味有两大主要来源：烈酒方面大部分源于谷物本身以及蒸馏酒厂独一无二的发酵和蒸馏工艺；木桶方面则和木桶的类型以及陈酿的环境有关。在多数威士忌中，两者中有一方会占有明显优势。比如说，在波本威士忌中，木桶构成了其主要的风味；而在黑麦威士忌中，烈酒则对其风味起到主导性作用。下面我们就来具体看看各种威士忌的风味构成。

苏格兰威士忌

　　烈酒方面：甜麦芽、坚果、乳脂奶糖、蛋糕、泥煤（烟熏、海水、柏油）、浆果、蜂蜜、柑橘、香料

　　木桶方面：椰子、干果、浓酒、橡树、香草、干燥木头

　　占优面：泥煤型苏格兰威士忌以烈酒为主导面，而雪利苏格兰威士忌则以木桶为主导面

爱尔兰威士忌

　　烈酒方面：糖味曲奇、什锦水果、太妃糖、新鲜谷物

　　木桶方面：干果、蜡味、椰子、香草

　　占优面：烈酒

波本威士忌

　　烈酒方面：玉米、薄荷、肉桂、青草、黑麦

　　木桶方面：椰子、枫木、香草、烟熏、香料、皮革、干燥、焦糖

　　占优面：木桶

黑麦威士忌

　　烈酒方面：干薄荷、大茴香、硬糖、花朵、甜茅、苦黑麦油

　　木桶方面：香料、皮革、干燥、焦糖

　　占优面：烈酒

加拿大威士忌

　　烈酒方面：香料（胡椒、姜）、黑麦、甜谷物、深色水果

　　木桶方面：木质（橡木、雪松）、香草、焦糖

　　占优面：烈酒

日本威士忌

　　烈酒方面：水果（李子、浅柑橘、苹果）、泥煤（烟熏、海草、煤炭）、青草、香料

　　木桶方面：椰子、雪松、香草、橡木、香料

　　占优面：两方面均衡

在品尝的时候，你可能也会思考威士忌的味道是如何融合在一起的。这款威士忌是完美地融于一体了呢，还是口感不太平衡？是否有一种口味过于突出而掩盖掉了其他所有味道，以至于你沉浸于单一的调子中而无法辨识和谐的整体呢？如果威士忌被贮藏在一种与之不相匹配的木桶中就有可能发生上述情况。另外，过于年轻且富含烟熏味的威士忌也有可能在口感上无法充分地糅合。

也有可能你的这瓶威士忌比较腼腆，在抵达你舌尖之前还未完全施展开来，这就夺取了你一半的品尝乐趣。另一方面，威士忌的回味有可能骤然减少，也有可能变得和主味迥然不同，并丧失大部分原有的怡人味道。

陈酿同样也会使一款威士忌失去平衡。年轻的威士忌味道可能过于炽烈粗糙，或者显得"青涩"并充满酒味，在橡木桶中贮藏时间不足导致酒液不够柔滑圆润。

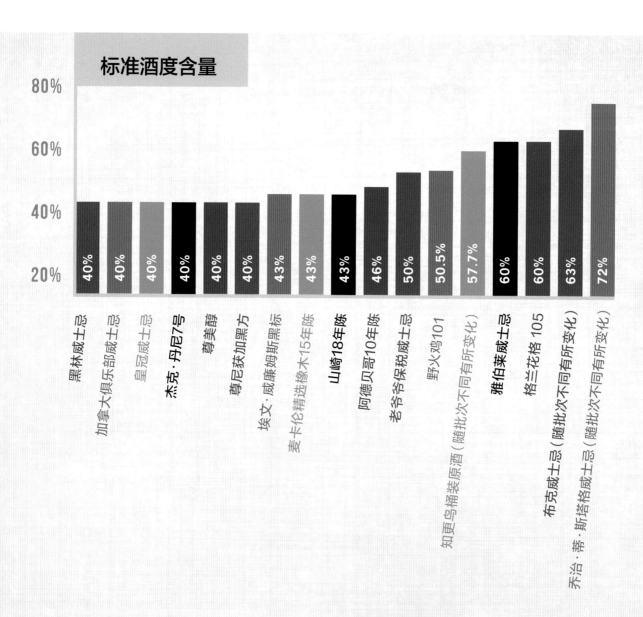

标准酒度含量

- 黑林威士忌 40%
- 加拿大俱乐部威士忌 40%
- 皇冠威士忌 40%
- 杰克·丹尼7号 40%
- 尊美醇 40%
- 尊尼获加黑方 40%
- 埃文·威廉姆斯黑标 43%
- 麦卡伦精选橡木15年陈 43%
- 山崎18年陈 43%
- 阿德贝贡10年陈 46%
- 老爷爷保税威士忌 50%
- 野火鸡101 50.5%
- 如更鸟桶装原酒（随批次不同有所变化）57.7%
- 雅伯莱威士忌 60%
- 格兰花格105 60%
- 布克威士忌（随批次不同有所变化）63%
- 乔治·蒂·斯塔格威士忌（随批次不同有所变化）72%

较陈的威士忌有可能散发出浓郁的木质气息，并且在大量蒸发后变得收敛而干涩，缺乏生机和活力。

上述特征和年份恰到好处的威士忌相比都被视为一种瑕疵，后者形成了圆润的整体。理想状况下，威士忌在散发最初的香味后应当连续递进式地呈现自己的完整面貌，从触碰到舌尖时跳跃出来的味道，到随之弥漫开来的各种后味，再到回味的感觉。在整个过程中，有些风味可能在味觉感官上会有所加强，还有一些风味最终会随着更多空气和威士忌的混合而出现一种回味，这种种或许会给你带来各式各样的惊喜，并且是一种愉悦的体验。

"融合"既不是低调内敛，也不是过于精致的代名词。一瓶威士忌很可能是一个具有丰富味道的大巨人，一些上佳的威士忌确实如此，但是优秀的巨人并不会有三头六臂，也不会单调乏味，它们是和谐平衡的整体，在各方面都表现出众。

加入生命之水

现在让我们坦诚地面对一个问题吧。你是不是觉得纯粹的威士忌尝起来过于炽热（酒精浓度过高）？这就是水要大展身手之处了。不要为此感到不好意思或觉得尴尬，我们大家都是这样做的，作家、评述家，当然还有蒸馏师和兑和师：任何对威士忌抱有严肃认真态度的人都会在饮用时加水。对此，我们将在第13章中做更深入的探讨，现在我们先着重谈谈，为什么人们没有真正地禁止在威士忌中加入水。

首先要说的是一个基本事实：威士忌从木桶中取出时酒精浓度并不会恰好是40%（或43%，或45%或50.5%，再或者任何一种你所偏爱的瓶装酒度）。在出桶时，威士忌的酒度可以是40%（多数生产威士忌国家法律规定的威士忌最低酒度）至70%之间的任意值。

蒸馏师会将精心遴选出的一系列木桶加以兑和，制作出一个装瓶批次。之后，除非此批次为相对小批量的桶装原酒，一般情况下，人们都会在酒液中加入适量的水，使其达到外瓶标签上标注的酒度。我们之所以强调加入"适量的水"，是因为征税通常以酒精量为基础，而政府对瓶中的酒精含量往往会万分挑剔，以免错过分毫的税款，而威士忌如此宝贵，酒厂其实也不想损失任何酒液。

所以，其实加水时真正所做的就是加入更多的水，这没什么大不了的。

在威士忌中加水出于两大不同原因。其一很简单：随着酒度的降低，你又一次将初始壁垒降低到了新的甚至更低的水平。为了阐明其中的道理，不妨做个速算。威士忌作家恰克·考德利发明了一个简明的威士忌稀释公式并在他的著作《波本威士忌，纯粹的威士忌》中加以阐述：

$$Whi \times ((bP/dP) - 1) = Wa$$

Whi= 威士忌量

bP= 瓶装酒度（或标准酒度）

dP= 期望酒度（或标准酒度）

Wa= 为达到期望酒度所加入的水量

打比方说，如果你想将半盎司（约15毫升）酒精度为45%的威士忌降低到更为柔和的30%，根据公式可以这样换算：$0.5 \times ((45/30) - 1) = 0.25$。也就是说，你应当加入四分之一盎司（约7毫升）的水，最好采用矿泉水或蒸馏水，自来水有时会夹带一些不良的味道。你自然可以花大价钱购买一些上好的水，不过超市里提供的瓶装水就是不错的选择。

你想试验加入多少量的水，何种酒度对你来说刚好合适，不过一旦开始尝试，你就要坚持下去。酒厂中有一批专门挑选不同木桶加以兑和的师傅，他们富有经验而且个个具有专业级的灵敏"鼻子"，通常他们会将样本量减少至20%。可以说，如果连续嗅闻100个木桶的样本，你会感觉这一天无比的漫长，即便将样本降至总量的40%，你的鼻子也准保很快就会麻木掉。

水也会释放出酒液中的一些香气和风味。这些芳香族化合物多数是带有水果气息味道浓郁的酯类物质，在富含乙醇的溶液中，它们会被"冻结"，乙醇分子在四周封锁了这些物质，而一旦加入了水，酯类物质就会挣脱乙醇这层"紧身衣"的束缚，释放出来抵达你的鼻子。想象一下雨后你的鼻子所闻到的不同气味：来自植物的清香味，来自潮湿路面的独特香气。是的，水帮助这些香气摆脱了化学键的束缚，得以自由释放到空气中。

可是水也是调皮的，它同时也会将较重的苏格兰威士忌中的硫化合物带出来，从而释放出一种难闻的橡胶味和"肉味"。这还会对某些我们所期待的香味起到抑制作用，尤其是泥煤的烟熏酚类香味以及怡人的谷物气息。

考虑到水会使威士忌发生这些不可逆的变化，所以最好首先嗅闻纯饮威士忌（未经稀释的）。要想在威士忌中加入水很方便，可是要想从酒液中重新将水取出可是难上加难，亲自问蒸馏师你就知道了。

除此之外，你还得学会一项技巧：等待。如果你将威士忌放置一段时间，它的风味会发生改变。有些物质会氧化并发生转化，还有些物质则会弥散消失。这个过程有时有利于威士忌，有时却会使其变得乏味或不那么好喝。在这方面，并没有什么准则或方法指导你进行事先猜测，但是这种有意思的变数恰恰使品鉴威士忌更富有情趣。

盲判

随着你对威士忌越来越熟悉，你可能最先注意到的是酒厂特征。同一家酒厂生产出来的威士忌往往具有相似性，富有经验的尝味家能辨识出来，某种程度上甚至对其有所期待。

说起这个，要一直追溯到蒸馏器：格兰杰酒厂特别高个的壶式蒸馏器可以制作出轻盈精致的烈酒，而格兰花格更加矮胖和宽大的蒸馏器则会赋予酒液沉重几乎是油状的特性。酒液的特性可能源自谷物：阿尔伯塔蒸馏酒厂公司在制作威士忌中采用100%的黑麦，其特性表现得淋漓尽致；而爱尔兰蒸馏酒厂采用单一壶式蒸馏器制作出的威士忌具有突出的未制麦大麦风味。选桶的一致性、仓库的建设和选址、水源、泥煤源、酵母或者资深蒸馏师或兑和师的指导，所有这些因素一同作用，创作出一家酒厂所产威士忌的独特风格和鲜明特征。

酒厂特征是人们识别出某款特别的威士忌，并将其凌驾于所有其他他品之上的基础。人们发现这种特征并爱上它，独一无二，无可取代。当看到钟爱的酒厂推出一款新酒时，他们就会对新酒的特征充满期待，并且打心眼里爱上它。

酒厂特征不过是你可以在品尝威士忌时摆脱感官束缚的因素之一，还有一系列诸如此类的因素，不过所有的关键在于：期待。甚至在开始品尝威士忌之前，你的大脑就有可能在期待的作用下令你的舌头犯错。

在品尝时，你的眼睛看到瓶子上的标签也会汲取一些信息。比如说，如果我知道我正在品尝一瓶野牛遗迹威士忌，我脑中已经产生了一种欣然接受的想法。我喜欢野牛遗迹威士忌，过往的经验已令我满心期待它令人愉悦的口感。它必不会令我失望。

你可以尝试做到客观，你可以说你仅仅在用自己的舌头和鼻子进行品鉴，也可以声称头脑中不存在任何的偏见……但是这些说辞不过是自欺欺人。你自己迈出的距离有限。在你意识深处，你自发生成或受外界影响获得的各种记忆和观点会以你不愿也不能承认的方式侵蚀着你坚实的感知器官。你饮用威士忌的地点，盛装威士忌外瓶的模样，旁人的论述，还有你自己对威士忌总体风格的看法——所有这一切都会使你偏离客观性。

你可以借助眼罩和一名助手来重建你的客观性。这并不是魔术：它是盲品。如果你想真正了解自己对一款威士忌的看法，不妨试着将它和其他两款相似的威士忌放在一起进行盲品。请你的助手在另一个房间倾倒酒液（我的女儿就经常帮我这么做），让她在玻璃杯上做出标识或者写下顺序，确保助手自己知道哪个是哪个，而你却毫不知情。

是不是挺麻烦的？你说对了。如果你只是偶尔饮用一下威士忌，大可不必如此这般自寻麻烦。但是要想真正了解和学习威士忌，这是最好的方法。盲品促发你进行思考，这的确是项艰辛的工作，然而别无捷径，如果你连生产威士忌的酒厂都不清楚，就更别提了解那里所产威士忌的特性了。如果你毫无援手，就得自己静下心来好好思考一下自己究竟在品尝什么，试着辨识出其中的重要成分，想想它们是如何融合为一体的，又是如何一步步进入你的味觉世界的。这一系列问题会激发你对威士忌的味道、口感以及回味进行深入的思索，这也是公正客观品鉴威士忌的唯一方法。

如果你想做到真正的严谨，可以进行三角品尝。这也是盲品的一种，但是该过程伴随有一个刁钻的问题。取三种有些相似的威士忌——打比方说，三种陈酿过程相似的泥煤型单一麦芽威士忌，比如拉弗格、

诚一小清水，日本三得利山崎威士忌蒸馏酒厂备受推崇的主管兑和师。

大力斯可和卡尔里拉。然后请你的助手倒入三种威士忌，注意是任意三种威士忌，你并不知道她倒入的究竟是哪些威士忌。你的助手有可能倒入了两份大力斯可和一份卡尔里拉，或者三种各有一份，也可能三份都是拉弗格，但是你事先绝不知道。这就要求你千万分地集中起注意力，充分调动你的感官，因为只有非常仔细地辨别，你才有可能寻觅出其中微妙的相似之处，也有可能这其中压根不存在什么区别。

盲品绝对可以令你大开眼界，不妨尝试下，看看有何收获。不过如果你不想这样麻烦（自己一个人完成就要简单得多），不妨取两款相似的威士忌进行非盲品。

并排品尝一系列威士忌后，你可以通过清晰的比较发现其中的差异，这也有利于你按图索骥，发现自己究竟喜欢或不喜欢一瓶威士忌的哪些方面。就拿位于伊斯莱东南沿海的三家基德奥尔顿蒸馏酒厂来说，分别品尝它们生产的三种标准瓶装酒：拉弗格、拉加维林和阿德贝哥。当你闻到三者甜美的烟熏气味时，你会觉察到，虽然三者都是强劲的泥煤型威士忌，但依然有着显著的差异，而这些差异让你更好地认识各种独特的威士忌以及它们的原产地，也使你对泥煤型威士忌整体有更全面的理解。

如果你已经完成了品鉴，无论是单独品尝、盲品还是并排品尝，此刻你已经喝完了倒入杯中的威士忌，现在是时候进行放松和回顾了。现在你已开始着手撰写另外一本名为"你的品鉴"的书了，随着你探索威士忌这片广阔天地越深，你会发现这本书越发地具有参考价值。

分享快乐

现在，你已经发现，品尝威士忌是一个多么愉悦的过程了。当然，简单地饮用和享受威士忌也

大有讲头，但是真正的品鉴却又是另一码事，可以说这是一种对自我的奖励。如果你想和亲朋好友分享这份愉悦，也很简单，你只需要多准备一些玻璃杯，还有一套正确的方法。

与朋友共同分享威士忌的品鉴，难点并不在于物质方面，比如说威士忌、玻璃杯、水或笔记本这些东西。难点在于态度，你的态度以及你朋友的态度……当然最主要的还是你的态度。你要时刻牢记邀请朋友一起品鉴威士忌的目的在于和他们共度快乐时光，享受品尝威士忌的过程，而不是炫耀你的威士忌藏品或是卖弄你的威士忌知识，你只不过是想让朋友们共同体验品尝上好威士忌的美妙。

选定自己的客人名单，第一次人数不要多，两三好友即可。试探一下，他们是否对此感兴趣，比如说，我个人就对特基拉酒的品鉴不太感冒。在你组织过几次这样的品鉴并拥有一定的经验之后，或许可以试着用威士忌制作一顿晚宴，我想这必将是个美妙无比的夜晚（然而在制作宾客名单时，请提前考虑到朋友们安全回家的交通方式。如果不是步行或者乘坐公交车回家的话，最好安排一名未品酒的朋友将他们驾车送回）。

当你的朋友们业已入席坐定，你就该决定拿什么招待他们了。你是想先尝几款单一麦芽威士忌呢，还是先试几款波本威士忌，或是先从爱尔兰威士忌下手，或者各样都取一款？正如你已经感受到的，品尝是鉴别各种同类型威士忌之间真正差异的最佳方法，它还可以概括出几大主要分类之间的区别。

简单化处理可能是最好的办法。三是个好数字，选取同一类威士忌的三个样本，或者主要威士忌中的三种：一份波本威士忌，一份苏格兰威士忌，还有一份爱尔兰威士忌。现在你又面临一个问题，具体该选择怎样的威士忌呢？此时你要学着恰如其分，如果选择过于平庸的酒，你的客人会觉得深受其辱，而如果选择过于华丽的酒，你的客人又可能感到惶恐不安。

苏格兰威士忌

主题	威士忌
高级泥煤型威士忌， 具有显著差异的泥煤特征	卡尔里拉12年陈，拉加维林16年陈， 大力斯可10年陈
基德奥尔顿蒸馏酒厂 泥煤味的差异更加玄妙	阿德贝哥10年陈，拉加维林16年陈， 拉弗格10年陈
雪利单一麦芽威士忌 比较由雪利酒桶陈酿带来的干果特征	格兰多纳12年陈，格兰花格12年陈， 麦卡伦12年陈
垂直性比较， 比较不同陈酿年份之间的酒厂特征	格兰花格10年陈，格兰花格12年陈， 格兰花格17年陈
兑和，评价每一种兑和的目标 寻找谷物中的"奶油"味	帝王威士忌，威雀威士忌， 尊尼获加红方
高黑麦含量的波本威士忌 比较黑麦特征	巴斯·海登威士忌，布莱特波本威士忌， 老爷爷波本威士忌 为了增添乐趣，可以考虑将像黑麦一样的 老奥弗霍尔德威士忌加入混合
小麦波本威士忌，比较"小麦气息"	雷克斯威士忌，美格威士忌， W. L. 威勒特别珍藏 如果你能找到的话，不妨加上15年 陈的范·温克波本威士忌
较陈的波本威士忌， 展示其风味如何转变为 更干更辛辣的橡木味	布莱特10年陈威士忌 伊利亚克瑞格12年陈威士忌 占边签名手工12年陈威士忌
不同的爱尔兰单一麦芽威士忌	布什米尔10年陈单一麦芽威士忌 特拉莫尔露10年陈单一麦芽威士忌 爵尔卡纳单一麦芽威士忌
在年轻、陈年和兑和威士忌中比较 爱尔兰单一壶式蒸馏特征	绿点威士忌，尊美醇18年陈， 知更鸟威士忌
带有不同黑麦特征的加拿大高级威士忌	阿尔伯塔优选威士忌，黑丝绒威士忌， 加拿大俱乐部威士忌

我建议你宁可采取平均主义，选取质量上乘的瓶装酒，而不要直接献出你的珍藏级宝酒。不妨设想一下，如果你一开始就给客人的酒杯里倒入你所有威士忌中最高端的三瓶，那么接着你该怎么办呢？如果你的朋友中恰好有一位表示他真的很喜欢珍罕级威士忌，我想他可不愿听到你说："哎呀，你不可能再搞到这样一瓶威士忌啦，就算你真有机会找到一瓶，可能价格要超过500美元呢。"或者更糟糕的情况是，如果客人们根本不喜欢你展示的珍品酒呢？你可能会觉得自己就像一个被愚弄的蠢蛋，或者认为你的朋友都是不识好货的白痴，我想任何一种情况都挺扫兴的吧（或者有可能引发更多的品尝）。

相反，不妨选用一些平易近人的酒品，无须过于惊艳，比如可以选择目录表中略高于基本款的装瓶酒。比如说，你可以选择尊尼获加黑方，它是一种可口的兑和苏格兰威士忌，比标准红方多一些特色和魅力。如果你想为客人奉献一款单一麦芽威士忌，那么这个选择已经胜人一筹，不妨从斯佩赛威士忌产区的12年陈酒开始，比如格兰菲迪或者格兰利威。你也可以请你的客人们品尝黑林威士忌，采用雪利酒木桶陈酿后变得更加醇厚的布什米尔。如果是波本威士忌，或许可以选用美格，它带有圆润的小麦气息，或者你可以呈现一款黑麦威士忌给他们一个惊喜，比如说里腾豪斯威士忌。

核心理念是，在不增加财务负担的情况下增添品酒的趣味。讲到威士忌，人们总倾向于对自己所钟爱的几款酒津津乐道，并迫使他人爱上自己的所爱，但有时这样做并不太奏效。

请你意识到一点，分享乐趣的真正含义是和与你共赏威士忌的朋友们待在一起，在同一个房间，在同一张桌边。有时候，我也会做一些线上品酒，这样好过一个人形单影只，但是最好的分享方式无疑是和朋友们面对面地共饮威士忌，这样最为自然也最有意义。在网上聊天室里，你自然听不到对方的笑声，也看不到对方的面孔，在视频聊天的时候，你也无法

打开另一瓶酒与对方分享。

这就意味着，你需要将你的鼻子从书本中挪开，将你的手指从键盘上移走。你应该稍微清扫一下厨房，买些面包和奶酪，或许还可以准备些烟熏三文鱼或者蔬菜拼盘。有需要的话，备上多一些的玻璃杯和瓶装水，还有一个小水罐。

无论人数多少，请设置一片品酒区，此处我们允许稍稍违背一下"避免干扰"的品酒准则，最好也将记录笔记这点暂时抛开。

当宾客们抵达时，先为他们提供一份饮料，不过在品酒前不要饮入超过一份的饮料。品酒前喝得或吃得越多，你的味觉敏锐度就会越低，而你自然想为所有威士忌提供平等的机会，对吧？

倒入第一份威士忌。请记住：你的朋友有可能还未闯过初始壁垒，所以不妨请他们首先集中精力轻轻地嗅闻一下。嗅闻第一份威士忌，畅谈所闻到的任何味道。最好能放慢步调，注意你是在引领朋友们品鉴，而非领导或接管。试着开启一些对话，探讨一下大家闻到的味道，而不要立马否认："不，我可没有闻到这个。"请你不要过于挑剔，也不要过于严苛，不要告诉你的朋友他们必须该如何做，相反地，你应当向他们提供建议，告诉他们你所采取的方法效果不错，不妨一试。

当来到品尝环节时，你应当鼓励朋友们缓慢地小口啜饮，并且余留一些以便和其他两种威士忌进行比较。一旦有宾客脸上呈现痛苦的表情，直喊"热，热，热！"，那你就要迅速建议他加入水，同时也在自己的酒杯中加入一些水。共同品酒是一个包容性的过程，你不想任何人感到自己被落下或遗忘了。

在品尝完三份威士忌后，请大家各抒己见，谈谈自己喜欢或者不喜欢哪个。现在是畅谈的时间，或者可以继续品尝更多的威士忌，既可以品尝之前已经品尝过的，如果朋友们愿意，也可以选些别的。现在该由你来做主了。威士忌这个话题已经开启，你可以选择谈论更多有关威士忌的内容……或者也可

你品尝的究竟是什么

正如其他任何一种人类的艺术——一座大教堂，一部长篇小说，一幅油画或一顿美餐——威士忌也是由一系列不同的元素构建而成的。谷物、水、酵母和橡木桶陈酿，没错，但我将要讨论的是同类物或元素——书面上说就是化学元素——它们聚合在一起创作出了威士忌的香气、口感和风味。下面我们就罗列一些这些构建大厦的基本模块。

谷物

谷物的风味来自发酵和蒸馏（如果最终的酒度不是特别高的话），它是你品尝某些威士忌时味道的主要成分。麦芽威士忌比较甜美，并带有坚果和温热的谷物气息，玉米会散发出甜味和一种可以辨别出来的……好吧，玉米味。黑麦有些苦，带着草药、青草和薄荷的味道，即便使用相对较小的剂量，也会呈现出这些特点。

酯类物质

酯类物质是一种带有水果香味的发酵副产品，并可被携带着进入蒸馏阶段。不同的酯类物质带有不同的香味（比如说，乙酸异戊酯闻起来像香蕉，而己酸乙酯闻起来像苹果），回流度以及馏分方式决定了最终酒液中含有多少酯类物质。酒液存放在木桶中，木质素的分解也会生成酯类物质，而且会生成更多的香气。比如说，丁香酸乙酯闻起来就有烟草和无花果的味道，阿魏酸乙酯有股辛辣的肉桂味，而香草酸乙酯则散发出烟熏和烧焦的气味。

内酯

内酯是橡木中的成分，在陈酿的过程中进入威士忌。波本威士忌贮藏在全新的木桶中，因此比贮藏在旧木桶中陈酿的威士忌含有更多的内酯。威士忌中含有两种橡木内酯的同分异构物：顺式内酯赋予威士忌甜美的香草椰子味，而反式内酯则生成一种丁香和椰子混合起来的辛香味，但是这股味道较弱。

酚类物质

酚类物质是泥煤烟熏麦芽中的主要烟熏味物质，我们以百万分率对其进行测量（以及监测）。依据发酵和蒸馏工艺不同，酚类物质的使用情况也不一而同，而数量并不意味着全部。

酒精

乙醇并不是发酵过程中生成的唯一酒精，可能也不是被携带进入蒸馏阶段的唯一一种酒精。它并没有丰富的味道，通常是清新的并带有一丁点的甜味。所有其他种类的酒精可能被统称为杂醇油，这些酒精会生成高浓度的油味，是人们不希望得到的物质。

水杨酸甲酯

在某些白橡木中存在少量的水杨酸甲酯，它会赋予年轻的威士忌薄荷香味。

香草醛

橡木能以多种方式生成香草醛，其中之一就是木质素的分解。香草醛散发出来的香草气息在波本威士忌中最为显著。

乙醛

乙醛拥有自身的香味——花香、柠檬味或溶剂味，它还能与橡木中的木质素发生作用生成酯类物质。

在仓库中品鉴各个橡木桶中的威士忌是一个静谧而紧张的时刻。

谈谈你朋友感兴趣的任何别的话题。

　　当然，品酒之后你还得完成清扫工作，可能有些朋友会想逗留更久些，甚至超过你的预期。这就是威士忌，请你表示理解吧。

　　最后你会发现，品尝威士忌给你带来了美好时光，赐予了你美味，而且你会从这些体验中有所习得，你倾注其中的所有辛劳也就非常值得了。不过，我们并非止步于此。在品尝威士忌时让你的思维自由驰骋，想象你所尝到的味道，这会促使你在日常尝味时进行更多的思索。你将在食物和其他的饮料中品尝出新的东西，甚至在一缕微风中闻出全新的东西。你的愉悦体验将会倍增。

　　当然，这并不是威士忌的全部。抛开空手道训练不说，宫诚老师依然还是会反复对他的汽车上蜡。

餐桌威士忌：家用瓶装酒

　　我在家里总是备有几款威士忌。兑和苏格兰威士忌有：尊尼获加黑方或康沛勃克斯国王街威士忌，有时还有帝王威士忌。波本威士忌有：占边黑牌、埃文·威廉姆斯或者如果我最近刚去过肯塔基州的话，还会有一些老巴顿酒。爱尔兰威士忌我会选择鲍尔斯，而加拿大威士忌我会选择加拿大俱乐部或施格兰威士忌。在夏日里，我会握着 1.75 升容量大男孩杯的手柄，用派克斯维尔黑麦威士忌制作高杯酒。

毫不夸张地说，我在过去 20 年里收集有数百个各种各样的瓶子，有一些非常罕有，有一些精美无比。在一些特殊场合下，我会将它们展示给众人，比如说生日、重大节日、工作晋升，或者是一位不期而至的嘉宾。此外，我也常常享用一些中等的瓶装酒，但大多数日子里，当我想在晚餐前喝点威士忌，或想制作一份鸡尾酒，再或是烧烤时想解一下渴，我都会在之前所述中进行选择，我也称其为餐桌威士忌。

我比较愿意饮用平民化的威士忌，因此和所谓的"进阶"威士忌品尝者接触也不多。我曾遇到过一些对威士忌非常挑剔的人，他们拒绝品尝一般的威士忌，除非这瓶酒特别珍罕，或者被"评为 90 分以上"，再或者是单一麦芽／单一酒桶威士忌。我深深怀疑他们是否真的喜欢饮用威士忌，还是只想炫耀一下，让别人知道自己在喝非常昂贵的威士忌。

餐桌威士忌并不珍罕，也不昂贵，但是很接地气，颇具性价比。不妨将威士忌想象成车子，而你和我变身为英国广播公司系列电视剧——疯狂汽车秀中的主持人，这档节目中，主持人每周都会驾驶一些崭新的超级跑车，可以说我们都鲜有机会去驾驶那些"普通"的汽车——餐桌汽车，我们会对其嗤之以鼻，或对它们做出一些奇特的改装。

我很爱看《疯狂汽车秀》这档节目，非常搞笑

也非常有意思，天知道什么时候我或许也可能开上这样一辆车，不过也就那么一次。与此同时，我每天都会驾驶着我的餐桌车，这才是平淡而真实的生活。

在现实生活中，也有那么些人能做到每次都饮用极为珍罕的威士忌，他们或者是非常富有不屑于花这么点钱，或者是在别的方面做出了让步和牺牲。这也不错！但有个简单的事实却不容忽视，如果大家都开始追捧珍罕的威士忌，那么其供应将越发不足，价格就会扶摇直上，这会令人更加扫兴的。

正因如此，我建议你不妨花些精力去寻找一些你所喜欢的价格适中又现成可买的餐桌威士忌。这样一来，当有朋友现身时，或你想为晚餐搭配一道快手高杯酒时，再或者你想调制一杯鸡尾酒时，就不必为此准备好一瓶价值 250 美元的波本威士忌了。

我喜欢威士忌，也喜欢啤酒。这两种饮料都能根据不同的场合，为我提供丰富多样的选择，无论是静心沉思的小酌，还是开怀大笑的畅饮，而且这两者都能提供各种高性价比的产品。我想，我喜欢威士忌和啤酒还因为它们具备平等主义的气质，而不像葡萄酒那样背负着沉重的行囊。如果坚持这份主张，我们就更应对餐桌威士忌的诸多优点赞美有加。

第6章

威士忌地图：
不同风格威士忌
的分布版图

　　一直以来，人们对欧洲人喝什么（以及他们制作什么饮料）饶有兴趣，并将其称为"葡萄/谷物分区"。在货运和客运成本还很高昂的年代，在国际品牌和冷冻储存技术问世之前，欧洲地区由于自然生长着葡萄和谷物，于是也就顺势成为葡萄酒和啤酒的产地。

在较为温暖的南部地区，正如理论所说，葡萄繁茂生长，人们酿造葡萄酒，而较为寒冷的北部地区则有广袤的田地种植谷物，而不是葡萄，于是那里的人们就会酿造啤酒。还有一个颇具吸引力的理论：意大利人酿造葡萄酒，西班牙人和希腊人饮用葡萄酒，而德国人、荷兰人、斯堪的纳维亚人还有英国人则酿造啤酒。法国有一道分界线，大约穿过整个国家的东北部，东北部版图被分割为加来海峡大区、阿尔萨斯和洛林，这部分区域的法国人更多地将对葡萄酒的热爱转移到了法式啤酒、赛松啤酒和比尔森啤酒上。此外，香槟酒在这些地方也广受欢迎，当然了，这条分界线是比较模糊的。

德国比较难以划线分区，在莱茵河上游以及摩泽尔河谷地区，啤酒酿造和大量的葡萄酒生产彼此交叠，这种表象上的冲突可以追根溯源到罗马时代。当时的罗马人对啤酒不屑一顾，至少上层阶级是如此（尤里安大帝曾这样描述啤酒："你喝起来就像一头

山羊"），与此同时，他们热衷于葡萄酒的制作以确保其供应充足，甚至还坚持在著名的慕尼黑十月啤酒节上搭起一座葡萄酒帐篷。

加之在西班牙、法国诺曼底、德国西部和英国还盛行苹果酒，你会发现要如同以往那样清晰地划分酒区地界是项困难的任务，事实上这条分界线就是模糊不清的……不过人们依然秉承着这一按地划分的理念。这也不足为奇，在那个年代里，人们几乎不太会旅行抵达超过自己出生地10英里远的地方，他们往往就地取材，以当地最为盛产的作物作为食品和饮料的来源。

葡萄／谷物分区

当有关蒸馏以及一些必要冶金术的知识传播

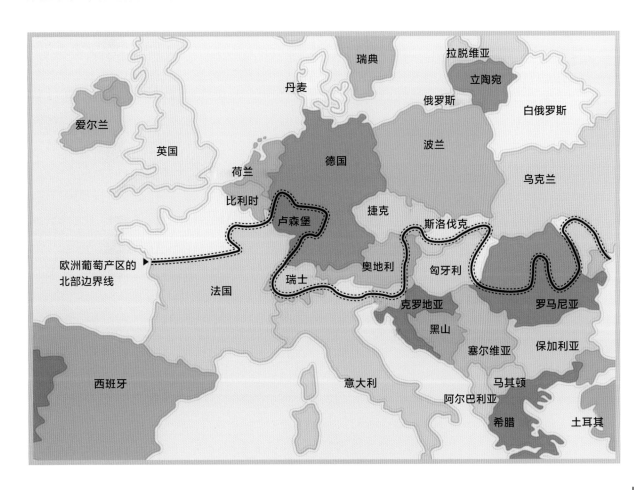

到了欧洲，南方人开始制作白兰地或格拉巴酒，而居住在较寒冷地带的北方人开始制作伏特加以及威士忌。啤酒可以进一步蒸馏被加工成烈酒，在德国人们如今依然会这么做，而威士忌则几乎无一例外地由谷物制麦和发酵制得（正如伏特加，最初也是由谷物，而非土豆制作而得，直到16世纪，西班牙人才将土豆这种来自新世界的块茎作物引入欧洲）。差不多在15世纪初，蒸馏技术被引入欧洲北部，未经陈酿的谷物烈酒很快被应用于医学治疗、香水香精的制作以及饮用，而饮用很快就风靡起来并成为主要用途，这种粗加工的清澈烈酒被人们冠以各种称谓，诸如伏特加、柯伦酒、Uisce Beatha，其中最后一种是凯尔特语中"生命之水"的意思（拉丁语为 aqua vitae），而烈酒这个概念直到中世纪末期才为人所熟知。

葡萄和谷物的种植占领了欧洲版图并对其做出了划分，而爱尔兰和苏格兰以其位于大陆近海角落的独特地理位置而拥有了自身的鲜明特色。

运输局限

如果你跳出欧洲，将葡萄/谷物分区的概念进一步延伸，用于北美的威士忌产区，那么就会发现它同样适用于原产和盛行于当地的各种威士忌，也能明白为什么它们会呈现如今的模样。葡萄/谷物分区概念同样适用于大片地区和农业生产，但划分要细致得多，除了考虑哪些谷物能在某片区域得以茂盛生长以外，还要具体落实到某些特定的谷物品种。此外，我们还需了解一个事实，最初制作威士忌的蒸馏师往往也是农民，他们面临的选择并不算多。

我们再来看看一个现代的观点，它追溯到早先的年代，并揭示了很多有关威士忌之所以呈现如今之面貌的原因。土食者是指那些拒绝船运千里之外的食物和饮料抵达本土的人士，他们发起了宣扬这一理念

的运动并且声势浩大。这些人想尽可能多地从本土资源中获取生存所需的食物和饮料，最好在方圆100英里以内。

他们本可以获得新鲜的水果和蔬菜，吃到各种奶酪和甜食，但土食的理念显然限制了他们的食物。人们无法穿越世界获得冷冻的羔羊肉，吃不到另一个半球所产的水果和蔬菜，自然也不可能品尝来自不同气候带的异域风味。在庆祝完当地的收成后，人们就开始使出浑身解数来贮藏食物以备过冬（或支付大笔钱从别人处购买贮藏的食物）。

农场直接到饭店餐桌重新打造了这一理念，它们和本土的供应商开展合作，贮藏食物，利用每一小种植物或动物作为原料。但是如果你将自己局限在本土食材，而你身处比如说芝加哥，那么好吧，只有换着花样改变你的菜谱了，你手头可能就搞不到橄榄油或塔巴斯科辣椒酱，甚至在菜单里，你都找不到今天看来再平常不过的黑胡椒。你仅能使用现有的食材。

这又给威士忌造成了什么影响呢？如果你能欣然接受并饮用一瓶威士忌，那么一名土食主义者接受它的程度依据定义有所不同。他会考虑，这瓶威士忌是否在方圆100英里内进行蒸馏？制作这瓶威士忌的原谷物又是否生长在附近的地方？这瓶威士忌能否算作本土威士忌呢？这就需要土食者自己加以判定，还取决于他或她对威士忌品味的强弱。

不过要是追溯到威士忌刚刚兴起的时候（中世纪末期的爱尔兰和苏格兰以及18世纪的美国），人们还未对"本土"这个概念争论不休，"本土"即意味着采用本土谷物制作威士忌，无所谓具体哪种谷物，只要种植在不超过方圆5或10英里的范围内即可，事实上这也是最为经济的办法。

和今日相比，当时的运输成本简直就是个天文数字。水运货物通过风力或者河川水流驱动（这受限于其初始和单程方向），陆运货物则完全依赖于人力或者畜力。罗马帝国以来在运输方面实现的最为重大的进步当属海运，在这期间，有越来越多结构精良的

帆船行驶速度加快，同时依赖人力减少，装载能力加强，可即便是这些新型的货船依然会在冬季糟糕的天气状况下频频触礁。

如果采用水运方式输送谷物，多半会沿内陆河顺势而下，再从一个港口转运到另一个港口。多数情况下，水运谷物并不太可行，除非有个农场恰好濒临河道，而较低的批量／价格比率又使陆上运输出奇的昂贵，其相对成本之高简直让现代人都为之咋舌。比如说，在18世纪末期，从英格兰货运重为1吨的货物抵达3000多英里之外的费城，这座美洲殖民地中最大同时连接也最为便利的港口，其价格与将陆上运输等量货物仅仅30英里的价格相当，这个距离如今只不过是城区到郊外的路途。你不妨可以想象一下，在运河和铁路开通之前，要陆上运输威士忌翻过苏格兰高地的崇山峻岭或者穿越爱尔兰的山丘沼泽，其成本将会是多么高昂。

这对威士忌的发展造成了深刻的影响。在工业革命彻底改造制造业和运输业的格局前，蒸馏酒厂零散分布而且规模甚小，蒸馏工作基本上由农民和他们的亲戚完成，制作出来的威士忌也在全年当中被作为物物交换生活必需品的对象。威士忌在当时就和奶酪、黄油、苹果酒或培根一样，不过是另一种农场自制产品而已。

农民宁可将多余的谷类作物蒸馏制酒，也不愿意直接贩售谷物，这其中的道理是显而易见的：要将40蒲式耳的大麦运往市场意味着要搬运重约1200磅的谷物，这差不多需要8头骡子装载，若在收割之后的数月里，将等量的谷物糖化、发酵和蒸馏，那么40蒲式耳的大麦将能酿成20加仑的威士忌，即便加上装载酒液所用陶罐或木桶的重量，单单一头骡子也就足以背负起20加仑的威士忌，而且其交易回报还远远高于贩卖谷物所得。

上述因素作用下形成了四大传统的威士忌产区：苏格兰、爱尔兰、美国和加拿大。苏格兰和美国的威士忌生产多数起于19世纪运输革命之前，而铁路、运河和蒸气动力的兴起在爱尔兰和加拿大威士忌的制作中扮演着重要的角色。日本作为威士忌第五大生产地——你也可以认为其作为殖民地传承了苏格兰的威士忌制作传统，则是20世纪新技术背景下的产物，日本威士忌制作中采用的泥煤是通过船运的方式从苏格兰进口的。好了，现在就让我们分别讲讲这几种不同风格的威士忌吧。

苏格兰威士忌，回到峡谷之中

苏格兰版图中绝大部分地势险峻（除了南部低地以外）：高高的山岭，陡峭的峡谷，长长的河口，还有海水围绕的小岛。这样的地形似乎是专门设计出来以阻止人们进行贸易的。

苏格兰也非常寒冷，这里的土壤往往是岩质的，大麦能在这里茁壮生长，至今依然如此，大麦被用作威士忌制作的原料，至今也依然如此。

对农民而言，大麦是一种多用途的作物：它是一种很好的动物饲料，即便在被用作酿造啤酒和威士忌之后也可作为此用，发酵仅仅带走了糖分，纤维素和蛋白质残留下来，而家畜还能将其进一步加以利用。虽然在烘焙领域，大麦由于谷朊含量较低而算不上是一种特别有用的谷物，但用它来煮粥或配汤却能烹制出美味膳食来。

然而，大麦特别适用于酿造。人们很容易将其制成麦芽，而且产量远远高于其他一些谷物，比如玉米。在麦芽受热，淀粉转化生成糖的过程中，大麦的低谷朊含量可以确保糖化后的浆液不那么黏稠，而且它也不会像黑麦那样起泡沫（黑麦会起大量泡沫，以至于给酿造带来了困难）。大麦在一层稃壳内部生长，这层稃壳在酿造之后如同一个天然过滤器，使得生成的啤酒相对清澈，这就为后续的蒸馏提供了方便。

　　大麦可谓是苏格兰的农夫之友，尽管 18 世纪 80 年代起英格兰人试图开始镇压家庭蒸馏，也是收效甚微。英国政府寻找各种敛财的机会（这种大肆征收最终触发了美国的波士顿倾茶事件和革命战争）。

　　而当时饮料业就是被盯上的一块肥肉。麦芽需要纳税，蒸馏器需要纳税，销售额还需要纳税。直到 1781 年，如果产品还未销售，那么家庭蒸馏和农场蒸馏尚被认为是合法行为，一旦产品进入商业销售，那么纳入上缴税额会导致价格差异。农场蒸馏酒坊很快就意识到，如果愿意冒险利用小马或者自己背载小桶威士忌翻山越岭进行走私的话，他们将从这种差价中获利。

　　这其中的经济利益甚为可观，对于家庭承包经营的小型农场——也被称为“小农场”（croft）而言，苟延残喘和破产倒闭之间也所差无几，于是就有数千名来自小农场的佃农愿意承担这种巨大的风险。险峻的地形阻碍了贸易流通，却恰恰为不合法的暗箱蒸馏

提供了有利条件，随处可见的小溪流水可用于冷却和提供水源，高高的山头又遮挡了陌生访客的视线，充裕的泥煤可燃烧为蒸馏器加热，大量的沼泽和峡谷又可以使这些秘密的酿酒活动更为隐秘。

　　无论是否合法生产，人们似乎比较偏爱家庭蒸馏的烈酒，这种风尚一路传到了伦敦。由于大幅征税，苏格兰低地区域的商业蒸馏酒坊在酿酒时都更加关注价格，而非质量。打比方说，征税额的依据是蒸馏器的尺寸而非产出量的大小，这就促使生产商采用宽而浅的蒸馏器，它们运作起来更快，温度更高也更为强劲，以全力提高产出速度。低地人也很快接纳并采用了安涅阿斯·科菲连续蒸馏器，至今人们依然在采用这种蒸馏器制作谷物威士忌。农场蒸馏酒坊则采用“小型蒸馏器”，这种小型壶式蒸馏器更易于加热和管理，也更适用于小规模的农场蒸馏，此外，如果政府派人侦察违法蒸馏酒坊，这种小型蒸馏器也更具隐蔽性。

　　从当时那种小型农场蒸馏器中流淌出来的酒液

位于苏格兰皮特洛赫里的布莱尔阿索尔蒸馏酒坊，成立于1798年。

大多数用于苏格兰威士忌的大麦就产于苏格兰本土。

和如今的苏格兰威士忌并不一样。这种烈酒虽然在仓储和运输的过程中也会在木质中逗留一个月左右的时间，但是它并未经过陈酿，通常带有辛辣味或水果气息。不过，这确实是一种真正的烈酒，由麦芽蒸馏制得，泥煤焚烧烘烤麦芽从而使得酒液带有一股"烟熏"味，如果陈酿，人们必会采用已使用过的旧木桶贮藏酒液，橡木单宁酸大量地从木质中渗出，这也就构成了苏格兰威士忌的基本特征。

1823 年《消费法》颁布之后，苏格兰威士忌演化过程中的两大主要环节促使苏格兰威士忌蒸馏业真正从幕后走到了台前。首先，该法案促使更多的农场蒸馏酒坊从非法私自蒸馏走向"合法经营"。关税降低，规章制度和税收结构发生了变化，对于合法蒸馏酒坊而言，全麦制作和慢速蒸馏的高地型威士忌更加有利可图。还有非常重要的一点，执法力度得以显著加强。

随着高地型威士忌愈加广泛地普及，商人们开始购买这种威士忌并标价出售。政府政策导向、消费者喜好以及敏锐的商业嗅觉，这些因素的改变引发了苏格兰威士忌的又一轮演化，从单纯的蒸馏烈酒转变为陈酿烈酒，之后又出现了混合麦芽威士忌。连续式蒸馏器发明问世，一度非法的兑和麦芽和谷物威士忌在政府政策变动后得以合法化，于是如今为我们所熟知的兑和苏格兰威士忌应运而生。兑和威士忌品质更加均一，味道较之纯麦芽威士忌也更为柔和，也就对大多数消费者更具吸引力，他们大量地将这种新型兑和威士忌传播到英国及全球。

另外一项创新则是一个简单经济学原理的应用，却发挥出巨大的协同效应。英国长期是雪利酒的主要市场之一，而加强葡萄酒则在西班牙广受欢迎（至今依然如此，虽然消费量较之以往有显著下降）。在 19 世纪，人们习惯用木桶船运雪利酒，苏格兰的蒸馏酒坊从中看到了商机，他们购买这种便宜的雪利酒木桶送入制桶工场进行再加工。

贮藏在这种雪利酒桶中，残留的葡萄酒以及西班牙橡木与威士忌发生作用，从而改变了其风味。令人高兴的是，这种改变使威士忌变得更加美味，而用盛装过雪利酒的木桶陈酿威士忌也就成了某些蒸馏酒坊的常规工序。与之相仿，美国的波本威士忌酿造业经历了大幅扩张，由于法律规定波本威士忌只能使用全新的木桶陈酿，因此大量贮藏过波本威士忌后被弃置的木桶可再被用来陈酿苏格兰威士忌。目前苏格兰酒窖里约有 90% 的木桶来源于此。

尽管苏格兰威士忌的出现是在一个交通低效且成本高昂的年代，但伴随着 19 世纪的工业运输和制造业革命，加之苏格兰威士忌推陈出新的不竭动力，它最终占据了巨大的全球市场。

在数世纪之前，葱翠而幽暗的苏格兰峡谷遮掩着成千上万个非法的使用"小型蒸馏器"的私酿酒坊，我们如今熟知、深爱且得以合法化的苏格兰威士忌正源于此。

美国威士忌：
呐喊中的产物

美国威士忌的形成也伴随着相似的经历。事实上，两大系列事件推动了美国威士忌的发展：美国的黑麦威士忌发迹于宾夕法尼亚州阿巴拉契亚山脉和阿勒格尼山脉的山脊和峡谷之中，继而顺着俄亥俄河漂流而下，并在那里演变成了波本威士忌。可以说，这两者也都是特定地形和时间的产物。

18 世纪和 19 世纪，欧洲中部的移民迁移至宾夕法尼亚州，他们创造出了美国的黑麦威士忌（有别于加拿大的黑麦威士忌）。特别是摩拉维亚人和日耳曼人，他们一直在逃避宗教迫害，来到美国后很快就着手酒类酿造和蒸馏，并穿越殖民地一直向西部传播。这些蒸馏师制作的威士忌曾在 1776 年给位于福吉谷营地的大陆军带来了温暖。

可是为什么要选用黑麦呢？来到美洲大陆的移民者非常熟悉这种作物，黑麦是他们在故乡制作面包的主要谷物。黑麦还具有不少农业性能方面的优势。黑麦在贫瘠的土壤中也很容易生长，密集的根部结构可以收紧松散的泥土并防止土壤腐蚀，与此同时，它还能控制野草的疯狂蔓延。黑麦在发酵时会产生大量的泡沫，这会赋予烈酒一股浓郁的辛辣风味（如同黑麦面包一样）。

对于宾夕法尼亚殖民地的农场蒸馏酒坊来说，那是一段美好的时光。他们在那里种植黑麦，酿造啤酒并蒸馏威士忌，再背着酒液翻过低矮却陡峭的山岭运到市场，在那里，他们用酒换回工业制成品、茶叶、糖以及火药。人们被允许在未经陈酿的威士忌中浸泡水果（多数情况下是樱桃）、各种草药和辣椒以增添酒液的风味。

然而，当美国的独立战争结束并取胜之后，新成立的联邦政府遇到一个棘手的问题：他们欠下了巨额的战争债务，其中大部分债主是欧洲银行。他们想到偿还债务的办法之一就是对烈酒征收消费税，由各蒸馏酒坊缴纳。征税的举措激怒了宾夕法尼亚西部的农场蒸馏酒坊，他们认为自身未从联邦政府那里获得半点好处，而此举是针对他们的不公平政策，而且税款必须以现金的形式缴纳，不能以货物取代之，这对纳税人来说也是困难重重。边境贸易本来就以物物交换为基础，以匹兹堡为中心的"宾夕法尼亚西部"并不存在太多的货币流通。

农民们拒绝缴纳税款，并在 1794 年 7 月放火焚烧了宾夕法尼亚西南部征税巡视官——约翰·内维尔的住宅，从而引发了威士忌暴乱，这也是首次针对新联邦政府发起的重大挑战。谈判以失败告终，之后总统乔治·华盛顿无奈之下只能出动国民军镇压起义。华盛顿本人督战，并在部队向西挺进的过程中一度亲自参战，这也是美国历史上唯一一次由现任总统亲临作战现场担任总司令的案例。

这次镇压活动成功了，叛乱消退了，一小部分暴乱分子被逮捕，其中有两人被判处绞刑，不过随后华盛顿总统赦免了他们，镇压的结果却也不尽如人意，之后税收也未全额征收，并于 1801 年彻底废除。直到 20 世纪，黑麦威士忌始终是宾夕法尼亚州和马里兰州占据主导地位的烈酒。美国的黑麦威士忌在 1990 年经历了惨痛的下滑并濒临绝境，之后却又神奇地反弹，其中有一些产品尤为出名，比如威格（wigle）威士忌。这款产自匹兹堡手工蒸馏酒坊的黑麦威士忌是以一名威士忌暴乱领导者的名字命名的。

随着威士忌暴乱被镇压，很多反叛者逃往俄亥俄河并顺流而下以躲避追捕，他们认为这种镇压有悖于美国独立战争所伸张的自由主义。这些人大多在路易斯安那州定居下来，但可能也有一部分停下脚步，开始开垦肯塔基州深色而肥沃的土壤。在那里，美国北部地区的天然牧草正慢慢转变为一种用于威士忌制作的谷物：玉米。

玉米威士忌以及它更加精致的表亲——波本威士忌可以说是最为美式的烈酒，它采用本土谷物并应用欧洲的蒸馏技术制得。至于究竟是谁最先将玉米用于威士忌制作的，一直以来都是众说纷纭。最早的同时也是可能性最小的一位是乔治·索普，据说早在 1622 年他就在弗吉尼亚州威廉斯堡附近的伯克利种植园发明了此法。索普给他身在英国的赞助人去信并写道："我们已经找到了一种方法，可以从印度玉米中制作出美味的饮料，好多次我都宁可舍弃上好的高浓度英国啤酒，而选择喝这种饮料。"这无疑就是当时的玉米啤酒了，没有任何别的证据显示当时在伯克利应用了蒸馏技术。

最常被人们提起的一个名字当属埃文·威廉姆斯，他恰好和著名的爱汶山波本威士忌品牌同名。波本威士忌的历史学家迈克尔·R. 维奇对此曾做过精妙的评注，他指出人们所认为的威廉姆斯第一次从玉米中蒸馏制得威士忌之时，他甚至还没有抵达美国。维奇援引了这样一段话："威廉姆斯乘坐皮戈号

（Pigoe）从伦敦出发前往宾夕法尼亚，现存有关该航程的收据显示日期为 1784 年 5 月 1 日"（《肯塔基波本威士忌》，2013 年）。

之后，维奇又列举了其他几人，并认为有可能是他们最早于 1779 年在肯塔基州开始蒸馏酒液的：雅各布·迈尔斯及他的兄弟约瑟夫和赛缪尔·戴维斯。这些人于 1779 年蒸馏酒液或筹措资金蒸馏酒液是有案可稽的，不过正如维奇所指出的，在肯塔基州对烈酒征税之前，当时的政府并没有对此做过任何记录。这就意味着，我们可能永远无法确定究竟谁是蒸馏玉米制作威士忌的第一人，而我们也不必如此执着于这个问题。事实上，究竟是谁最早在爱尔兰或苏格兰蒸馏大麦制作威士忌的，我们至今也无从考证。

确凿无疑的是，玉米在肯塔基州生长茂盛，至今依然如此。如今，大片的玉米田穿越波本威士忌产区的腹地，从路易斯维尔南部延伸到洛雷托，再向东

美国独立战争之后，新政府为了偿还战争债务，向蒸馏酒坊征收税款，愤怒不堪的公民与联邦征税官对抗，这导致了威士忌暴乱。

直达列克星敦附近。玉米非常便于贮藏，其茎秆是极好的牲畜饲料，同时玉米也构成了廉价充饥食物的基础：玉米面粥、玉米面包、油煎饼、简单的玉米饼，它还是南部地区早餐最常使用的主食，也可碾磨加工成粗玉米粉。玉米比较难以制麦，但是富含可转化的淀粉，加入一些大麦麦芽就能制成玉米糖化醪糊，而这一化学过程会源源不断地消耗玉米。

那些酿酒的当地农场蒸馏酒坊有时不得不依赖于一些非常原始的设备，他们还是会选用本土最为盛产的玉米，将其与大麦麦芽混合以促进化学反应，同时还会加入一点黑麦或者小麦以增添风味。他们会以物物交换的方式用酒换回其他商品（存留一些作为自用），也开始进一步将威士忌运离家乡进行贸易。贸易非常成功，肯塔基威士忌也声名鹊起，不过这又引发了几个关于波本威士忌的谜团：究竟是谁最先采用焙烤过的橡木桶陈酿威士忌的（以及原因）？我们为什么又会将其称为"波本"？人们对此又有很多丰富的推测。

最常听到的一种说法是，木桶经过焙烤后就能循环再用。根据解释，焙烤能带出木材之前装载物的气味，我们经常会把鱼作为"之前装载物"的一个例子（尽管你可能会怀疑，焙烤真的能从木桶中带走熏鱼或咸鱼的气味吗）。

至于为什么要陈酿威士忌，有一种说法是，在威士忌乘着平底船沿河漂流而下抵达新奥尔良的过程中就在木桶中熟化了，船夫发现陈酿后的威士忌口感更好。然而，由于顺流而下的运输耗时仅为一个月左右，所以酒液不太可能发生显著的陈化。

维奇再次做了研究，他列举了一系列证据并表明，当时的人们是有意焙烤木桶以增进威士忌风味的。他引述了 1826 年由肯塔基州列克星敦市一名商人给波本县蒸馏师约翰·克里斯去信中的内容，信中这位商人向克里斯建议"只要将木桶内侧燃烧十六分之一英寸厚度，就能大大提高酒液的质量"。

维奇指出，这种燃烧效仿了法国白兰地和干邑的陈酿工艺，当时这两种酒正是在新奥尔良广受欢迎的进口产品。于是维奇猜测，白兰地和干邑的风靡促使商人们试图在肯塔基威士忌上也同样应用这种焙烤木桶的陈酿技术，正是那个时候起，人们给波本威士忌取了一个有趣的名字，也是我最喜欢的名字之一——"红液"，在棕褐色泽里呈现那么一丁点红宝石色标志着这是一瓶上好的威士忌。

最后讲一讲我们为什么称其为"波本"威士忌呢？是不是因为它和肯塔基州波本县的密切关系呢？不过这种说法略显牵强，因为同时数个地方都生产着波本威士忌，或者是因为人们可以在新奥尔良的波本街上买到陈酿威士忌"这种好东西"？再或者是，正如维奇所说的，取这个名字也可能源于一种营销理念？这能使肯塔基威士忌对于定居在新奥尔良的法国移民更富吸引力。最佳答案也是最简单的：我们无从知晓。并没有任何有力的证据表明以上问题拥有确凿的答案，就让我们简简单单地享受饮用威士忌带给我们的快乐吧。

波本威士忌又经历了一次变化，早先基本上采用壶式蒸馏法，之后转变为几乎只使用蒸馏柱（虽然在第二道蒸馏中经常使用一种类似于壶式蒸馏器的"加倍器"），这使得效率大大提升，而且和苏格兰威士忌不同，几乎很少有波本威士忌的风味和特性会受到蒸馏器尺寸和形状的影响，玉米和经过焙烤的橡木决定了波本威士忌的特点。

到了 19 世纪末期，波本威士忌的特点再一次发生了重大变化，一些尖锐的有时甚至是不太道德的经济活动激起了人们的反应，并导致了"做手脚者"的兴起。正如作家厄普顿·辛克莱在他揭露黑幕的经典著作《屠场》一书中所描绘的肉类加工业。

很多威士忌销售商也昧着良心做着虚假的生意，有时标签上所写的和瓶子里实际装的几乎毫无相似之处。这些兑和商在中性酒精中混入调味剂和色素以制作所谓的"威士忌"，其中焦糖、杂酚油、冬青油和甘油是最为常用的几种，此举激怒了生产纯饮威士忌的蒸馏酒厂，真正经过陈酿的波本威士忌成本要远远高于调味烈酒，后者在装瓶时通常仅有几天的酒龄。

蒸馏酒厂纷纷在华盛顿面前宣泄心中的愤怒，这催生了两部法律。第一部是1897年颁布的《保税储存法案》，其中"保税"是指政府监管和政府调控，其中尤指1875年威士忌环丑闻（政府官员和蒸馏酒厂共谋逃避缴纳威士忌消费税）之后所建立的保税仓库。

遵照该法案，凡是贴有"保税装瓶"标签的威士忌必须陈酿4年以上，装瓶时的标准酒度达到100，除了纯净水以外不得加入任何添加剂，同时必须是一家蒸馏酒厂的产品。显然，这就意味着几乎所有被做过手脚的威士忌都无法过关，而蒸馏酒厂也转而

认为，消费者都认可保税装瓶的威士忌是"好货"。然而，那些在威士忌上做手脚的人却不为所动，依然我行我素地在产品上贴上"威士忌"甚或是"陈年波本"的标签进行贩售，毫不受到法律约束。更糟的是，那些采用正宗波本威士忌兑和的优质威士忌装瓶者感到自己深受法律的凌辱。

此时亟须出台另一部法规来收拾这个烂摊子，于是到1906年，《纯净食品和药品法》应运而生。作家厄普顿·辛克莱在著作《屠场》一书对肉类加工业的深刻描绘激发了公众的厌恶情绪，可以说这也在一定程度上催生了这部法典的问世。在禁酒令颁布之前，波本威士忌在全国普遍备受推崇，和肉类、奶制品及药物一样，公众迫切希望威士忌合乎卫生规范。

举步维艰，人们为解决威士忌问题又足足争论

美格酒厂盛放在柏木桶里的酸麦芽浆。

了 3 年时间，最终塔夫脱总统不得不提出了最终意见，不过到 1909 年，威士忌得到了应有的保护。人们长期以来一直争论不休的威士忌定义终于尘埃落定，而且相当的简洁明了：

· 威士忌必须由谷物制成。

· 只有完全由谷物烈酒陈酿制得的产品方可贴上"纯饮威士忌"的标签。

· 如果未经陈酿的高酒度谷物蒸馏液经调味制得威士忌，必须在标签上注明"兑和"字样。

从那以后，波本威士忌和黑麦威士忌（以及美国生产的所有类型的威士忌）的风味及特征在这一定义的规范下逐渐形成。虽然依然不断经历着变化，但是 19 世纪 30 年代那些早期的木桶陈酿威士忌的特征还是基本完好地被保留了下来。

威士忌，爱尔兰制造

和苏格兰威士忌、美国黑麦和波本威士忌的故事不太一样，爱尔兰威士忌倒不算是偶然的产物，但一开始确实也颇有些相似，我们可以一直追溯到爱尔兰早先修道院文化笼罩下的迷雾时代。然而，如今我们所熟知的爱尔兰威士忌则不同于早先那种未经陈酿的精华液，它在风云变幻的历史、商务、政治环境作用下最终得以成形。虽说爱尔兰威士忌的诞生从表面上看具有特定的目标性，但或许它与因缘际会的产物也相差无几。

基本性的身份认同危机使得爱尔兰威士忌的身世背景更加错综复杂。目前，爱尔兰一共有三家主要的蒸馏酒厂，分别是：米德尔顿、布什米尔和库里，

此外还有一家大型的特拉莫尔露蒸馏酒厂正在建设中。当然了，这些酒厂拥有为数众多的品牌，这些品牌之间差异很大，以至于我们在究竟什么是爱尔兰威士忌这个问题上莫衷一是。下列所述情况都有可能是爱尔兰威士忌，不过都带有"除非"这样的例外情况。

· 爱尔兰威士忌要经过三道蒸馏，不过此条仅适用于米德尔顿或布什米尔蒸馏酒厂所产的爱尔兰威士忌。

· 爱尔兰威士忌未经泥煤加工，除非它是库里酒厂生产的泥煤型康尼马拉威士忌。

· 爱尔兰威士忌由未经制麦处理的大麦制作而成，不过前提是它是米德尔顿酒厂采用单一壶式蒸馏器酿制的威士忌。

· 爱尔兰威士忌是兑和威士忌，除非你饮用的是布什米尔或特拉莫尔露酒厂生产的单一麦芽威士忌，或者是米德尔顿酒厂生产的未经兑和的壶式蒸馏威士忌，比如说知更鸟威士忌。

对于这一长串复杂的表述，你可能要连连摇头了，不过你会发现有个狡猾的回答倒是所言不错：爱尔兰威士忌就是产于爱尔兰的威士忌。而且，多数的爱尔兰威士忌口感润滑甘美（这也是人们通常会选择纯饮爱尔兰威士忌的原因），这正是爱尔兰威士忌长期演化的结果，它的演化可能比世界上其他所有的威士忌都要丰富。爱尔兰威士忌并无太多通用配方或共同特征。

不过最初并非如此，追溯它的起源可以到很久很久以前，可能是最久之前。所有研究酒类蒸馏历史的严谨学者都认为，基于谷物的蒸馏极有可能始于爱尔兰，这有可能与爱尔兰僧侣不拘一格的兴趣爱好有关。爱尔兰的僧侣文化内涵丰富，虽然位于信奉基督教国家的西部边缘，爱尔兰却像一座善于从远方学习和汲取知识的灯塔，这一点吸引了来自欧洲各地的学者。

爱尔兰科克郡的劳米德尔顿蒸馏酒厂外，伫立着一座巨大且古老的铜质壶式蒸馏器。

爱尔兰的僧侣从自己的旅行中带回了很多秘籍，其中之一就是蒸馏。他们采用蒸馏的方式创造了香水、香精和不老仙药。之前，蒸馏技术已被应用于制作以葡萄酒为基础的饮料，爱尔兰更为寒冷的气候条件则使之更进一步。

人们蒸馏啤酒制作出了威士忌，也就是凯尔特语中的 uisce beatha，欧洲其他地方分别将其称为 aqua vitae, eau-de-vie, akavavit，意思是"生命之水"，或可能是"活力之水"（僧侣们可能涉猎炼金术，将生命之水和炼金术士的其他一些配方进行比较：比如被称为 aqua fortis 的"强化水"或硝酸，以及被称为 aqua regia 的"王水"或硝基盐酸）。

这一做法迅速传播开来，而威士忌也很快穿越海峡来到了苏格兰，有越来越多的人开始制作、饮用和谈论这种饮料，它的发音也从最开始的（大概是）"ish-ka b'ah"缩简为仅仅是"ish-ka"，之后又稍作转变成为"whisky"。任何常常喝点威士忌的人都应该很容易理解威士忌这个名字在发音上的演变。

让我们再回到爱尔兰，相较于命名，那里的僧侣们和其他人更专注于威士忌的酿制。爱尔兰威士忌的原料是制成麦芽的大麦，采用各种香料和水果加以调味。与苏格兰威士忌十分相似的，爱尔兰也拥有很多小型农场蒸馏酒坊，根据不断变化的法律（以及蒸馏酒坊），它们中有些是合法的，有些是非法的。爱尔兰的小镇上涌现出了几家大型的商业蒸馏酒厂：都柏林酒厂、库里酒厂和特拉莫尔酒厂。然而，不同于苏格兰的蒸馏酒厂，爱尔兰的蒸馏酒厂都是在质量竞争中脱颖而出的佼佼者，诸如尊美醇、鲍尔斯、特拉莫尔露，这些大牌威士忌独领风骚，这使得那些非法酿造商生产的清澈未经陈酿的威士忌始终处于弱势，至今依然被称为玻丁威士忌（Potcheen）而名不见经传。

爱尔兰的蒸馏酒厂在操作中又有两大主要差异。苏格兰低地人为解决小型蒸馏器的容量不足问题，采用科菲连续式蒸馏器，这样可以跟上发酵原酒浆注入蒸馏器的速度，实现一天24小时不间断制作威士忌，而爱尔兰人则采用一种不同的更为直接的方式：他们只不过是将农民所用的壶式蒸馏器变得更大，在尊美醇/爱尔兰蒸馏有限责任公司（IDL）外，你就可以看到这样一座巨型蒸馏器，这家酒厂就位于都柏林弓街上库里和老詹姆斯蒸馏酒厂（如今是一座博物馆和品尝中心）的附近。

让人较为诧异的是，征税竟然能成为影响威士忌特征的一大主要因素，而爱尔兰威士忌的另一大差异也正源于此：税法。此处是指英国政府向酿造者和蒸馏者征收的麦芽税。这种税款的征收始于17世纪末期，在18世纪又经历了一些变化。在当时，它被作为一种政策工具，用以鼓励和抑制英国不同地区蒸馏和酿造业务，之后则不断被议会扭曲利用。之后某个时候，爱尔兰的蒸馏酒厂决定在他们酿造威士忌的麦芽浆中加入大量未经制麦的生大麦，以此躲避沉重的税赋。

至少，这种说法是普遍的，这也是健力士黑啤采用未发芽的烘干大麦酿制的一般解释。但事实并非如此，当征税开始时，爱尔兰的酿造者就已被禁止采用未发芽的大麦作为原料，健力士啤酒采用这种酿造方式仅仅是为了获得特有的风味。无论背后的原因究竟是什么，爱尔兰的蒸馏酒厂确实在他们的麦芽浆中加入了未发芽的大麦，而爱尔兰蒸馏酒有限责任公司至今依然如此操作。

无论是税法下的偶然产物，还是专门研制的配方，爱尔兰威士忌采用大型铜质壶式蒸馏器蒸馏，以发芽大麦和生大麦混合制成的麦芽浆为原料，拥有着

与众不同的风味。只消踏入爱尔兰蒸馏公司米德尔顿酒厂的糖化间，你就能明白其中原因。我曾经造访过欧洲和美国的诸多酿酒厂及蒸馏酒厂，参观的糖化间超过1000家，但迈入米德尔顿酒厂大门就扑面而来的新鲜而浓烈的芬芳是我独一无二的经历。这味道就像是新鲜采割下来的青草味和大麦熟成的水果味，还蕴藏着一股浓郁的热谷物气息，特别迷人，让人联想到生气勃勃的大自然。

采用这种麦芽浆和蒸馏器制作的威士忌被称为单一壶式蒸馏威士忌。不过，这是行业法规所给出的新名称，按照之前的命名法，这种威士忌该被称为：纯壶式蒸馏威士忌。显然，"纯"这个字眼已被禁止应用于威士忌领域。

无论叫什么名字，这种威士忌成了爱尔兰酒厂所产兑和威士忌的核心产品，同时也是少数纯饮单一壶式蒸馏瓶装酒的核心酒品，比如说，知更鸟威士忌、独立装瓶的绿点和黄点威士忌，以及爱尔兰酒厂推出的几款新品；比如，鲍尔斯的约翰车道威士忌以及巴里·克罗克特传承威士忌（为纪念资深蒸馏酒大师巴里·克罗克特以其名字命名），你很容易在这几款酒中感受到清新的水果自然气息。

纯壶式蒸馏威士忌得以发展之后，爱尔兰威士忌再次经历了变化，很遗憾地，好几次变革都是由外部灾难所引发。爱尔兰威士忌以其美妙的口感风靡起来，与此同时，苏格兰威士忌也以其亲民的兑和瓶装酒广受好评。这两种威士忌都热销于全球，然后事态却急转直下。

爱尔兰人为了争取独立发动了一系列活动，从1916年的复活节起义到爱尔兰内战，并最终以1948年成立爱尔兰共和国告终，这对爱尔兰威士忌产生了极大的节流效应，并催生了巨大的出口市场。随着双边关系的恶化，爱尔兰威士忌出口全球英联邦的销量骤降，到1930年盎格鲁爱尔兰贸易战爆发时，出口销售已基本中断。

与此同时，美国禁酒令的颁布也给美国市场的销售带来了毁灭性的打击。虽然仍有来自爱尔兰的小批量船运威士忌，但再也难现戒酒狂热派取胜前的贸易盛景了。

布什米尔酒厂打算做出调整以应对这些问题。该酒厂曾经制作的是两道蒸馏的轻泥煤型威士忌（但始终采用麦芽，布什米尔从不采用纯壶式蒸馏器），到了20世纪30年代，布什米尔转而制作一种更为轻型的不经泥煤处理的三道蒸馏威士忌，结果是，在北部其他酒厂纷纷倒闭的情况下，布什米尔幸存了下来。

但总的来说，爱尔兰威士忌两个最大市场的封锁以及两次世界大战对贸易带来的普遍性限制，加之多数爱尔兰蒸馏酒厂坚决抵制采纳更为柔和的苏格兰兑和威士忌，以上所有因素共同作用，爱尔兰的蒸馏酒业到20世纪60年代已接近崩溃的边缘。到了1966年，爱尔兰共和国残存下来的几个酒厂合并成立了爱尔兰蒸馏有限责任公司，他们于1975年在米德尔顿成立了一家现代的联合蒸馏酒厂，又在11年后收购了北部的布什米尔酒厂。可以说，如今所有的爱尔兰威士忌都产于同一家公司——一家公司销往全世界。

最终，承受着巨大的生存压力，爱尔兰蒸馏公司转而生产更加轻型的兑和威士忌，这意想不到地促使爱尔兰威士忌在过去20年间经历了飞速的发展。尊美醇改进了配方，成为一种经过三道蒸馏的轻型兑和威士忌……不过其核心和关键依然在于纯壶式蒸馏器的使用。

随着1989年库里酒厂的开业，爱尔兰威士忌又重返过往的时代，两道蒸馏威士忌、泥煤型威士忌以及装瓶陈酿的谷物威士忌再度问世。如今，布什米尔酒厂还酿制各种不同品种的单一麦芽威士忌，并采用不同种类的木桶加以陈酿，而米德尔顿酒厂生产的威士忌品类之多更是令人眼花缭乱。它将不同的壶式蒸馏威士忌加以兑和，生产出四种不同版本的"纯"，不对，是"单一"壶式蒸馏烈酒。

爱尔兰威士忌非常多样化……而说来奇怪，这种多样化恰恰萌发于垄断和专卖。最近，爱尔兰威士忌又发生了一些相对重大的变化，并促使其在全球迅速地风靡开来，各大蒸馏酒厂争先恐后地紧随着这股热潮。

加拿大威士忌：杰出的兑和烈酒

和其他主要威士忌类型相似的，加拿大威士忌也起源于一些零星散布各地的小型蒸馏酒厂，农民和磨坊主将大量多余的谷物制成原酒，用于物物交换和长途跋涉后的销售（当然一如既往地，部分用于私用）。加拿大不同于其他地方的显著差异在于其路途的遥远和人口的稀少，这促成了其更为快速地整合。

在探讨其起源之前，我们不妨先来简单谈谈加拿大威士忌究竟是什么。虽然并不像爱尔兰威士忌那样难以定义，理解加拿大威士忌也颇有些难度。总的来说，加拿大威士忌是一种兑和威士忌，含有两大主要成分，其中一种叫基础威士忌，这是一种蒸馏后酒度非常高的烈酒，酒精含量高达94%左右；此外还有一种叫调味威士忌，这是一种低酒度的蒸馏液。

这些威士忌在数家不同的加拿大蒸馏酒厂分别陈酿，之后再在别的蒸馏酒厂进行兑和。可以说，加拿大威士忌的制作方法就和其蒸馏酒厂一样为数众多。他们使用不同种类的谷物，其中以玉米为主，不过所有酒厂都至少会加入少量的黑麦，而阿尔伯塔蒸馏酒厂几乎全部使用黑麦。依据具体使用的谷物类型不同，一家蒸馏酒厂可能会制作和使用数种不同类型的基础威士忌。基础威士忌和调味威士忌两者的比例有所变化，这使得最终的酒液呈现出不同的面貌。

加拿大威士忌并非美国意义上的"兑和"，它指由谷物蒸馏酒精馏分出来的纯威士忌。正如上好的苏格兰威士忌一样，加拿大威士忌是由一系列具有不同特征的陈酿威士忌兑和而成。较之自然地理因素，加拿大威士忌更多地受到政治地理因素的影响。早期小型的蒸馏酒坊在自己的农场边、磨坊旁或家附近开店，但他们很快受到大型蒸馏酒厂的打压而纷纷破产，这些大型酒厂包括：莫尔森（历史初期，该酒厂曾是加拿大最大的蒸馏酒厂，同时也是一家蒸蒸日上的啤酒厂），古德哈姆和沃茨、科比、海勒姆·沃克、施格兰和 J.P. 维泽。

大型的蒸馏酒厂通过出口贸易得以发展壮大，这在历史上也构成了加拿大经济的夯实基础。他们对分馏柱进行了一些改造，最初，几家大型蒸馏酒厂使用的是一种名为"岩石之盒"的蒸馏器：它是一种装有大颗光滑石子的木柱，可用于蒸发和再蒸发——回流，即以蒸气形式存在的烈酒向上通过盒子再次蒸发。小型的蒸馏酒坊由于规模不够，无法得益于分馏柱带来的效率提升，也无法把握出口市场带来的机遇，于是就纷纷凋亡了。

然而，大型蒸馏酒厂亟须获得大型市场以实现批量销售，这也正是加拿大和苏格兰的威士忌制造商差不多同时开始学习兑和技术的原因：通过将一系列不同的威士忌陈酿和混合，他们调制出了一种口味更为柔滑和怡人的兑和威士忌，这种威士忌受到更多消费者的青睐。加拿大人将壶式蒸馏威士忌和柱式蒸馏威士忌混合，再分别加以陈酿，之后再将各陈酿威士忌加以兑和，从而调配出不同风味的威士忌。兑和这步操作效果不错，甚至变成了加拿大威士忌的标志。

不过，和美国威士忌的制作一样，加拿大威士忌同样汲取了德国和荷兰的蒸馏传统，他们从中了解到，即便仅在麦芽浆配方中加入极少量的黑麦，也能使烈酒散发出浓郁的风味和芳香。和兑和一样，这一蒸馏的小秘诀也成为加拿大威士忌的特有风格。黑麦能在加拿大的土壤和气候条件下良好生长。虽然加拿大威士忌所用的母类谷物从最初的小麦转为全黑麦，如今又变成以玉米为主，在这一过程中，黑麦始终在加拿大威士忌中扮演着不可或缺的角色，黑麦在其甜美的风格中增添了一丝辛香。

这种风味非常迎合加拿大人，也广受国外市场欢迎。加拿大威士忌在美国市场占有巨大份额，尤其在美国内战期间，由于美国本土的蒸馏酒厂大多关门停业，加拿大威士忌乘机得到了长足的发展。虽然在之后的数年里，加拿大威士忌的销售业绩曾一度走过下坡路（作为例外，皇冠威士忌销售量持续增长），但形势又出现了逆转，加拿大威士忌的销量出现反弹，目前依然表现强劲。它甜美／辛香的风味非常适于鸡尾酒和高杯酒的调制。

说到加拿大威士忌的历史，将不可避免地谈及禁酒令（多数的加拿大蒸馏酒厂摧毁了当时的相关记录，并否认参加过违法的出口活动，虽然当时大部分酒厂曾选择对禁酒令视而不见）。传统的观点认为，在实施禁酒令的 13 年（又 10 个月 20 天，不过不会有人在乎这个具体数字）间，本土制造的威士忌在美国长期匮乏，美加两国间又有一道相对不设防的漫长边境，这为边境旁业已成形的威士忌产业提供了一个宽松的市场，而加拿大威士忌也真正地独树一帜。

海勒姆·沃克得加拿大俱乐部蒸馏酒厂就恰好位于底特律河岸边，正好穿过底特律这座汽车城，那里有为数众多的小型船只频繁过往。加拿大的蒸馏酒厂通过这种不合法的交易赚得盆满钵满，并做大了威士忌的生意。这是我们从旁人口中听说的，也就信以为真了。

事实上，加拿大威士忌早在这之前就已经生意兴旺，禁酒令颁布之后，它不过是堂而皇之地非法贩售罢了。蒸馏酒厂在非法市场上的销售量巨大，但同时他们又面临着一个突出的问题，比如说，由于走私商和零售商承担了最大的风险，因此他们也攫取了绝大部分利润。

不错，电视剧《大西洋帝国》中就有镜头展示了大量的加拿大俱乐部被卸载用于非法分销，不过这终究只是一部电视剧，而非真实的纪录片。随着执法力度的加强，20 世纪 20 年代早期那些随心所欲的走私者也发觉跨境走私货物变得越发困难。据传，海勒姆·沃克的儿子于 1926 年出售了他的蒸馏酒厂和所有品牌，售价仅相当于当时酒窖里所有陈酿威士忌的价值总和。

加拿大的蒸馏酒厂纷纷意识到，他们所拥有的陈酿威士忌有着无可比拟的丰富性和多样性，这一点为加拿大威士忌东山再起提供了契机。如果加拿大人丢失了哪怕一丁点他们所固有的谦逊和质朴，那么恐怕世界就将重新解读加拿大威士忌这种杰出的兑和威士忌了。

日本威士忌：
聪明的学生

不同于其他几大主要的威士忌产区，我们可以准确描述出日本最早出现威士忌的时间，谁对威士忌进入日本做出了贡献，日本威士忌又是如何发展成而今的模样的。19 世纪中期，日本在与世隔离 200 年后向西方世界开放，诸多新鲜事物涌入这个岛国，而威士忌就是其中之一。

威士忌在日本被接纳了，于是进口不断增长，不过有一位名为鸟井信次郎（Shinjiro Torii）的日本威士忌进口商对此甚表不满，他想制作日本自己的威士忌。鸟井信次郎有着通达的人脉和充裕的资金，不过他还需要一名蒸馏师，于是他找到了竹鹤政孝（Masataka Taketsuru），这个年轻人曾游历苏格兰研读化学，并对威士忌、蒸馏以及苏格兰产生了浓厚的兴趣和深深的迷恋，他还爱上了一位名为丽塔·考恩的苏格兰姑娘并和她结姻。他在赫佐本酒厂和朗摩恩酒厂工作了一段时间，之后便和丽塔共同返回了日本。1923 年，他前往鸟井信次郎的新三得利蒸馏酒厂工作，这座酒厂位于大阪和京都之间的山崎。

竹鹤政孝为鸟井信次郎制作的第一款威士忌于 1929 年发布，这款名为希罗富达（Shirofuda，意为"白色标签"）的威士忌几乎完全沿袭了苏格兰威士忌的风味：粗犷，带有泥煤的烟熏味。这样的产品在市场上已经多如牛毛了。而后，竹鹤政孝于 1934 年离开了三得利，鸟井信次郎则转型生产一种新型的柔和烈酒，他将其取名为角瓶（Kakubinm，意为"放瓶"）。角瓶威士忌大获成功，至今依然生产着这种兑和酒。竹鹤政孝后来在北海道北部岛屿开设了一家自己的蒸馏酒厂，并在那里一心酿制着他所钟爱的烟熏威士忌。

而今的日本，这些威士忌以及由此演变出来的新款威士忌都属于麦芽威士忌。可以说，日本威士忌这棵大树深深地植根于竹鹤政孝当年在苏格兰受到的教育，甚至是他的苏格兰家庭关系。日本威士忌的原料是从苏格兰进口的麦芽，它是兑和威士忌和单一麦芽威士忌的组合。那么，我们是否可以简单地将其称为在日本制造的苏格兰威士忌呢？

我可以毫不含糊地告诉大家：并非如此。鸟井信次郎一直想制作出日本自己的威士忌，而他确实也如此践行了。三得利酒厂的前蒸馏大师迈克·宫本茂曾试图向我解释其中差异："鸟井信次郎想创作出迎合日本本土居民口味的威士忌，一种味觉上的享受。"他这样说道："我们喜爱口感均衡、柔和而且精致的威士忌，于是我们引进了单一麦芽威士忌的兑和理念。有人会说，这不能算是单一麦芽威士忌，但依据规则，如果它产自同一家蒸馏酒厂，就可被认作为单一麦芽威士忌。采用这种方法可以制得口味极为均衡协调的单一麦芽威士忌。"

宫本茂在解释时略显含糊，但威士忌的口感确是实实在在的。他确实点出了日本威士忌区别于苏格兰威士忌的显著差异。

位于北海道的余市（Nikka Yoichi）蒸馏酒厂。
这座建筑拥有独特的烧窑塔楼，混合了传统欧洲风格的石雕工艺，带有浓厚的日式审美风格。

兑和单一麦芽威士忌。苏格兰的威士忌源于100家左右的蒸馏酒厂，它们中的大多数都以非现金贸易的方式彼此买卖烈酒，用于兑和：从这里获得一种烟熏味威士忌，又从那里搞到一种年份较久的水果味威士忌，再从别处弄到一些活泼甜美的年轻威士忌作为基酒。与之不同，日本威士忌制造商只拥有一小部分蒸馏酒厂。他们别无选择。

日本威士忌的制作理念更类似于爱尔兰，他们在自家酒厂里创作出种类丰富的变体。通过采用不同的蒸馏器、发酵工艺、麦芽和木桶（有些是日本独有的），日本威士忌制造商创造出丰富的兑和原料，他们已经掌握了精确调制威士忌的方法，以满足各地不同的口味需求。

日本人达到了这一水平并将自产的威士忌运往世界各地，威士忌的饮用者认为这是一片带有鲜明个性的威士忌产区。事实上也的确如此，在最近几次威士忌竞赛中，日本威士忌甚至被评为世界最佳威士忌。学生已经跻身大师之列。

美国手工蒸馏酒厂丰富的多样性

美国的手工蒸馏酒厂其实并未构成一个威士

位于得克萨斯州韦科的巴尔科内斯蒸馏酒厂。

忌产区，但其产量丰富，影响深远，似乎在相对较短一段时间内具有相当的意义。仅在过去短短数年间，手工蒸馏酒厂的数量就呈现了爆炸式增长，随着酒厂的与日俱增，威士忌也成为一项广受欢迎的产品：我写作本书时，全美国已拥有近 300 家制作威士忌的蒸馏酒厂，而就在短短 20 年前，酒厂总数还不足 5 家。

听到这个数字变化，你可能会觉得有些熟悉，这是因为手工啤酒厂也经历了同样的增长曲线。第一家新型的美国手工啤酒厂——新阿尔比恩啤酒酿造厂于 1976 年开始营业，当时全美国仅有 35 家左右的啤酒酿造厂。如今，在近 40 年后，手工啤酒厂发展壮大，数量已超过 2500 家，而且依然呈现迅猛的涨势。很难预言 20 年后的啤酒厂或蒸馏酒厂的数量，但我们有理由确信，至少不会出现巨幅的回退。

产生这种现象的背后原因何在呢？一方面人们对本土商业展示出了兴趣，另一方面小型公司相较于大型公司得到更多的支持。另外，生硬的"被营销"策略以及那些华而不实的品牌术和各种广告受到抵制，所有这些都是促进手工酿造酒业发展的因素。然而，手工啤酒和新型手工蒸馏酒的主要魅力在于其多样性和独特性。

独特性是牢牢吸引一部分消费者的法宝。如果你遇到一款上佳的小批量产威士忌，你就有机会了解一些多数人无从知晓的东西，也能享受一些多数人甚至未曾意识到的美妙体验。这是特别激动人心的时刻，不少市场营销人员将其称为"新发现"，而产量微少且分销区域有限的手工蒸馏酒厂恰恰迎合了消费者的这一诉求。

类似于手工啤酒酿造厂，手工蒸馏酒厂还有一个更大的优点，你可以造访酒厂内部，目睹威士忌制作的全过程，并和威士忌的制作者会面交谈。这也正是其独到之处："我能与蒸馏师相遇。"大型的蒸馏酒厂可能设有访客中心和参观路线，但这根本无法提供亲密的交流体验。

多样性使手工蒸馏酒厂变得富有趣味，同时它也是手工威士忌成其所以然的基础。我们无法以书面的形式描绘出所有手工蒸馏威士忌的共同特征，它的定义甚至要比爱尔兰威士忌还要复杂。手工蒸馏酒厂制作威士忌时采用的蒸馏器无奇不有，运用的谷物丰富多样——麦芽、玉米、蓝玉米、燕麦、小麦、黑麦、小黑麦、藜麦、荞麦、斯佩尔特小麦、小米等，选用尺寸不一、炭烧和烘烤程度各异的木桶，相差甚远的风味，陈酿和未经陈酿的装瓶，为数众多的兑和配方，不同来源的烟熏味，部分手工蒸馏酒厂甚至会采用不同类型的手工精酿啤酒制作威士忌。

那么这种多样性又源于何处呢？它始于那些酿酒先驱：小型的葡萄酒酿造师和手工啤酒酿造师。小型的葡萄酒酿造师试验了种种新技术，应用了种种新科学，并对各种葡萄进行各式混搭，他们挖掘了一片新领地并使得小规模生产有利可图。手工啤酒酿造不仅打开了酿酒业的崭新局面，也由于重塑了旧式啤酒风格而被深深地载入了史册。他们采用全新的啤酒花菌株和新型的麦芽，应用丰富多样的谷物，使用木桶陈酿啤酒……

听上去很熟悉，是吧？手工蒸馏酒厂在之后的小规模酒液生产中也运用了上述种种优势。他们看到创新受到人们的巨大认可，而批发商和零售商也纷纷意识到，小品牌和小型生产商的产品卖价更高，也更为畅销，部分酒类制造商甚至开始自制小型设备。这一切都得归功于小型葡萄酒酿造师和啤酒酿造师对饮料业所做的改良。

手工蒸馏酒业继续演变，当然，这部分也是经济因素作用下的结果。小型蒸馏酒厂在起步时总也需要一些可用以贩卖的产品，于是就出现了大量的"白色威士忌"，这是一种未经陈酿（或仅仅"轻度陈酿"）的烈酒，人们出于高涨的热情和强烈的好奇而饮用。这种酒有些口感柔滑富有情趣，有些则比较粗糙，需要和其他饮料混合方可饮用，不过对于品鉴威士忌而言，这些都是饶有意思的实践体验，事实上，你并不常有机会品尝到未经陈酿的烈酒。你正好可以借此良机好好认识下木桶陈酿对威士忌发生的作用。

手工蒸馏酒厂还有另一个加速现金流转的小伎俩，即使用较小的木桶——这会增加木质和烈酒接触表面积的比例，或者也可将酒液贮藏在温度较高的仓库中，这能促使烈酒更深地浸入木质中。以上两种方法都会增加蒸发损失率，但确实都能在一定程度上加快陈酿的速度。采用这些方法能使威士忌更快地"上色"，但这并不等同于标准尺寸木桶中的熟成。有些酒厂本就寻求这种差异，这种做法对他们而言正合适，而还有很多酒厂则会在积累足够经验（或金钱）之后转而采用标准桶，这并不是一成不变的。

至于未来的手工蒸馏威士忌会呈现什么面貌，我们还不得而知。海盗船蒸馏酒厂的创始人戴瑞克·贝尔喜欢将这个行业当下所处的时期称为手工蒸馏1.0，而将正在到来的新生事物称为手工蒸馏2.0。我们可以确信的是，手工蒸馏2.0将继续以程度更高的多样性给我们带来惊艳，它会进一步地延伸和拓展"威士忌"的定义参数。

全球化：世界各处的威士忌

蒸馏酒厂远不止这些。小型的威士忌蒸馏酒厂在欧洲各处涌现：瑞典、法国、瑞士、英国以及德国。在亚洲，热带的气候环境促使一些蒸馏酒厂进行了一些颇有意思的短期陈酿试验，具体包括：阿目（印度）和噶玛兰（中国台湾）。在澳大利亚和新西兰，蒸馏酒业虽然在早期尝试后曾遭遇过一些挫败，但之后又强势回归。

气候环境和谷物供给是创造这些威士忌鲜明特征的重要因素。新型的木材和冷热气候环境下酒液陈酿的新型管理方法也使威士忌呈现出新的特点。总之，至今各酒厂仍然未就威士忌区域特征的定义达成共识。

事实上可能压根不存在这样的明确定义。美国手工蒸馏酒厂也许代表着未来发展的方向：多样性、变化、复杂性。一方面，业已存在的蒸馏酒厂将忠诚于他们的区域文化和历史积淀，一如既往地酿造传统优质的威士忌，当今位于德国、比利时、英国和欧洲东部国家的传统啤酒厂就是如此，与此同时，新型的蒸馏酒厂在采购原材料和贩售威士忌时却跨越了区域边境的限制，对他们而言，跨境无非是转换了语言和货币而已。

无论在消费还是生产领域，"葡萄／谷物分区"依然存在，不过随着人口的迁移，气候的变化以及文化独特性的衰退，这种分区正日渐变得模糊。美国的手工蒸馏酒厂制作麦芽威士忌，澳大利亚的蒸馏酒厂采用澳大利亚的波特酒木桶陈酿威士忌，而比利时的蒸馏酒厂则选用他们本国特产的啤酒为原料制作威士忌。要想深入认识威士忌的历史，你就需要意识到它其实就时时刻刻发生在你的身边，或快或慢，却从不间断。从爱尔兰僧侣最初制得的蒸馏啤酒发展至今，威士忌已不再仅仅是一种传统的、正宗的、富有历史意义的饮料。如今的威士忌已不同于30年前我刚刚开始饮用时的威士忌，而我确信，再过30年，它还会发生更多的变化。这就是威士忌，这就是生活。

第7章

苏格兰：
全球拼读"WHISKY"的方式

只需稍稍想一下：苏格兰，一个小小的苏格兰，却在 2012 年通过船运向全球输出了 11.9 亿瓶之多的威士忌，美国的出口量还不足其三分之一。如果去除通过船运的方式跨境销往美国的威士忌（总量约为苏格兰出口威士忌的五分之一），那么加拿大威士忌的出口量可谓是沧海一粟。爱尔兰威士忌最近涨势迅猛，但即便如此，其总销售量还不足苏格兰威士忌出口量的十分之一。难怪全世界会把"威士忌"和苏格兰画上等号。

奥克尼群岛

刘易斯岛

斯凯岛

斯贝塞地区

苏格兰高地

马尔岛

伊斯莱岛

坎贝尔敦

阿蓝岛

苏格兰低地

所谓的苏格兰威士忌其实是指兑和苏格兰威士忌，而非你常有所闻的单一麦芽威士忌。一些知名的品牌，诸如尊尼获加、金铃、百龄坛、威雀、威廉·格兰特、帝王和皇家芝华士都长期是商店货架、酒吧和家庭中的主流威士忌，这种状况持续了超过100年之久，而单一麦芽威士忌的兴起不过是最近的现象。回到30年前，你即便在最一流的商店和酒吧里费尽心思地寻找，恐怕也难以找到超过5种品牌的单一麦芽威士忌。不过，如果你前往特殊的专卖店，有可能从独立装瓶者那儿多找到几瓶包装亲切可人的单一麦芽威士忌。

过去30年间发生的变化可谓是革命性的。单一麦芽威士忌成了主流市场，如今它已占到苏格兰威士忌在美国总销量的约20%，这么高的销售占比在30年前简直是无法想象的。20世纪80年代初期，威士忌产量随增长曲线一路上扬，然而当时恰逢伏特加的

你是如何拼读威士忌的？

我说全世界跟随着苏格兰人拼读威士忌，但这并不意味着这种拼读方式必然正确。各种兑和威士忌的名字简单明了，朗朗上口（原因显而易见），但单一麦芽威士忌则不同，你会听到零售商、调酒师和饮用者以各种不同的方式念出它们的名字。这没什么好丢脸的：有些拼读方式甚至连苏格兰人自己也不敢苟同（穿越全美，问问人们是如何拼读"Louisville"这个单词的，只要你是美国人，一定会觉得这发音非常有趣、古怪）。

我并没有机会向你一一拼读这些名称，在这方面我也不具备权威性。不过，网上倒是提供了两个不错的资源库。《时尚先生》杂志聘请了饰演莎士比亚的布莱恩·考克斯在其名为"像个男人那样饮食"的博客（只需访问网页 Esquire.com，并搜索"Brian Cox Scotch"）中专门拼读了超过 30 种最为流行（也是最难拼读的那些）的威士忌名字。他的发音是我听到过的最为接近苏格兰业内人士的读法。此外，8 月苏格兰麦芽威士忌协会的创始人皮普·希尔思还朗读了一份更为完整的威士忌清单（可以搜索"皮普·希尔思威士忌发音指南"）。

在这里，我将举出几个最容易发音错误的例子。首先，Islay 的发音是"艾拉"（EYE-luh），而非"伊斯莱"（IS-lay），看起来有些古怪的 anCnoc 发音应该是"乌努克"（uhn-Nuck），Bruichladdich 的发音接近于"布鲁克-洛德-易"（bruek-LAD-ee），其中第一个"ich"极为轻快，一卷而过，而我最喜欢的是 Glen Garioch：它的发音是"格兰·吉·雷"（glen GEE-ree），包含有两个重音的"G"，我也不知道为什么会有这样的发音。

单一麦芽瓶装威士忌的大获全胜改变了这个行业，它使得饮用苏格兰威士忌成为一种更加有趣而迷人的消遣活动，需求与日俱增，褒奖纷至沓来，差不多可以和饮用上好的葡萄酒相提并论。市面上出售的兑和苏格兰威士忌大致有 10 种（当然这个数字也在增长），而约有 100 家蒸馏酒厂生产和销售单一麦芽威士忌，每款酒背后都有自己的故事，都具有独一无二的特征，都有狂热的粉丝（诽谤者）。如今，多数的美国酒吧都拥有至少三种不同的单一麦芽威士忌。

风靡，后者的爆炸式扩张给威士忌当头一棒，使之出现供大于求（Whisky Loch）的局面，越来越多的威士忌制造商采用自家蒸馏酒厂所产的麦芽酒进行装瓶。他们将不同陈酿年份的麦芽酒混合，创造出单一蒸馏酒厂的兑和威士忌（酒瓶标签上标注的年份通常是各兑和威士忌中最为年轻者的年龄），其中不含任何谷物威士忌。市场对这一做法反应强烈，马上出现了大量对这种酒推崇备至的狂热爱好者，这是始料未及的。

单一麦芽瓶装威士忌的大获全胜改变了这个行业，它使得饮用苏格兰威士忌成为一种更加有趣而迷人的消遣活动，需求与日俱增，褒奖纷至沓来，差不多可以和饮用上好的葡萄酒相提并论。市面上出售的兑和苏格兰威士忌大致有 10 种（当然这个数字也在增长），而约有 100 家蒸馏酒厂生产和销售单一麦芽威士忌，每款酒背后都有自己的故事，都具有独一无二的特征，都有狂热的粉丝（诽谤者）。如今，多数的美国酒吧都拥有至少三种不同的单一麦芽威士忌。

我说单一麦芽装瓶威士忌的成功改变了整个行业，这个行业当然不仅仅局限于苏格兰的威士忌酒业，其影响要深远得多。单一麦芽威士忌的成功也

促使波本威士忌进行了类似的专业化改良，小批量生产、单一木桶装瓶、酿制陈年威士忌的风尚，以上种种帮助波本威士忌逆转了长期一蹶不振的萎靡状态。爱尔兰威士忌也做出了相应的变化，升级档案加入了年份标注信息，重新开始制作单一壶式蒸馏威士忌并大获全胜。加拿大威士忌则会特别推出一些贮藏年份较久、木桶回味更浓的上等酒，以此向高端路线进军。

如果进一步深入观察，你会发现苏格兰单一麦芽威士忌的影响还不止于此。陈酿朗姆酒的销量有所增加，植物药材独特兑和而成的金酒成了新宠（被人长期遗忘的荷式金酒出现了小幅回弹），酒庄装瓶、全新装瓶的特基拉获得追捧，哪怕是全新装瓶也不例外，甚至连苹果白兰地也俘获了很多人的芳

位于苏格兰高地地区塔因的格兰杰蒸馏酒厂，成立于1843年。

位于斯佩赛地区达夫镇稍微年轻一些的格兰菲迪蒸馏酒厂，成立于1887年。

苏格兰威士忌协会

苏格兰威士忌协会（SWA）作为一个贸易集团运营极为成功。他们主要撰写有关定义何为苏格兰威士忌的相关规定。该规定的最新版本是由英国政府公布的苏格兰威士忌管理条例2009（"苏格兰威士忌"这个名字本身是受欧盟规章保护的产品地理标志）。他们书面立法，并在海外进行维权。苏格兰威士忌协会下属的法律事务部已经在全球对多个假冒苏格兰威士忌的产品发起控诉，往往是胜利而归。

苏格兰威士忌协会的高效运作基于其长期的积淀，该协会不久前刚刚庆祝了其百年华诞（苏格兰议会专门举办

了一场展览，我还有幸获赠了一些上好的纪念款瓶装酒，当然，这是一种兑和威士忌，口感醇美）。苏格兰威士忌协会在成立之初是一个专门抵制减价的贸易协会，到了1970年，它得以调控苏格兰威士忌的价格。如今，该协会虽然依然对价格保持关注，但将更多的注意力转向一直由政府操控于股掌之间的最低价格，并和日益增长的消费税做旷日持久的斗争。

苏格兰威士忌协会是一个高效的组织，它有力地捍卫了苏格兰威士忌的传统形象和定义。不过，随着其他各国威士忌行业不断地推陈出新，这也可能成为一把双刃剑。

心。虽说威士忌并非常用的鸡尾酒配料，但是鉴赏家们对单一麦芽威士忌的认可和接受促使经典鸡尾酒也对这些高端烈酒敞开了大门，这又为高档酒吧创造了新的商业机会。

真的，这简直就是一场革命。更加令人惊异的是，这些富有革命性的威士忌竟然是牢不可破的传统观念下的产物。传统观念拒绝一切变化并视其为诅咒，不仅如今的石头，数百年前的石头上就刻有以下字样："这就是一直以来威士忌的制作方式。"而亲爱的伙计，你最好不要想着去触碰那些石头。

定义苏格兰威士忌

市场在过去15年间持续增长，一些蒸馏酒厂和独立装瓶者就开始打苏格兰威士忌制造业传统的擦边球，于是行业不得不做出反应，通过澄清有关

规定明确哪些属于苏格兰威士忌，哪些则不在其列，之后又将苏格兰威士忌的定义细分为五个子类，我们不妨一探究竟。

根据苏格兰威士忌管理条例2009，所有贴有"苏格兰威士忌"标签的威士忌必须：

· 完全在苏格兰进行糖化、发酵、蒸馏和熟化。

· 由水和发芽大麦制成，"若加入其他种类谷物，必须是全谷物"。

· 仅使用谷物中所含有的酶进行成分转化。

· 发酵时仅加入酵母。

· 蒸馏后酒液的标准酒度不超过94.8%。

· 在保税仓库或"某一许可地点"的橡木桶（不超过700升）内熟成至少3年。

· 保留来自原材料、加工工艺和熟化过程中的色泽、香气和口感。

· 除水及／或"纯焦糖色素"以外不含任何其他添加物。

五种不同类型的苏格兰威士忌

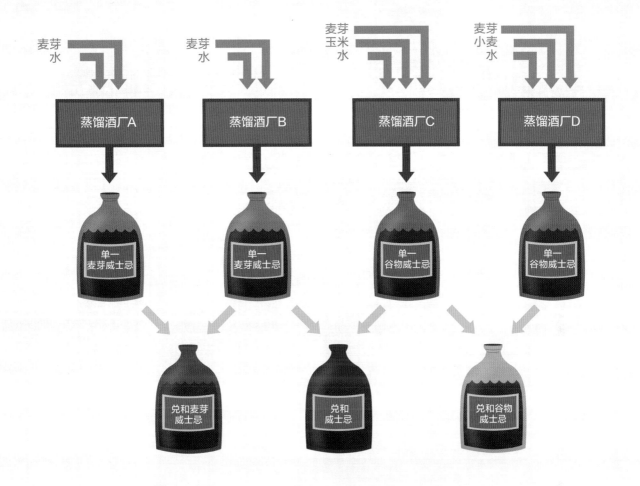

· 标准酒度至少为 40%。

根据条例规定，苏格兰威士忌共分为五大类，其中两类属于"单一"型威士忌。

· 单一麦芽苏格兰威士忌指在同一家蒸馏酒厂通过一批或多批蒸馏而得的威士忌，它仅采用发芽大麦作为原料，并且仅使用壶式蒸馏器（这些是我们所熟悉的单一麦芽威士忌）。

· 单一谷物苏格兰威士忌指在同一家蒸馏酒厂通过一批或多批蒸馏而得的威士忌，它至少部分采用

诸如小麦或玉米这样的谷类作为原料。

苏格兰威士忌包括三种兑和威士忌：

· 兑和麦芽苏格兰威士忌指不同蒸馏酒厂所产的两种或多种单一麦芽苏格兰威士忌的混合物。之前它曾一度被称为"大木桶混合苏格兰威士忌"（vatted Scotch whiskies），不过这个名字对于消费者而言多少有些费解。以此命名的威士忌并不多，不过近来倒是涌现了几款，比如，威廉·格兰特的猴子肩膀（Monkey Shoulder）以及康沛勃克司的几款酒，包括赤子之心（Flaming heart）和泥煤怪兽（Peat Monster）。

参观格兰菲迪酒厂的访者会在麦芽谷仓结束游览，这里设有厂内的饭店和酒吧，人们可以品尝到不对外销售的特款瓶装酒。

·兑和苏格兰威士忌指一种或多种单一麦芽苏格兰威士忌和一种或多种单一谷物苏格兰威士忌的混合物。这是为人所熟知的并且门类庞大的兑和威士忌。

·兑和谷物苏格兰威士忌指不同蒸馏酒厂所产的两种或多种单一谷物苏格兰威士忌的混合物。这种威士忌并不常见，较为知名的当属康沛勃克司的享乐主义（Hedonism）。

苏格兰威士忌的管理条例似乎相当严格，尤其是单一麦芽威士忌：它必须完全在苏格兰生产，原料仅为水和麦芽，不能额外添加酶，必须采用壶式蒸馏器蒸馏，只能在橡木桶中陈酿，不能额外添加调味剂，只允许加入一丁点的焦糖色素。不过事实上，和眼下波本威士忌的认可标准一样（参见第9章），苏格兰威士忌的条例和规范也有所放松，这是对现状的一种屈服。

这在很大程度上正是蒸馏酒厂乐于看到的结果。过去，他们对概念做了略微的延伸，2000—2010年间贴加标签的操作也稍显宽松，这又引发了一些新规定的制定。如今，条规之下，人人平等。

独立装瓶者

并非所有的威士忌都是由蒸馏酒厂进行装瓶的。很多上佳的兑和威士忌在一开始都是由一些食品商或葡萄酒商制作并推向市场的。他们从蒸馏酒厂处购买威士忌，有时会自行对酒液进行陈酿、兑和，之后贩卖给客户，并最终销往其他地区和国家的代理商。

独立装瓶者也将部分最早一批单一麦芽威士忌引入了市场。他们从经纪人处或直接向蒸馏酒厂成桶购买威士忌，不同的兑和师需要各种陈酿威士忌创作出属于他们自己的威士忌，而经纪人就通过在酒厂和兑和师之间买卖交易而获利。这些经纪人会收购很多不同类型的蒸馏酒，而后开展交易。有时会剩余部分多余的木桶，这会被销售给独立装瓶者。在行业不景气的阶段，总有很多蒸馏酒厂愿意连桶带酒整个儿地出售给独立装瓶者以快速换取现钱，无论是新酒还是陈酒。

这些装瓶者——诸如戈登与麦凯阑公司、圣弗力公司、凯登海德公司、贝里·布罗斯及鲁德公司，它们汇集了各种橡木桶，并加以陈酿（有时将其留在蒸馏酒厂的仓库中陈酿并标注上自己的名称，有时则搬入自有的仓库中陈酿），之后会沿承原有品牌或作为自有品牌进行装瓶。根据具体的销售条件，标签上有可能标注或不标注所采用的麦芽。虽然如今的单一麦芽威士忌风靡各地，但要是放在从前，独立装瓶可是品尝到酒厂麦芽威士忌的唯一方式。

如今，由于供不应求，威士忌市场变得更加坚挺，一些珍罕的威士忌在拍卖会上呈现了惊人的高价。不过，独立装瓶者毕竟可以仰赖多年建立的交易关系，并一如既往地向消费者提供一些物美价廉的威士忌。

整合

遵循规章条例似乎会受到很多限制，但事实并非如此。蒸馏酒厂依然可以调控很多因素：酵母的类型和发酵的速度会影响烈酒中的酯类水果味；蒸馏器的形状和尺寸以及冷凝器的类型会影响烈酒的重量；酒头和酒尾馏分的时间掌控会很大程度地影响烈酒的风味及"清澈度"；此外还有陈酿所用木桶的木材选择，仓库的类型和位置，威士忌在木桶中的陈酿时长。

请允许我小小地自私一下，将威士忌和美国销量最大的烈酒伏特加进行对比。伏特加制作的随意性要大得多，酒厂可以使用谷物、土豆、葡萄或者别的什么作为原料；它们既可以只蒸馏一次，理论上也可以蒸馏多达 199 次，每一次都会去除酒液中更多的风味；它们既可以过滤酒液，当然也可以添入某种时下最为流行的新风味，使得之前的所有选择基本都失去意义。而无论是否经过调味，一旦将伏特加倒入盛有红牛或者番茄汁的玻璃杯，也就毫无二致了。

大师级的威士忌兑和师对于如何恰到好处地拿捏这些因素了然于胸，并以此创作出新款单一麦芽威士忌。一旦某款富有特色的新酒问世，兑和师就会充分地利用现有库存维持其风格始终如一。

何为谷物威士忌？

你可能听说过，兑和苏格兰威士忌就是麦芽威士忌和谷物威士忌的混合物。我们已经了解麦芽威士忌为何物，那些有着千奇百怪苏格兰名字的单一麦芽威士忌都属于其列，而谷物威士忌就是那些由谷物制成的威士忌——那么麦芽是否是一种谷物呢？究竟什么才是谷物威士忌呢？

谷物威士忌是以各式各样的谷物（通常采用物美价廉的品种，往往是小麦）为原料，通过连续式或柱式蒸馏器蒸馏制得的高酒度液体。我们在本书开篇部分就对此做了解释。它不同于伏特加，即便是最为接近伏特加的加拿大兑和威士忌也与其有所不同，因为威士忌的制作是有意为之，它是一种需要精心调制的烈酒，这个过程远不止过滤、稀释、华美的包装和强力的营销那么简单。

高酒度的威士忌被置于木桶中陈酿（多数情况下使用盛装过波本威士忌的木桶）至少3年，酒液少了原有的粗糙，变得更为柔滑，并拥有了奶油般的口感，橡木桶还赋予其香草和椰子的气息（并使其成为合乎法律规定的"威士忌"）。当然了，某些谷物威士忌的陈酿时间会更长。有一些作为纯谷物威士忌装瓶，不含任何麦芽威士忌，这些酒质量上乘，自成一派，虽然风格更为轻盈，但依然属于威士忌的范畴。

多数的谷物威士忌会被作为兑和苏格兰威士忌的原料。假内行可能会告诉你，加入谷物威士忌是因为它比较廉价，又可以钝化威士忌的风味。可能那些低劣的兑和产品确实如此，但是在一流和优质的兑和威士忌中，谷物和麦芽同样重要，它可以增进口感并平衡麦芽的针刺感和厚重感。如果某款正是"恰到好处"谷物威士忌，人们就可直接打开容器上的栓子进行添加，但兑和师往往会将其中不同的谷物威士忌进行兑和：它们拥有不同的年份，产自于不同的酒厂。这就是威士忌，真切而实在，请对此表示尊重。

请牢记，一款富有表现力的威士忌，其年份并不是瓶中每一种威士忌的年龄，也不是所有威士忌的平均年龄，而仅仅是瓶中那款最为年轻威士忌的年龄。有了这个基础年龄，兑和师就可以向上延伸范围，并尽其所能地确保威士忌的口味具有一致性。这项工作需要兑和师拥有一只敏锐且训练有素的鼻子以及一副细致且富有逻辑的头脑：现在拥有多少库存，陈酿年份分别是多少，贮藏在什么木桶中，又位于哪些仓库中？他们应该向蒸馏师分别索取多少5年陈、12年陈和20年陈的烈酒？陈酿年份越久，猜测的不确定性越大，尽管如此，这种猜测必须有据可循。

这还仅仅是同一家蒸馏酒厂所产的单一麦芽威士忌。兑和师的工作范畴还要宽泛得多，每周运离苏格兰的兑和威士忌数量非常庞大，试想一下，制作兑和师所面临的挑战：他们现在需要了解其他威士忌的各种特征，如何进行数量搭配使基调恰到好处，或许可以采用哪些库存，供给依然出现问题时又可以采用哪些替代品取而代之，毕竟很多情况下，某公司所产的兑和威士忌在制作时会用到数家别的公司下属酒厂所产的威士忌。他们就在这样一个复杂的平等体系下进行来回交易，通常人们将其称为"互惠主义"。

千万不要认为兑和不过是简单地"将一些3年陈的谷物威士忌加入某家酒厂所产的8年陈麦芽威士忌以增加甜美的口感，再加入一丁点这家酒厂所产的 10 年陈威士忌以赋予其烟熏气息"。兑和威士忌可是一种相当复杂的混合物，其中可能包含数种不同的陈酿谷物威士忌以及来自 20 家甚至更多蒸馏酒厂的麦芽威士忌，兑和师将其精心配比和调和，一旦供应发生变化，还会根据需要做出调整。

兑和威士忌是成功的——可以说是相当成功，原因很简单，它以特定的量和某种特定的风味满足了饮用者对于饮品的需求和渴望。兑和威士忌并不像单一麦芽威士忌那样重点突出、风格鲜明，它们也注定不是如此。兑和师将兑和视为一种技能，借此可使威士忌呈现出希望的味道，而非酒厂生产出来的单一味道。

正如根据不同的预算和需求可以选择不同的汽车。市面上有品类丰富的兑和威士忌，以满足不同的价格要求和味觉需求。如果你想到处走走却囊中羞涩？不妨买一辆小型的二手车，这相当于商店自有品牌的兑和威士忌，或者贴有可以还价标签的威士忌，这通常是指和苏打水或软饮料混合而成的兑和酒。想尝试一下轻奢型或者价格稍高一些的产品吗？不妨买一款新型紧凑型礼盒，或"别人转手卖出"的高档货，或者尝试一些特征更为丰富饱满、麦芽含量稍高的酒品，并试图探索你对泥煤或雪利木桶陈酿的味觉体验。如果你想找一个适合于上下班和在小镇上兜兜转转的交通工具，不妨买一辆小型轿车或舱盖式汽车，这会非常有意思，价格也比较适中。换言之，它相当于一瓶适合于摇滚音乐的上好瓶装酒，而苏格兰威士忌搭配苏打则是放松休闲的好伴侣。如果你已经获得一份专业、体面的工作，正想寻找一款让你真正乐在其中的汽车，运动轿跑、高速公路巡逻车、跨界休旅车就是一种选择，这相当于兑和麦芽威士忌或者标有陈酿年份的兑和威士忌。

假如你是非常成功的人士，就可以真正随心所欲地选择座驾（饮品），可能你会将此和单一麦芽威士忌联系在一起。确实有几款位于这个档子的好酒，比如说，尊尼获加蓝方（甚至可以选择乔治五世纪念

位于苏格兰高地佩思郡的艾柏迪蒸馏酒厂成立于 1896 年，该厂生产的单一麦芽威士忌是帝王兑和威士忌的主要成分。

版）、芝华士皇家礼炮命运之石，以及黑公牛 30 年陈豪华版，这些都是顶尖的威士忌。对此，我们还将在之后有关爱尔兰和加拿大威士忌的章节中做详细描述，不过我想先澄清一点：兑和威士忌也可以成为卓越的威士忌。最近兴起一种观点，认为兑和威士忌是劣质的廉价品，这种错误的观点一方面源于人们对单一麦芽威士忌的肆意吹捧，另一方面则归咎于轻型兑和威士忌的大量生产，这种激增自禁酒时期开始并贯穿了整个 20 世纪 70 年代。

兑和威士忌又重返之前的状况：琳琅满目，品类丰富。套用当下行业中的流行语，就是"一系列风味包"。另一方面，麦芽威士忌即便不进行自我推销，也向来保持着其固有的风格。当然了，由于兑和师想要也需要兑和酒液的风味具有一贯性，兑和威士忌也同样推动了这一风尚。

如今，消费者对直饮单一麦芽威士忌的风味偏爱有加，他们无比热衷和追捧这种威士忌，以至于库存出现紧张，价格也一涨再涨。有些人预言，价格的扶摇直上最终将引领消费者重新回归粗糙而浓烈的兑和威士忌（"口感更为粗糙浓烈的兑和威士忌"通常在价格上相当于入门级的单一麦芽威士忌），不过目前来看，单一麦芽威士忌的销量依然呈现持续增长。我们不妨来看一下，威士忌是如何保持这些风味始终如一的。

保持麦芽威士忌的一致性

如果你造访过三家或四家苏格兰的蒸馏酒厂，你就能听到大家谈论一些普遍关心的话题。你会经常听到蒸馏师这样说："我们的威士忌只能在这个特定的地方生产。"往往这和水源及气候条件相关。你还会听到这种说法："其他的酒厂会采取不同的操作方式，而我们在这家酒厂向来都是这样做的。"这反映出酒厂谨慎的态度，他们明智地抵制一切干扰成功的因素。曾经有位蒸馏师给我指出蒸馏器几何形状和尺寸的重要性，他说："这是成就我们威士忌独特性的关键。"对这个观点我甚为赞同，他言语中还暗含着一层意思：有些蒸馏器甚至是按照某些天才级蒸馏大师的想法特别定制的。

好吧，上述观点既是亦非。是在于，如果你将酒厂搬迁到别处，或者在其他地方仿造一个类似的酒厂，生产出来的酒液几乎肯定有所不同，人们曾经做过这样的尝试，确实不行。

这牵涉到一种难以明确定义的生产条件，可以说成是"风土"吧，其实它是湿度、阳光、水、风还有诸多别的影响酒液特征的因素的总和，这些因素的影响方式甚至难以用科学加以解释。听上去挺浪漫的是吧，但这又是相当科学的，混沌理论同样适用于蒸馏酒厂的设计，有人看来美妙绝伦的设计有人则认为糟糕透顶，这是仁者见仁、智者见智的事情。确凿无疑的一点是，蒸馏器的选用确实至关重要，因为蒸馏器的形状对回流有直接影响，这进而会直接影响酒液以及最终威士忌的特征。

不过，如果你和业内人士交流得越多，你就会开始意识到，很多安排其实是"不经意间"的产物，而并非出自某个大师级蒸馏专家或规划专家的预先谋划。你会发现，之所以采用某种蒸馏器只是因为它价格比较实惠，往往是某家蒸馏酒厂倒闭后转让的二手货。格兰杰最为出名的高型蒸馏器（差不多有17英尺高，是苏格兰最高的蒸馏器）使威士忌轻盈且非常雅致。众所周知，这款蒸馏器就是从一家金酒蒸馏厂里收购来的二手产品，格兰杰酒厂并没有对其进行改造，使其符合规范要求，而是直接拿来就用了。

听过那么多相似的故事，我站在格兰威特酒厂新扩建的蒸馏室中，看着眼前的这些蒸馏器，不禁想道，为什么它们被塑造成这种特别的形状？我曾有幸就这个问题请教了酿造师理查德·克拉克先生，他嬉笑着回答："我们一直就是这样做的呀。"

之后，他严肃了一下并继续解释道："不过真的是这样，你就按照之前的方法一样去做，无论是什么方法，至于为什么采用这种方式制作无关紧要。这就是你制作烈酒的方式，也是你烈酒存在的方式。你从未想过要改变它。"

过桶

格兰杰酒厂的比尔·卢姆斯敦博士以及百富门酒厂的威士忌大师大卫·斯图尔特在20世纪90年代首创了一种新方法，用以增添苏格兰威士忌的风味，这是一种被称为"过桶"的技术。随着威士忌的熟成，人们将其从原先的波本或雪利木桶中取出，并倒入其他一个木桶。这些后续用到的木桶通常之前是被用来陈酿葡萄酒的，诸如马德拉酒、波特酒、苏特恩白葡萄甜酒或马拉加酒，也可能被用于陈酿朗姆酒或其他烈酒。

过桶操作是符合威士忌制作的相关规定的。由于木桶是橡木质成的，用它们再次盛装威士忌前，人们会将其排干，所以烈酒中不会因此加入任何物质成分，随之增添的是风味香气以及新旧木桶之间的协同效用。如果处理得谨慎细致，过桶能创作出全新而且品质上佳的威士忌。

然而，若操作不当，过桶也会毁了原本优质的威士忌。如果为威士忌挑选了一个不合适的木桶，那么对比和反差会破坏酒液。如果在过桶木桶中贮藏时间过久，过桶效应就会超量并压制威士忌原有的特征。我就有过几瓶因过桶时间过长而品质下降的威士忌，其中一瓶采用波特木桶过桶。如果巧妙应用，这种木质会使酒液呈现迷人的特质，但一旦过桶时间过长，就会导致酒液极其甜腻，果香过厚而令人难以忍受。

过桶曾经风靡一时。如今，该技术的应用已不像从前那般广泛，不过依然坚持过桶操作的那些兑和师通常都深谙此道。

位于苏格兰塔因的格兰杰蒸馏酒厂，威士忌正在仓库的木桶中熟成。图中的木槌是"打开桶塞的敲锤"，只消在桶塞边缘处猛地一击，塞子就会弹出。

当我们谈起酒厂是如何扩建时，格兰威特的全球品牌大使伊恩·洛根带我来到了这里（我得承认，他可不是日常的导游人员）。他们在新扩建的厂房安装了第二套蒸馏设备，比例和大小与第一套一模一样，只不过新的这套是全自动的：电脑驱动阀门和分布各处的温度探头可以确保每一批次的产品质量均一。

"这是一种维持传统和扩张发展之间的平衡。"洛根说道，"这事关质量？抑或是一致性？我们姑且认为是一致性吧。可能就每一具体的批次，你难以发现质量的提升，但不可否认的是，每一天每一批的总体质量水平确实较往前有所提高。我们在以前的旧蒸馏室中对同样的设备进行了改装。"

"不过，"他继续说道，"即便是自动化也离不开人的操作。10个人可以负责运作全球第二大单一麦芽威士忌的生产，尽管10个人就能完成全部工作，但终究威士忌是由人制作的。"

有趣的是，当我一天之后来到达尔摩的蒸馏室时，发现所有工序全部都是人工完成的。可以说，这座蒸馏室是个古怪的地方，里面设有几个造型奇特的蒸馏器：酒醪蒸馏器顶部是切平的（据传说，它们最初被切平是为了恰好与天花板齐平），烈酒蒸馏器在颈部包裹有一层冷却水外罩，以冷却铜壳获得更多的回流物。那里一共有两套蒸馏器，其中较新的一套模样一样古怪，只不过体形更大。把这所有蒸馏器摆放在一起，你可以想象……

"这是一个不稳定的蒸馏体系，"蒸馏室的工人马克·哈拉斯这样评价，"从不同蒸馏器中流淌下来的酒液是不同的，但是经过24小时的蒸馏之后，它已趋于平衡。"他咧嘴笑起来，"人们总想自动化，但最为关键的可是脑袋里的东西。"他又笑起来，边笑边轻轻敲打着头的一侧。正如洛根所说的，威士忌是由人制作的。

有时，某个人对威士忌的制作至关重要。我们以往常常说，制作威士忌需要一个团队，分工合作必

位于基斯的斯特拉塞斯蒸馏酒厂，它也是苏格兰所有持续经营的酒厂中最为古老的一家。图中是该酒厂中的双子"宝塔"式烧窑塔。

不可少。在达尔摩酒厂，除了蒸馏器，影响威士忌制作的因素还有很多：不同类型的木桶和不同的兑和方式都可以造就不同的威士忌。不过就在达尔摩酒厂里，我在参观结束后写下了这样的访客感言："仓库中的香气非常独特：盐味，多茎的葡萄味，麦芽味和泥土味。真正造就达尔摩威士忌独特风格的是：造型古怪的蒸馏器，丰富多样的木桶，精心细致的遴选和兑和，还有理查德·帕特森。"

怀特＆麦凯是达尔摩的母公司，帕特森长期在此担任兑和大师，他堪称业内的传奇人物。他从小受父亲训练，拥有一只为了兑和而生的鼻子，据说他也

苏格兰威士忌：各种标志性装瓶的风味档案

下列图表以 1~5 为衡量尺度，就威士忌的五大核心特征评分，1= 非常淡，几乎没有，5= 强劲，表现突出。

苏格兰威士忌	泥煤	雪利	美国橡木	麦芽	口感
单一麦芽威士忌					
阿德贝哥 10 年陈	5	1	2	3	3
陈格兰花格 15 年陈	1	4	2	3	4
格伦法克拉斯 12 年陈	1	2	2	4	3
格兰威特 12 年陈	1	1	3	4	2
经典格兰杰	1	1	4	2	2
高原骑士 12 年陈	4	3	1	3	3
拉加维林 16 年陈	5	1	1	3	4
麦卡伦 18 年陈（雪利橡木桶）	1	5	1	2	5
兑和威士忌					
皇家芝华士	1	1	2	2	2
帝王白牌	1	1	2	3	2
尊尼获加黑方	2	3	2	2	3

是有史以来最为年轻的兑和大师。正如百富门酒厂的大卫·斯图尔特，格兰杰酒厂的比尔·卢姆斯敦博士，还有其他很多这样的人，如今，理查德·帕特森给这家酒厂所产的威士忌（以及怀特 & 麦凯公司所产的兑和威士忌）打下了深深的烙印，而且即便在他退休之后的数年内，这种影响貌似还将持续存在。身处其位的一个关键人物，拥有着天赋的才能，手中握

有相当大的裁量权，他对一家酒厂中威士忌的制作、陈酿和勾兑方式具有巨大的影响力。

当然，还有另外一个影响兑和的因素，这就是惯性。即便身为兑和大师，也很难改变一种已长期存在的兑和配方，你已经习惯将这种兑和风味保存下来。当然了，从销售角度讲，你也自然不希望频繁地迎合每一次市场口味的变化。当今社会媒体的传

伊斯莱岛及其周边岛屿

传统上，苏格兰威士忌是按地区划分的，其中有一部分是各式岛屿，其中包括奥克尼群岛、斯凯群岛、马尔岛、刘易斯岛、侏罗岛，当然，还有大名鼎鼎的伊斯莱岛。

伊斯莱是八大蒸馏酒厂的所在地：从东北方向按顺时针走依次是布纳哈本、卡尔里拉、阿德贝哥、拉加维林、拉弗格、波摩、布鲁莱迪以及最为年轻的齐候门。那里生产数款颇具标志性的威士忌，至少，目前是非常具有代表性的。回到 30 年前，你可能会对这些威士忌嗤之以鼻，并弃置一边，当时的人们觉得这些威士忌烟熏味太重，口感特别粗糙，而且过于单一。

不过现在人们的看法已悄然改变，面对这种威士忌，他们会说："没错伙计，你说得对极了，不过再给我来一瓶吧。"泥煤成了令人尊崇的国王，而伊斯莱岛则成了力量之源。如果你想认真了解苏格兰威士忌，那么伊斯莱岛绝对是不容错过之旅。

如果你乘坐飞机从空中接近伊斯莱岛，你会发现它是一座独立的岛屿，即便和它距离最近的邻岛侏罗岛之间也隔着波涛汹涌的开阔水面，伊斯莱岛看上去界限分明，自成一体。不过假如你从海面上接近伊斯莱岛，就会发现岛屿间的联系非常紧密，从此到彼简直就是轻而易举。假如你已喝过些布纳哈本的非泥煤型威士忌，又品尝了阿德莫尔泥煤大陆的烟熏味，你就能深深感受到苏格兰威士忌一脉相承的本土气息。这是苏格兰威士忌，而非伊斯莱岛威士忌或高地威士忌。

一直以来都存在着一种争论，苏格兰威士忌究竟是否存在着"风土"，就像法国的葡萄酒一直以其独特的地域特征受到追捧。不过这个问题有些含糊，作为原料的麦芽有可能生长于苏格兰，不过也有可能来自欧洲其他地方；酿酒所用的水通常取自本地，但也有可能来自城市水管；贮藏酒液的仓库既有可能毗邻酒厂，也有可能位于千里之外。

酒厂自身以及世代工作其中的员工形成了威士忌鲜明的特征，相较之下，即便存在着风土的作用，后者也

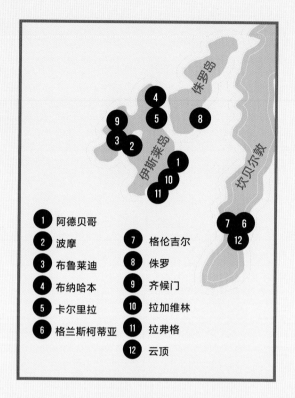

1 阿德贝哥
2 波摩
3 布鲁莱迪
4 布纳哈本
5 卡尔里拉
6 格兰斯柯蒂亚
7 格伦吉尔
8 侏罗
9 齐候门
10 拉加维林
11 拉弗格
12 云顶

不过是个极其微小的影响因素。在伊斯莱岛上，稍微特别一些的蒸馏酒厂都会雇用伊斯莱岛本地人（他们自称为 IIeachs）或早已移居此处并定居下来的人作为员工。整个伊斯莱岛的人口中，约有三分之一人口直接或间接从事于威士忌行业，这一点非常特别。

拉弗格蒸馏酒厂的经理约翰·坎贝尔自己也是本地人，我曾向他请教，究竟是什么使得伊斯莱岛的威士忌与众不同，他毫不犹豫地回答道："是泥煤。"他继续解释说："伊斯莱岛所产的威士忌含有来自泥土的气息，而非一般的源于木桶的味道，这种风味非常醇厚。"伊斯莱岛生产威士忌时大量应用的泥煤蕴含了所有四大古老的神秘元素：水和泥土创造出了泥煤和大麦，水浸泡大麦使之发芽，焚烧（火）泥土（泥煤）生成的烟（空气）渗入麦芽并使之烘干。威士忌是一个不可分割的整体。

那些威士忌的狂热爱好者说得没错：如果条件允许，你绝对应该访问下伊斯莱岛。那里的小镇上分布着待客亲切有道的小酒馆，供应着上好的啤酒，那里的气候凉爽怡人，那里的人们率真质朴，而且关键的是，那里的威士忌也同样美味。

斯佩赛

斯佩赛是位于斯佩河畔的一片区域,斯佩河是一条闪闪发光的河流,长达98英里,是苏格兰的第二条长河,当然它并不算壮阔,无法和密西西比河或哈得逊河相提并论。这个地区密集分布着蒸馏酒厂,你很难相信河道里的水竟能保持如此清澈,这里的环境确实被保护得很好。在合适的季节里,你甚至还有可能在水域中看到飞钓者的身影。

这里的酒厂可谓星罗棋布,比如,罗斯镇和达芙镇就是如此。优质的水源流淌经过上好的石头,这样的绝佳环境吸引了酒厂的入驻,而斯佩河正是如此,密集的蒸馏酒厂反过来又培育了大量的辅助行业。斯佩赛德制桶业公司就位于此,制桶厂里不断发出敲击桶箍和桶板的声音;福赛思公司为罗斯镇(一部分位于早先的凯普多尼克蒸馏酒厂处)上的大多数公司制作蒸馏器和冷凝器。此外,在罗斯镇还有一家"暗色酒糟"加工工厂,酒糟废液(麦糟、酒糟)在那里被加工成动物饲料。这还只是装备部分,斯佩赛同时还是威士忌原料——苏格兰大麦的主要产地。

不过我们着重要讨论的是威士忌,而斯佩赛恰恰盛产威士忌。总的来说,斯佩赛以生产非泥煤型威士忌著称。一般化特征听着有点陈词滥调,不过斯佩赛确实是这么一个地方。近来,随着人们对苏摩克这类泥煤型威士忌需求量的不断增加,斯佩赛德蒸馏酒厂也开始着手试验起泥煤型威士忌。不过斯佩赛地区原产的几款非泥煤型威士忌品质上乘,彰显出苏格兰威士忌的独到之处,即便不含有泥煤,它也可以同样富有魅力。

斯佩赛的酒厂懂得倾听发自木桶的声音,木质本身会告诉人们如何进行萃取和陈酿。在这里,你会发现,麦卡伦的制作和西班牙橡木紧密相关。威士忌酒厂先支付给木桶生产商一笔资金用于制作雪利酒木桶,之后木桶被运往雪利酒生产商处用于陈酿葡萄酒,2年之后木桶被清空,继而运回苏格兰。木桶的成本非常高昂——每个木桶花费近1000美元,但是唯独这样才能

得到麦卡伦期望得到的风味,也是消费者热衷的味道,别无他法。

斯佩赛地区的地形复杂,布满溪谷和山丘,有贝里诗的辽阔山脊;还有斯佩河的数条支流。这里也是非法私酿酒厂的发源地,其中格兰威特是1823年颁布《消费法》后第一家合法化经营的酒厂,其创始人乔治·史密斯也成为第一个获得执照的商人,他的这一做法激怒了很多周围的私酿者,初期他不得不随身佩带好几把手枪用以自卫。

在斯佩赛地区,你可以游走在不同的蒸馏酒厂间漫步数日,这儿的酒厂总数超过了30家。你不妨在河畔的小镇上逗留下来,品尝一下克莱拉奇宾馆的样本威士忌,甚至还可以体验一番钓鱼的乐趣。苏格兰是个威士忌的国度,在这里,威士忌酒厂几乎分布于版图上的任何一个角落。

播速度太快，很多旧的转眼又变成新的。一直以来，成千上万桶威士忌都以同样的方式制作，同样的比例调制，改弦易张并非易事。要对一款威士忌做出改变必须非常谨慎，而且需要深思熟虑。

如何甄选

我们已经大致了解了苏格兰威士忌是如何制作而成的，那么接着你该具体甄选哪些威士忌饮用呢？很多人会依据自己的口味进行选择，我建议你不妨从兑和威士忌或旗舰款单一麦芽威士忌着手，其中10年陈和12年陈（如果是拉加维林的话，也可以是16年陈）是不容错过的经典款。

品尝兑和威士忌成本不高，并且可以帮你在众多苏格兰威士忌中找到自己钟爱的风味。可能你会发现自己比较偏爱尊尼获加低调内敛的烟熏味（其中双黑款的烟熏味不那么内敛），不妨试想一下品尝黑瓶或教师威士忌的口感，犹如大力斯可的烟熏味单一麦芽风味，或者伊斯莱岛的某款酒。可能你会爱上威雀浓郁的雪利味，你也会在麦卡伦中感受到相似的气息，或者不妨试一下带有一丝泥煤气息的高原骑士。你是否品尝过皇家芝华士呢？可以体验一下18年陈的皇家芝华士或者也可干脆略过，直接体验一番格兰威特或者安努克这样的单一麦芽威士忌。如果你喜欢帝王威士忌那种甜蜜的气息，不妨多尝试一下它的12年陈，而艾柏迪是这类口感的代表作。请牢记一点，兑和威士忌虽由麦芽制成，不过其风味可是多种原料的综合产物。

单一麦芽威士忌未经兑和，因而最能体现酒厂的特征。旗舰装瓶较为年轻，受到木桶的影响也最小，这类酒最能彰显酒厂自身的独到之处。

如果你不想花大价钱购买瓶装酒，也可以选择一家不错的威士忌酒吧品尝各类不同的酒。当然，

在格兰菲迪蒸馏酒厂"嗅闻"一款木桶样本酒。

你也可以在威士忌品鉴大会或威士忌节上获得品尝各种威士忌小样的良机，通常还会伴有专家热情洋溢的指点。

"沉睡休眠"

苏格兰威士忌的交付周期非常之长，在此期间，行业内的很多状况和理念可能都已经发生了变化。如今，你再也见不到仓库工作人员滚动推进着比

自己还要年长的木桶。在2007年，格兰花格酒厂发布了一个璀璨夺目的产品系列——家庭木桶威士忌，这款酒精选了1952年到1994年间每个"葡萄丰收年份"的上好麦芽威士忌，它是熟化麦芽精心制成的杰作，令人惊叹不已。

酒厂所产的威士忌中，还有一些如今已不复存在。它们无法再行创造，也不存在于人们的空想中，少数留存下来的几瓶都成了收藏级的珍品。一家公司往往同时拥有数家蒸馏酒厂，比如说，帝亚吉欧就拥有28家酒厂。当这些母公司认为某款酒的存量足以满足未来可预见范围内的需求（或有时当他们从某个竞争者处采购后出现过剩），就有可能决定中止某家酒厂的生产。酒厂会谨慎地停止运作，同时为未来所需保留一部分库存，这样还能节省运营成本，我们就将这样一家停运的酒厂称为"沉睡休眠"。

这些酒厂所产的麦芽酒被用于调制兑和威士忌，或作为单一麦芽威士忌装瓶。帝亚吉欧就有一系列这样的产品，被称之为珍藏麦芽威士忌。不过，我们始终真诚期盼着这些"休眠"的酒厂能够重返舞台。毕竟，阿德贝哥重新开张了，布鲁莱迪也再产了，格阑格拉索和格阑·契斯也恢复了运作。

不过也有一些酒厂出于客观或主观原因真的一去不复返了，比如，布朗拉、波特·艾伦、格兰诺里和玫瑰河岸，这些酒厂要么已被拆除，要么已被改建为时髦的公寓楼房，总之它们都不复存在了。然而，这些酒厂所产的威士忌却流传了下来，犹如不可思议的回响。我去年有幸获得一瓶30年陈的布朗拉，简直精妙绝伦。

威士忌企业的命运跌宕起伏，威士忌产业经历了繁荣和萧条的轮回，这一过程中导致了大量威士忌的流失，不过值得庆幸的是，小心谨慎的仓储使得部分威士忌依然留存了下来。

如果有幸遇到这样的威士忌，就请尽情享用吧。对了，如果有苏格兰人在场的情况下，你最好选择直饮而不要添加冰块。

当你遍览了苏格兰威士忌，了解自己喜好什么，不爱什么，又钟情什么，请你牢记品鉴苏格兰威士忌之路可要比品鉴世界上任何一种其他的威士忌都要漫长和艰辛。这可不是厚此薄彼，而是客观事实，生产苏格兰威士忌的蒸馏酒厂远远多于生产波本威士忌或加拿大威士忌的酒厂（爱尔兰和日本威士忌甚至连比较的资格都没有）。当然了，手工的蒸馏酒厂为数更加众多。我们只消看看苏格兰威士忌在过去100年中的发展历程，它不断地推陈出新，你会发现这是一门永远学无止境的功课。

千万不要停下学习和品鉴的脚步。取样、阅读、访问、讨论、重复，如此循环往复，而每一次你都必然有所收获，只有如此实践，你才能愈加发现威士忌的美好。

第8章

爱尔兰威士忌：
一次、
二次、
三次蒸馏

按照传统，圣帕特里克会用带有三片叶子的三叶草向爱尔兰众人解释何为三位一体。三片叶子中，其中一片代表父亲，一片代表儿子，还有一片代表圣灵，三者合一构成了一株植物。与之类似，爱尔兰威士忌和四叶草休戚相关，这四片叶子分别代表着各主要蒸馏酒厂所产的不同威士忌以及这些威士忌的不同产地。

第一片叶子指爱尔兰蒸馏酒厂的核心之作——单一壶式蒸馏威士忌，这是一种非常独特的威士忌，仅产于爱尔兰。

第二片叶子指库里酒厂所用的二次蒸馏法，这是 20 世纪 60 年代之前爱尔兰所用的蒸馏法。

第三片叶子指米德尔顿（尊美醇）和布什米尔酒厂生产的三次蒸馏威士忌，该加工流程使得威士忌质地轻盈，大众接受度高。

第四片叶子指四大主要蒸馏酒厂：米德尔顿、布什米尔、库里和基尔伯根，其中最后一家虽然系出名门，历史上曾经是一座大型酒厂，但现如今内部仅还存留一家迷你酒厂而已。与此同时，威廉·格兰特父子公司正着手开垦一片新的土地，在特拉莫尔建设一座与原厂尺寸相当的新特拉莫尔露酒厂，其产品将于 2014 年上线，届时我们可以将其称为第四大酒厂。除了几大主要酒厂，还有为数众多的小型酒厂在不断涌现，库里酒厂之前的所有者约翰·蒂林就兴致勃勃地致力于将帝亚吉欧公司的前身——邓多克啤酒酿造厂改造为一家蒸馏酒厂，相信不久以后，生产爱尔兰威士忌的大型酒厂就将远远不止四家。

眼下，爱尔兰威士忌正发展迅猛，用两个字概括的话就是：增长。我们在第六章中曾经提过爱尔兰威士忌经历的毁灭性崩塌，之后整个行业不得不重新白手起家。随着全球爱尔兰人的鼎力支持，世界各地也不断涌现出以爱尔兰为主题的酒吧，人们对爱尔兰威士忌的兴趣也日益浓厚。可以说，爱尔兰人真正地东山再起了。

我和爱尔兰威士忌的小趣事

我们正在芝加哥小聚畅饮，一位好朋友在一天之后即将启程前往爱尔兰，到那里帝亚吉欧旗下的布什米尔工作。他将开启一段崭新的历程，我想没有什么比一杯布什米尔1608更加适合用来为他饯行的了。这瓶酒是布什米尔的400周年纪念款。

✦

在一场威士忌和烈酒秀上，我花了45分钟才找到了尊美醇的展桌，正好赶上品尝最后一滴年份珍藏威士忌，味道真是绝妙无比。这份幸运令我不禁开怀大笑。

✦

我们十个人，在一个喧闹的深夜里，相聚在旧金山的博伟咖啡馆里，周围的墙壁上布满了整排整排的特拉莫尔露酒瓶。"有爱尔兰咖啡吗？"我问道。毋庸置疑，这种滚烫而甜美的烈酒美味至极。

我们一行八人，低头迎着傍晚的疾风骤雨，徒步走了半英里，前往参加一场小型啤酒节。"这里，"我说着并递过随身携带的酒瓶，其中盛满了温热且香气四溢的知更鸟威士忌。"太棒啦！"有人脱口而出，当酒瓶重新回到我手上时已然空空如也，算是完成了它的使命。

✦

知心朋友和上好的威士忌都很棒，不过两者之间略有不同。当我想起那些喝波本威士忌的夜晚，浮现在脑海里的是欢声笑语和扑克游戏；当我想起那些喝苏格兰威士忌的夜晚，浮现在脑海里的是音乐，多半还有关于威士忌的畅谈。然而，每当我想起那些享用爱尔兰威士忌的夜晚，联想到的就是一个个小故事。

也说不清其中的原因，或许是爱尔兰人天生比较会讲故事吧。有这样一种说法，要让一个苏格兰蒸

馏师讲故事，和让一名爱尔兰蒸馏师停止讲故事一样的困难（虽然不是真的如此，但形容得非常贴切）。

爱尔兰威士忌似乎有着特别的亲和力：每个人都愿意参与其中。爱尔兰威士忌的口感润滑，带有一点甜味，充满芬芳，没有波本威士忌中浓郁的新木头气息，也没有泥煤型苏格兰威士忌那种"令人非爱即恨"的特殊风味。当然了，除非你饮用的恰好是康尼马拉威士忌。

各式各样的木桶陈酿和兑和会使酒液呈现错综复杂的特征，比如，采用单一壶式蒸馏法制得的威士忌有着独一无二的明亮色泽，麦芽使酒液醇厚，而谷物赋予酒液奶油味——不过这些特征都广受人们的欢迎。威士忌并未要求人们去主动接受它，反之，它倒好像是端坐在那里，正等着你来接纳。

爱尔兰人所求不多，而且对自己也不太较劲，

这不禁又令我联想到另一个故事：布什米尔酒厂的蒸馏大师科勒姆·伊根曾在数百名非常严谨的威士忌狂热爱好者面前做一场名为"理解爱尔兰威士忌"的专题演讲，其间，他引领着观众们一起品鉴布什米尔21年陈威士忌。

他要求大家切莫简单地品尝，而要动用自己的所有感官。用心嗅闻它的水果和坚果芳香，仔细观察它漂亮的琥珀色泽，好好感受每一滴酒液的丝滑和麦芽气息（顺便提一句，以上都是非常中肯的建议）。你要非常认真地倾听你的威士忌，他边说着边高举酒杯凑近自己的耳朵，紧贴着脸庞，接着他屈身靠近麦克风，并低声细语地说道："它说话了。"接着以颤抖的喜剧式假音模仿威士忌说道："喝下我吧！"台下的观众哄堂大笑起来，而他的演讲也深得人心。

威士忌、黑啤、苹果酒以及美妙的氛围——一家充满活力的爱尔兰酒吧所提供的经典饮品。

美国是爱尔兰威士忌的最大消费市场，其销售额在过去 20 年间每年递增约 20%，虽然可谓是白手起家，之后却实现了惊人的增长。目前，尊美醇是最大的销售品牌，占据了美国市场上略多于三分之二的份额，其他品牌继续提升的空间也很大。此外，过去 10 年还见证了一大批新品牌的涌现，这无疑也是需求增长和市场利好的标志。我们目睹了特拉莫尔露的东山再起，目前它已成为全球销量第二的爱尔兰威士忌品牌，不过它暂时还没有霸占美国市场。

细心的读者一定已经注意到，之前我曾提到特拉莫尔露蒸馏酒厂正处于建设之中，于是自然会产生疑问，那么这里所说的特拉莫尔露威士忌又是来自哪里呢？其实，基于一项长期的承包合同，这些特拉莫尔露来自米德尔顿酒厂，你现在可能也开始慢慢了解，这种情况在威士忌业内是常有的事。这种运作模式也造就了其他一大批爱尔兰威士忌的品牌：康尼马拉、爵尔卡纳、约翰·L.苏利文、迈克尔·柯林斯、斯兰城堡等。其中的多数来自库里酒厂（其中前两款是库里酒厂的自有品牌），到了 2011 年，Beam 全球

烈酒与葡萄酒公司（没错，就是生产占边威士忌 Jim Beam 的公司）收购了库里酒厂，并很快宣布切断承包威士忌的供应，而这曾是约翰·蒂林赖作为创始人经营壮大库里酒厂的基础。其他一些品牌竞相争抢供应源，而如前所述，蒂林又在邓多克着手开创新业务，并希望以此满足那些品牌的需求。

米德尔顿：
威士忌的中心

当然，爱尔兰威士忌还有许多别的品牌：极品米德尔顿、鲍尔斯、尊美醇、帕蒂、克雷斯蒂德十、知更鸟、绿点和黄点——以上这些全部产自米德尔顿酒厂，或可称为爱尔兰蒸馏酒厂，也可称为詹姆森酒厂，这几个称谓都是一样的。

请允许我在此稍作解释。1966 年，爱尔兰共和国内的爱尔兰威士忌生产一路下滑，最不景气的时候仅剩有三家公司：约翰·詹姆森父子酒业公司、约翰·鲍尔斯酒业父子公司和科克蒸馏酒厂。当时，它们一起做了一个大胆（或者说是孤注一掷）的决定，即三者合并为一家公司：爱尔兰蒸馏酒厂有限公司。

到 20 世纪 70 年代中期，该公司成为米德尔顿唯一的一家现代化酒厂，就坐落在老的科克酒厂旁边，爱尔兰蒸馏酒厂一统天下并关闭了其他各大酒厂（包括都柏林弓街上的詹姆斯蒸馏酒厂，此地如今已成为一大旅游胜地，提供威士忌教育和品鉴之旅）。此时，所有的生产都集中在米德尔顿酒厂，而所有存活下来的品牌也都源于该厂。如今，这家大型酒厂依然由爱尔兰蒸馏酒厂（法国饮料巨头保乐·利加的子公司）运营，其生产的最知名品牌为尊美醇，你有可能听到人们用上述三种不同的方式称呼这家酒厂。

不过，最为要紧的还是米德尔顿酒厂内部究竟是如何制作威士忌的。该厂的蒸馏路径极为复杂，分支众多，而且从来不加简化。米德尔顿拥有壶式蒸馏器和柱式蒸馏器，并有可能同时采用两者蒸馏威士忌，不仅如此，它还会针对不同的威士忌采用不同的馏分点（从壶式蒸馏器中流淌出来的酒液被分为酒头、酒心、酒尾），对于馏分出来的酒液启用不同的二次蒸馏程序，于是四大不同风格的壶式蒸馏烈酒原液应运而生（根据大卫·布鲁姆的《威士忌世界图解书》，或可能有更多种，书中引用了现已退休的前蒸馏大师巴里·克罗克特的"温柔挖苦"，也正是这位蒸馏大师主导了这一蒸馏系统中的大部分设计）。

其实，烈酒在尚未抵达滚烫又如迷宫般复杂的铜质蒸馏器之前就已经获得了鲜明的特性，这得归功于酿造室里未经发芽的生大麦，这也正是单一壶式蒸馏威士忌的奇特之处，它是特定背景下的产物：

欢迎来到爱尔兰米德尔顿展开"体验尊美醇"之旅。

爱尔兰威士忌：各种标志性装瓶的风味档案

下列图表以 1-5 为衡量尺度，就威士忌的五大核心特征评分，1= 非常淡，几乎没有，5= 强劲，表现突出。

威士忌 / 蒸馏酒厂	"纯壶式蒸馏"	雪利	美国橡木	口感
布什米尔黑布什	1	4	1	3
布什米尔	1	2	4	2
布什米尔 16 年陈	1	3	2	5
库里 基尔伯根	1	1	2	2
爵尔卡纳	1	1	4	3
米德尔顿 绿点	5	2	4	3
尊美醇	2	2	3	2
尊美醇 18 年陈	4	3	2	4
知更鸟	5	3	3	4
特拉莫尔露	1	2	3	2

19 世纪中期，英国针对麦芽酒征收税款，而采用未经发芽的生大麦取代部分麦芽浆就可以巧妙地避税，从而达到降低生产成本的目的。

当时，大麦和麦芽之间的比例约为 3：2，但该数值也会随具体制作产品的不同而发生变化。这一混合比例使得酿造室内弥漫了令人兴奋的清香，并使烈酒呈现迥然不同的重量和口感。生大麦具有独特的非发酵成分，历经酿造和蒸馏的过程，它会产生一种糖浆似的怡人风味，并伴有混杂了苹果、桃子和梨的清新水果香气。这恰恰形成了米德尔顿威士忌独一无二的特色，可以说就是它的精华所在。

若想更进一步，不妨尝试下知更鸟威士忌。我初次品尝这款酒还是在数年前和我一位爱尔兰朋友的约会中，那时他刚刚从他家乡回到费城，我们共同参加一场正式晚宴，他从口袋里取出一个酒瓶并悄悄和我说道："试试这个吧。"可以毫不夸张地说，我当时先是被这款酒震住了，之后又沉浸在无比享受的愉悦中，那个场合我的表现有点尴尬，但我确实被这款威士忌美妙绝伦的新鲜感和极度绵柔的口感深深击中，当我呼吸时，雾状的水果和辛香气息还在我的口中留有余味。"这是什么酒？"我不禁问道。他狡猾地笑了笑："这儿你可买不到。"不过这是过

关于点色威士忌

绿点威士忌曾经是威士忌业内极为罕有的"大白鲸"，而且只产自一处：位于都柏林的米切尔父子商店。这些人是威士忌的存货者和批发商，他们先从蒸馏酒厂收购木桶，再加以装瓶并用于自己的独立销售。"绿点"这个名字最初代表了他们在收购木桶上所做的标记：在木桶端口涂抹上绿漆。那个时候，还同时存在着黄点、红点和蓝点，不过数年过后，只有绿点留存了下来：它代表着从米德尔顿酒厂库存中精心甄选出来的100%单一壶式蒸馏威士忌。

当我听说米切尔父子公司扩大了绿点威士忌的供应，并开始向都柏林机场的免税商店供货时，我就跃跃欲试地计划着在下一次前往爱尔兰的旅行中搞上一瓶。好像命中注定一般，当我之后抵达都柏林机场时，我的妻子在那里接机，并和我一同前往一个爱尔兰朋友的住处参加派对，我们打开了一瓶绿点，它确实口味出众并获得大家的一致好评。当我之后再度来到爱尔兰时，爱尔兰威

士忌涨势正旺，人们对其也赞誉有加。面临如此大好形势，我很高兴地看到米切尔父子公司重新恢复了黄点威士忌的生产，于是我带回了绿点和黄点各一瓶。就在我撰写本书的时候又听闻很多传言，说是红点和蓝点不久也将重返人们的视线，我想下次旅行爱尔兰时该准备一个大号旅行箱了，这样才可以盛下彩虹般绚烂的不同点色威士忌。

去好久的事了，如今在美国已经可以买到这款威士忌了，请相信我。

米德尔顿的独特优势还来源于他们的木质管理。我第一次品尝尊美醇是在20世纪80年代，那时它给我的印象是：没有什么印象。那时，我也喝野火鸡，喝格兰威特，可以说尊美醇既没有野火鸡的灼热炽烈，也没有格兰威特的优雅精致。不过当我在20世纪90年代末再次品尝时感觉却大不一样，我以公正客观的态度品鉴了黑布什，简直是美妙极了，甚至令我感到惊艳。究竟是我变了，还是米德尔顿做出了什么变化？

可能某种程度上，我自己的味觉体验进化了，但我想米德尔顿也做出了调整，它花费重金投资木桶，并创新性地引入了木质管理的理念：建立仓库中木桶的追溯体系，并记录不同木桶中威士忌的质量。米德尔顿的制桶大师盖尔·巴克利曾做过记录；酒厂自20世纪70年代末期起大幅增加了波本木桶的使用。"在这之前，我们通常采用盛装过葡萄酒的木桶，全新的木桶或者我们手头有的任何木桶，"他如此说道，"木桶不过是个容器而已。"

如今的蒸馏酒厂已经意识到，木桶能赋予威士忌很多特点。随着酒液在木桶中缓慢地呼吸，与氧

布什米尔酒厂所产的黑布什含有浓郁的雪利桶特征。

气的交换，还有仓库里陈年累月的贮藏中"分给天使份额"的蒸发损失，威士忌的某些风味会发生变化，不过木桶木质对酒液的影响无疑是最大的，木桶在经过一定次数的使用后就会消耗殆尽，令人难以置信的是，人们直到20世纪80年代才理解了这一点，而米德尔顿酒厂的员工是最早发现其中奥妙的人。

一旦木桶已被耗尽，便被弃置而不再使用。类似于酒厂里所有其他的物品，这里所用的木桶也种类繁多：使用过的波本木桶、"全新"的波本木桶（原始橡木桶，经焙烤获得波本木桶的特性）、雪利桶、波特桶、马德拉桶、马拉加桶，以及再利用木桶。

这些成分的复杂性赋予了米德尔顿在一定范围内调制威士忌的机会，它的竞争者——苏格兰威士忌则需通过不同酒厂间的合作才能实现这一点。爱尔兰威士忌充分利用了这个发挥空间，创作了更多新型的威士忌，并获得了应有的认同。尊美醇销量激增，这意味着人们愈加期待品尝到更加复杂、风味更浓、更加与众不同的威士忌，这类酒还拥有较大的增长空间。米德尔顿的产品目录变得丰盈起来：12年陈、

随着流淌的酒液一探究竟

不论观测蒸馏的哪个阶段，凡是我们谈到"分割"是指馏分，即指头部（酒头）和尾部（酒尾）以及精选出来的酒心，这个"分割"并不是"切除"的意思。流淌酒液经过馏分之后会重新定向，此时它并不会成为废液流出，而通常会流入接收器，并在那里进行再次蒸馏。由于蒸馏并不是一个非常精细的加工流程，此时的液体中仍含有酒精并包含酒厂所希望得到的各种风味成分。

关键在于应该如何将馏分物与别的馏分物、新鲜的原酒浆以及来自同源的多种进料加以混合，进而对其

进行再次蒸馏。不同的蒸馏器以及不同的蒸馏方式（热度和速度控制）也会对再次蒸馏产生不同的影响，操作人员可以根据需要对蒸馏器做出调整。

经过多道再蒸馏后，液体中终于只剩下了人们不再需要的物质——它们含有惹人讨厌的味道和香气。部分酒厂会将其弃置，部分酒厂将其焚烧，还有一些酒厂则将其作为化工原料出售。这些才是唯一也是真正意义上的"切除物"。

18 年陈、金牌、最杰出珍藏版，这一系列品质卓越的威士忌在陈酿年份和兑和复杂度上（并且总的来说，单一壶式蒸馏威士忌的含量随次序依次增加）不一而同。

与此同时，米德尔顿还致力于增加由自己装瓶的纯单一壶式麦芽威士忌数量。市面上已经可以看到的就有巴里·克罗克特传承威士忌和约翰车道威士忌以及款型日益丰富的知更鸟威士忌。可以说，爱尔兰威士忌正在经历一个黄金时代。

布什米尔：基于三次蒸馏的酒厂

布什米尔看起来就像是一座生产苏格兰威士忌的蒸馏酒厂，造访那里的时候我也是这么说的。酒厂内有两座由查尔斯·多伊格设计的塔状制麦烟囱（在爱尔兰威士忌重新改组之前，布什米尔一直使用泥煤焚烧的麦芽，一直到 20 世纪），壶式蒸馏器以及长长的石构建筑。要不是屋顶上贴有"老布什米尔蒸馏酒厂"的标志，我几乎可以蒙骗一个被绑架到此处的威士忌饮用者，告诉他这里就是斯佩赛。

其实，这并不足为怪，这座酒厂穿过北海峡，就位于苏格兰的西南部：距离伊斯莱岛的波特·艾伦酒厂仅有 31 英里，距离琴泰半岛上的坎贝尔敦仅有 39 英里，这个距离简直微不足道。布什米尔确实制作麦芽威士忌，而且没有使用柱式蒸馏器，这里也没有泥煤，不过这并没什么特别的，甚至是这里采用的三次蒸馏法也并不是独一无二的，欧肯特轩也以同样的方式保持其酒液具有低地的轻盈感。

不过，布什米尔所采取的三次蒸馏方式倒是与众不同，当时，它面临着和米德尔顿一样的问题：市场需要和渴求经过调制的威士忌，但周围并没有

伙伴可以向其供应兑和威士忌，布什米尔为了内部解决这一问题想出了一种办法，我们可以轻描淡写地把它称为"三次蒸馏"。蒸馏形成了各式各样的馏分物及改变流向的酒液，这种混合物的成分要比简单的蒸馏原酒浆复杂得多，先做一次中段馏分，然后再次蒸馏该酒液，接着再次蒸馏中段馏分出来的酒心，使其质地更加轻盈，味道更加浓郁。蒸馏师在整个过程中犹如一名拳击训练师一样不断出击，在酒液最终通过蒸馏室后，将被运往木桶中陈酿，木桶的木质丰富多样，其中多数木材较为年轻。布什米尔使用木桶的年限不会超过 25 年（如果年份最久的威士忌不超过 21 年，那么这样做就毫无不妥）。布什米尔原版主要是在波本木桶中陈酿，并和米德尔顿供应的并且单独陈酿的谷物威士忌兑和（再一次说明，契约合作是推动爱尔兰威士忌发展的一个要素）。如果要再度介绍爱尔兰威士忌，我会选择黑布什这款酒，其中 80% 是布什米尔所产的麦芽威士忌，70% 在雪利桶中陈酿，这款酒带有一系列非常浓郁的水果气息，比布什米尔原版略微厚重一些。我初次品尝这款酒是在一个朋友婚礼的彩排晚宴上，记得当时还差点错过这场庆典活动。

16 年陈的布什米尔是一款经过三种木质陈酿的威士忌，它是全麦威士忌，分别在波本木桶、雪利桶和波特桶中陈酿，它以其馥郁浓烈的水果和坚果气息深得我心，并成为我酒杯中的常客。我内心始终期待着有朝一日能找到并买得起一瓶布什米尔 21 年陈，这款酒每年生产 1200 瓶，除了三种木质以外，该酒还会额外在马德拉桶中进行陈酿，这使最终的威士忌更加醇厚而饱满。

2005 年，在一场复杂的收购案中，布什米尔被保乐力加公司出售给了帝亚欧吉公司。虽然当时布什米尔（是爱尔兰蒸馏酒厂的一部分）为保乐力加所有，但由于其旗下的尊美醇是全球增长最为迅猛的威士忌品牌，保乐力加可不想给尊美醇培育和树立一个竞争者（不过好在帝亚欧吉在收购后立即中断了布什米

尔爱尔兰奶油利口酒的生产，理由很简单，为什么要和重量级的百利爱尔兰奶油甜酒一较高下呢）。如今的布什米尔已真正成长为一名具备相当实力的竞争者，而帝亚欧吉也正忙碌地准备着扩大装瓶规模，厂内的流水线满负荷运行，此外还推出了几款新品，包括布什米尔爱尔兰蜂蜜风味威士忌和布什米尔1608年400周年庆版瓶装酒，原料中含有一些水晶麦芽（略微有别于酿造厂常用的各种不同麦芽，我希望水晶麦芽也能被引介到别的蒸馏酒厂中）。所以亲爱的读者，不妨留心关注一下爱尔兰的北部，那里的威士忌可能会给你带来意想不到的乐趣。

库里：自成一体

库里蒸馏酒厂的发迹始于近50年前在波士顿酒吧的一次对话。约翰·蒂林先生是当时威士忌业内一名真正富有冒险精神的企业家，他在那次谈话中提出，目前的爱尔兰威士忌呈现外商独资垄断的局面，爱尔兰应该寻找机会创建真正属于自己的市场竞争者。说干就干，他立马筹集资金，同时一如既往地开展他的主营业务——探测和收购大宗商品。经过一段时间的秘密谈判和资金筹措之后，他最终买下了一家位于库里的工业酒精工厂，位于都柏林北边约60英里。这家工厂本身拥有柱式蒸馏器，他又从一家旧的威士忌酒厂那里收购添置了一些壶式蒸馏器。1989年，他的库里蒸馏酒厂终于落成开业了。

蒂林当时的这一举动有点逆势而行。在1989年，威士忌行业还远未进入发展上升期，而爱尔兰威士忌自然也不是一个被人看好的增长市场，而且他的商业计划也有纰漏，当我问起他为什么敢于采取如此大胆的举措时，他耸了耸肩表现得有些不屑一顾，这和他风险更大的主营业务相比简直就是小菜一碟："风险确实比较高，但这正是我们所从事的行业——

我们勘探钻石、黄金或者石油都是如此，相比之下威士忌不算什么。"他那语气真够轻描淡写的。

蒂林原本指望着可以实现20万瓶的年销售量，不过当他正打算启动库里酒厂时，保乐力加接管了爱尔兰蒸馏酒厂，计划也随之变化。爱尔兰蒸馏酒厂这一家公司几乎操控了全部的爱尔兰威士忌，分销就成了一个大问题：没有一家分销商愿意为了同意销售库里威士忌而终止尊美醇或布什米尔的业务。蒂林只好向别人批量出售散装威士忌来盈利。总之，目的是一样的：改变爱尔兰威士忌一家独大的垄断局面。

这是蒂林的贡献，此外，库里酒厂最早的来自苏格兰的蒸馏师——戈登·米切尔以及他的继承者诺尔·斯威尼也使爱尔兰威士忌发生了一些变化。他们都不愿遵从爱尔兰威士忌必须经过三次蒸馏的规定，并认为这并无什么依据。"从历史上看，爱尔兰威士忌的类型非常丰富，表现形式也多种多样，"蒂林这样告诉我，"由于没有现成的煤，所以泥煤型（威士忌）非常普遍，布什米尔在20世纪60年代就有了泥煤。两次蒸馏曾经也非常普遍，早先的尊美醇就是经过两次蒸馏制得的。此外还有数不胜数的纯单一麦芽威士忌酒厂，比如位于科克的奥尔曼酒厂就是其中之一。"

斯威尼说得更加简洁明了："制作泥煤型威士忌促进了苏格兰威士忌的大发展，你看，苏格兰威士忌占据了70%的市场份额，这说明他们某些方面肯定是做对了。"

事实证明，库里酒厂对爱尔兰威士忌造成了重大而深远的影响。即便它只占到总销售量的1%，也通常被视为一个重量级的竞争者。2011年，Beam全球烈酒与葡萄酒公司收购了库里（收购价为9500万美元，算是捡了一个大便宜），并开始向其注入所需的资金和营销费用。如今，日本的威士忌巨头三得利又收购了Beam公司，可以说小小的库里酒厂真正地实现了全球性覆盖。

库里酒厂所产的威士忌以其浓郁的风味给人留下深刻印象。康尼马拉是一款突破传统的泥煤型爱尔兰威士忌，带有强烈的烟熏味，固态的麦芽作为基底平衡了它的口感。基尔伯根是一款非常美味的兑和酒，甜美且富含多汁的水果味。爵尔卡纳是一款两次蒸馏的单一麦芽威士忌（这款酒不太为人所熟知），事实上非常接近于苏格兰威士忌，一系列操作熟练的过桶处理进一步加强了它的表现力。

以上就是爱尔兰的三大酒厂——米德尔顿、布什米尔和库里。它们背后分别有三家全球最大的烈酒生产商支撑，可谓实力雄厚。特拉莫尔露酒厂也是一个重量级的竞争者，就如这个品牌本身一样非常有名，但这家新酒厂将如何创作它的威士忌，我们拭目以待。如果威士忌的生产不再依赖其他酒厂的供应而完全独立，不知道又会呈现什么面貌，我们对此也饶有兴趣。

爱尔兰威士忌发展迅猛，在全球市场上占据越来越重要的位置，这为我们探索和了解爱尔兰威士忌的方方面面提供了良机。

位于科克郡的米德尔顿酒厂，图片展示的是该酒厂的仓库。注意分辨，图中后方的是正在使用中的波本木桶，图中前方的是体形更为硕大的雪利桶。

第9章

美国威士忌：
波本威士忌、
田纳西威士忌
及黑麦威士忌

"美国威士忌"这个词覆盖了三种著名且相对比较类似的威士忌类型——波本威士忌、田纳西威士忌以及黑麦威士忌，当然还包括一系列其他不太为人所熟知的威士忌类型，比如玉米威士忌、小麦威士忌、兑和威士忌和烈酒威士忌（我们还将在第12章中论述由小型美国手工蒸馏酒厂制作的大量其他类型的威士忌）。它们是数世纪以来不断经历试验、演化和商业成败的产物，这些接受岁月洗礼留存下来的威士忌都深受美国人的喜爱。

这些美国威士忌同时也须与一系列非常详尽的"食品特征性规定"相吻合，政府在联邦法规第27款（酒精、烟草制品和枪支），第五部分（蒸馏烈酒的标签和广告），子类C（蒸馏烈酒的食品特征性规定）第22段（食品特征性规定）中的第二级对"威士忌"（whisky）做出了有关规定。没错，美国政府称之为"whisky"，没有中间的字母"e"，不过几乎所有的美国品牌都我行我素地使用了"whiskey"这种拼写方法（正如我之前所说的，拼写并没有那么重要，我在接下去的论述中将继续使用"whiskey"这一拼写方式）。

从法律层面讲，联邦酒精及烟草税务贸易局（ATTTB或TTB）负责标签应用领域的法规解读和执行，在9·11恐怖袭击爆发后，美国的执法机构经历了一次洗牌，该机构被从酒精、烟草和枪支管理局（ATF）中剥离了出去，后者的执法职责也移交给了（涉及酒类的多数为抵制走私）司法部，并且更名为酒精、烟草、枪支和易爆品管理局，而TTB则接手了税务和标签认证的职能，并和财政部合署办公。TTB负责执行"食品特征性规定"。

为了更好地理解美国威士忌，我们有必要先来解读一下这些条规。你可能会觉得阅读这些繁复的规章和政府法规肯定很无趣，不过确实也是如此。说实话，这些条规和其他多数规章一样，读起来枯燥乏味。不过，这些条规也确实揭示了美国威士忌之所以采用某些特定方式制作和呈现出某些特定风味背后的原因，甚至还部分说明了为什么苏格兰威士忌、特基拉和朗姆酒会有如此的味道，而我将竭力帮助你更好地理解它们，这正是我的工作。

阐释这些规章条例并非易事，它们往往彼此嵌套，而很多线上的威士忌讨论网站就经常致力于解读这些条规。威士忌的职业作家恰克·考德利就会时不时对这些规章做出专业解读，并偶尔会指出其中的纰漏以博取TTB的关注，进而促使该机构对标签贴注做出一些更改。与此相关的一个案例是，TTB曾批准将一种由土豆制成的烈酒称为"土豆威士忌"，而这显然并没有相应的标准支撑。现在就让我们对这个标准一探究竟吧。

请给我一瓶纯威士忌

首先，该标准一共分为三部分，其中第一部分明确了威士忌的定义；第二部分描述了两种不同类别的威士忌——玉米威士忌是其中之一，另外一类则包含了波本威士忌、黑麦威士忌、小麦威士忌、麦芽威士忌，以及黑麦麦芽威士忌；第三部分进一步对"纯"威士忌做出了定义。

第一部分：威士忌的定义

第一部分的内容相当基础：威士忌是由谷物蒸馏而得的。更为明确地说，威士忌是一种由"发酵的谷物麦芽浆"制得的蒸馏液，最终蒸馏物的酒度必须低于190（标准酒度为95%，这个数值已经非常高了，超过这一数值的蒸馏液通常被认为是"中性烈酒"或"酒精"甚或是"燃料"），"以这种方式，蒸馏液获得了通常被认为特属于威士忌的味道、芳香和特征"。

有些奇怪的是，定义中进一步提到蒸馏液必须"贮藏在橡木容器中"（玉米威士忌除外），但是从蒸馏器中流淌出来的酒液必须已在味觉和嗅觉上拥有特属于威士忌的特征。其实，真正赋予威士忌特殊风味、香气和色泽的不是发酵工艺，也不是蒸馏工艺，而是在橡木桶中的贮藏。正如我之前所说的："要理解这些规章真不容易！"最后一点，要想在外瓶上贴上"威士忌"的标签，装瓶时酒液的酒度

位于肯塔基州劳伦斯堡的老野火鸡蒸馏酒厂，
现在已被一家更大的现代化工厂所取代。

并且确保其在进入木桶时也具有较低的酒度，这样就能使其包含更多怡人的风味。"

除了这些有关酒度的要求以外，制作波本威士忌的麦芽浆中必须含有 51% 以上的玉米，而制作黑麦威士忌的麦芽浆中必须含有 51% 以上的黑麦，此项规定也同样适用于小麦、麦芽和黑麦麦芽威士忌。这些类型的威士忌还必须置于"经过焙烤的全新橡木桶"中进行陈酿。当然了，你也可以采用已使用过的旧木桶陈酿你的威士忌，但必须在标签上注明"由波本麦芽浆蒸馏而得的威士忌"字样（或相应为黑麦、小麦等）。这一标注并不必非常大，但不可或缺。

与之相反，诸如爱汶山麦尔劳玉米威士忌和格鲁吉亚月亮威士忌这样的玉米威士忌则有不同的定义。按照规定，玉米威士忌如果进行陈酿——至于具体哪些需要陈酿并未予以说明，必须贮藏在"已使用过的或未经焙烤的全新橡木"容器中，并且"绝不能以任何方式接触经过焙烤的木头"。毕竟，玉米威士忌尝起来得像玉米，而非橡木。

不得低于 80。

第二部分：
定义威士忌的类别

标准的第二部分描述得更为详尽。最终蒸馏物的酒度必须低于 160，如果威士忌之后要置于橡木桶中陈酿，那么其在装入木桶时的酒度（蒸馏师也将该酒度称为"进入酒度"）不得高于 125。

相较于初始定义，这个酒度更低些，也就意味着其中留存有更多的谷物和发酵风味。野火鸡的蒸馏大师吉米·拉塞尔曾以这种方式向我解释，他先问我："你觉得牛排怎么样？"我几乎不太吃牛排，我这样回答他，于是他摇了摇头。"牛排当中保留了更多牛肉的风味，同样的方式，我们酿制酒度较低的酒液，

第三部分：定义纯威士忌

标准的第三部分阐释何为纯威士忌，并论述了陈酿。如果一款威士忌符合之前所述的标准，并贮藏在橡木容器中 2 年以上，就可被称为"纯威士忌"：纯波本威士忌、纯黑麦威士忌，等等。

TTB 中有关标签的规定还指出，如有瓶内最为年轻的威士忌年龄不足 4 年，就必须在标签上明确注明其实际年份，一旦超过 4 年，就无须做出年份标注。一旦在外瓶上做出了某年份标注，比如说留名溪威士忌"9 年陈"，那么该瓶中所有威士忌的年份都必须在 9 年以上。

请记住一点，除非外瓶上贴有"单一木桶"的标签，一般的纯威士忌都是由至少来自两种木桶的威士忌兑和而成的（在较大的蒸馏酒厂通常会超过 1000

种），尽管部分酒厂更偏爱称其为"混合"（mingled）或"配合"（married），而非"兑和"（blended），他们这样做是为了避免引起误解：美国的"兑和威士忌"并非像苏格兰兑和威士忌那样，是一系列陈酿威士忌的混合物，而是纯威士忌和廉价未经陈酿的谷物中性烈酒的混合物，它更加是一种面向低端市场的产品。现在留存下来的这类威士忌已经为数不多了。

威士忌还有一部分需要定义，即它的纯度。其他烈酒中允许添加"无害的色素、调味剂以及其他混合物质"，但是纯威士忌中却严禁加入上述任何一种物质。波本和黑麦威士忌禁止着色、调味或掺杂任何添加剂，只允许加入纯水以达到装瓶酒度。你最近看到的任何经调味的威士忌都会无一例外地在外瓶上标注出"用……调味的波本威士忌"字样，这似乎是在政府要求下所表现出来的一点诚实。

总结

这就是所谓的要求。美国威士忌，无论是波本威士忌、黑麦威士忌还是其他类型的威士忌，都必须符合以下要求：

·由含至少 51% 玉米（或黑麦、小麦等，大多数含有较大比例的主要谷物）的发酵谷物麦芽浆蒸馏制得。

·蒸馏液酒度不得高于 159（标准酒度为 79.5%）。

·在经过焙烤的全新橡木桶中（也可使用旧木桶，但必须在标签上予以说明）进行陈酿，起始酒度不得高于 125。

·装瓶时酒度不得低于 80，不添加任何色素或调味剂。

此外，如果酒液在橡木桶中陈酿超过 2 年，就是"纯威士忌"，如果陈酿不足 4 年，必须在标签上说明实际的年份。

有时，想一想规章中未做硬性要求却普遍存在于波本威士忌中的一些特点也不失为一件趣事。尽管多数波本威士忌都符合以下特征，但它们并不是成为波本威士忌的必要条件：

·在肯塔基制作。
·由玉米和其他两种且只有两种谷物制作而成。
·在白色橡木桶中陈酿。
·在美国橡木桶中陈酿。

你可能还想将纯波本威士忌和单一麦芽苏格兰威士忌做一比较。两者有所区别：单一麦芽威士忌是完全由同一家蒸馏酒厂仅仅采用发芽大麦为原料制造，并且在橡木桶熟成 3 年以上的威士忌（通常年份更久）。纯波本威士忌是完全由同一家蒸馏酒厂制作的陈酿威士忌，并且熟成 2 年以上（几乎都在 4 年以上），波本和单一麦芽威士忌都未与中性烈酒或谷物烈酒兑和。不过如今你已很难找到价格低于 40 美元的优质单一麦芽威士忌了，以这个价格或许你尚且还能买到波摩传奇和经典格兰杰这两款不错的单一麦芽威士忌。相比之下，波本威士忌的价格则要低廉得多：埃文·威廉姆斯、老巴顿、老爱汶山保税酒，以上这些波本威士忌包装精美，年份都在 6 年左右，而价格却不足 15 美元。

比单一麦芽威士忌更为严苛的标准

有一些波本威士忌的原产地标准非常严苛，比起单一麦芽威士忌有过之而无不及。如果你对此有兴趣，不妨去寻觅几瓶保税波本威士忌，其实这也不难，比如老爷爷保税波本威士忌就很容易搞到。

老巴顿波本威士忌广泛分布于肯塔基州及周边省州，而爱汶山品牌旗下有两个版本的保税波本威士忌（你可能期望得到白牌款），老菲茨杰拉德波本威士忌则是一款珍罕的小麦保税威士忌。以上均为酒度达到100的上乘威士忌，非常适合于鸡尾酒的调制，但这几款酒却偏偏不太受到公司营销部门的喜爱，总体上看，它们也不怎么讨波本威士忌饮用者的欢心，这点一直让我迷惑不解。

保税威士忌究竟有什么特别之处呢？对此有所了解的人最有可能认为它应该是酒度为100的威士忌。事实上，保税威士忌的特点还有很多，它必须符合1897年颁布的保税装瓶法案中的有关要求，即：

· 年份在4年以上。

· 装瓶时的酒度不多不少刚好为100。

· 除了纯水以外不含任何其他添加剂。

· 标签上注明其为某酒厂产品，即本威士忌在此酒厂制作而得，如果另有装瓶地点，还需注明装瓶酒厂名称。

· 同一家酒厂和同一名蒸馏大师的产品，且在同年的同一蒸馏季节制作而得。

只消看下最后一点要求，你就能知道该标准是多么严苛了。所有的保税威士忌必须经同一个人，由同一家酒厂，在同一个季节制作而得，相较之下，

单一麦芽威士忌 "由同一家酒厂制作"的要求显得宽松多了。

不过,如今的保税威士忌倒也算不上是什么稀罕物了,事实上,它们的价格通常还相当便宜。我之前罗列的那些保税威士忌价格都不足 20 美元一瓶。"有很多品牌旗下拥有一些老牌的保税威士忌,它们可能比较珍罕。"爱汶山的资深公关总监拉里·卡斯这样解释道,"你会看到一些小众品牌的保税威士忌,而非大品牌。这些小品牌从不花力气做营销推广,所以也不会产生这方面的费用。"

很多波本威士忌的饮用者也许未能正确理解"保税"这个词的含义,采用这个名字可能有点机缘巧合,其实倒并没有太多保税的本意。然而对于品鉴者而言,无论是加水饮用还是直接饮用,这些保税威士忌却算得上是块大宝藏。老爷爷的高黑麦配方保税威士忌酒度 100,风格明快,酒体醇厚,是一种带有水果和辛香味的波本威士忌。6 年陈爱汶山是受人喜爱的一款保税威士忌:粗犷,富有野性之美,蕴含浓郁的仓库气息,这种波本威士忌的甜美气味透过木桶的缝隙缓缓流溢出来,肯塔基炎炎夏日的骄阳照晒赋予其焦糖气息,又通过橡木桶板条渗回桶内。上述威士忌品质相当卓越,价格也会翻一番。

保税威士忌不仅局限于波本威士忌,你还可以搞到保税的黑麦威士忌。里滕豪斯黑麦保税威士忌

位于田纳西州的杰克·丹尼酒厂,
图中是其仓库中的橡木桶。

波本威士忌

- ·至少含有51%的玉米
  加上黑麦/小麦和大麦
- ·采用全新的经焙烤的橡木桶
- ·在美国制作和陈酿

传统的波本威士忌

- ·由玉米、黑麦和大麦制成
- ·辛香（肉桂、胡椒、薄荷），灼热炽烈，风味强劲

价廉物美系列
（价格低于 30 美元，常见容量）

野牛遗迹
布莱特
鹰牌稀有10年陈
比利亚·克瑞格 12年陈
埃文·威廉姆斯单一桶
埃文·威廉姆斯黑牌
四玫瑰黄牌
占边黑牌
占边白牌
老林头
老爷爷100
老巴顿保税装瓶
野火鸡101

卓越系列
（价格在 30~100 美元之间）

天使之翼
贝克
黑色枫山
波兰顿
布克

卓越系列
（价格在 30~100 美元之间）续前表

E.H.泰勒，初级
比利亚·克瑞格 18年陈
埃尔默·T.李
四玫瑰单一桶
四玫瑰小批量
乔治·蒂·斯塔格
约翰·J.鲍曼
留名溪
帕克遗产珍藏
野火鸡肯塔基烈酒
野火鸡尊酿
活福珍藏

高端系列
（价格在 100 美元以上）

A.H.赫希珍藏16年陈
比利亚·克瑞格 21年陈单一桶
杰弗逊总统之选
占边蒸馏大师
酩帝20年陈
传统野火鸡
威利特家庭珍藏

小麦波本威士忌

- ·由玉米、小麦和大麦制成
- ·风味更为柔滑、绵软，少辛香，陈酿佳品

价廉物美系列
（价格低于 30 美元，常见容量）

雷克斯
美格
老菲茨杰拉德报税装瓶
老韦勒古董

卓越系列
（价格在 30~100 美元之间）

美格46
威廉·拉鲁·韦勒

高端系列
（价格在 100 美元以上）

派比·范·温克家庭珍藏15年陈
派比·范·温克家庭珍藏20年陈
派比·范·温克家庭珍藏23年陈
范·温克特别珍藏

田纳西威士忌

· 由玉米、黑麦和大麦制成
  采用林肯郡工艺
· 风味甜美柔滑，带有明显的玉米特征

价廉物美系列
（价格低于 30 美元，常见容量）

绅士杰克
乔治·迪克尔 第12号
乔治·迪克尔 第8号
老杰克·丹尼第7号

卓越系列
（价格在 30~100 美元之间）

乔治·迪克尔桶装精选
杰克·丹尼单一桶装

黑麦威士忌

· 如波本威士忌，只是含有51%的黑麦
· 带有辛香、草药和青草风味，强劲刺激，年轻的
黑麦威士忌灼热炽烈

价廉物美系列
（价格低于 30 美元，常见容量）

布莱特黑麦
占边黑麦
老奥弗霍尔德黑麦
里滕豪斯黑麦保税
野火鸡黑麦81

卓越系列
（价格在 30~100 美元之间）

（ri）1（产自占边）
爸爸的帽子
FEW黑麦
杰弗逊黑麦
留名溪黑麦
麦肯齐黑麦
酩帝US1
集合地黑麦（Rendezvous Rye）
萨泽拉克6年陈
萨泽拉克18年陈
坦普顿
托马斯·H.汉迪
野火鸡黑麦101
威利特家族庄园黑麦

高端系列
（价格在 100 美元以上）

杰弗逊总统之选21年陈黑麦
范·温克家庭珍藏黑麦

是一款令人惊艳的威士忌，也有可能是眼下最为热卖的一款保税威士忌，并且凭借其经典的风味而常被应用于经典鸡尾酒的调制，这款保税威士忌的热卖可能也要归功于酒吧调酒师对其的一致好评以及特别偏爱吧。麦尔劳玉米威士忌也是一款保税威士忌，并在已使用过的波本木桶中陈酿4年。如果你认为波本威士忌闻上去有玉米的味道，那么麦尔劳玉米威士忌闻起来就有一股甜美的、富含油脂的玉米味——玉米白兰地。

其实，它并不算是一种威士忌。你还可以尝试下莱尔德纯苹果白兰地，它是一种真正富有新泽西风格的苹果白兰地，生产这种酒的公司有着悠久的蒸馏历史，可以一直追溯到1780年，而且这款酒是上好的保税装瓶酒，非常值得拥有。它在制作方面的要求几乎和保税威士忌无异，同样需要在焙烤过的橡木桶中陈酿4年以上，富有浓郁的苹果和香草气息，口感柔滑但风味强劲，透过口中的干性烈酒呼吸，你能感受到美妙无比的苹果余味。我曾经亲自造访过位于新泽西的莱尔德酒窖，我仿佛身入其境地来到了一座波本酒厂的酒窖，那香味和氛围实在是像极了。

保税威士忌（以及苹果白兰地）都算是"好东西"，

但却往往被人忽视。我建议大家不妨试着找几款这类酒进行品尝，寻觅一下历史的足迹。

波本威士忌的创新

美国威士忌的制作有着非常严苛的标准，这似乎构成了一把双刃剑。一方面，它为消费者保障了产品质量，美国威士忌中不掺杂有任何廉价的中性烈酒、色素或调味剂——这些降低产品质量的罪魁祸首，而且至少在表面上确保了波本和黑麦威士忌具有一致的风格。

然而事实上却并不全然如此。老前辈们已经证实了一点，波本威士忌在过去的60年间已经发生了一些变化，当然是越变越好：玉米的质量明显改善，我们更加了解蒸馏器内发生的化学反应，更懂得如何建设仓库，从林业方面的科学知识到木桶热处理的新方式——木材管理的水平也有所提高。

"以你的年龄，应该品尝过一些发霉了的威士忌吧。"戴夫·雪瑞奇在和我交谈时提到这个，戴夫曾

53加仑木桶

当我们谈及有关美国威士忌的那些严苛标准时，不得不提出一个问题，为什么所有盛装美国威士忌的木桶都是53加仑的？如同威士忌制作的很多其他做法一样，这只不过是人们长期以来惯用的做法并形成了不成文的规定，选用53加仑既非出于经济利益的考虑，也不是法律上的标准。一些老前辈会告诉你，以前人们一度使用过48加仑容量的木桶，那种木桶显

然更方便搬动，当时酒窖里的所有货物架也是按照48加仑的木桶量身定制的。到了"二战"期间，人们做了一项调查研究，在不改变货架结构的前提下要节省风干橡木的用量，木桶至多可以做到多大：结论刚好是53加仑，于是人们就此做出了调整，这一容量随之也就成了约定俗成的标准。之后，美国所有主流的蒸馏酒厂都采用了53加仑的木桶。

波本威士忌的风味图

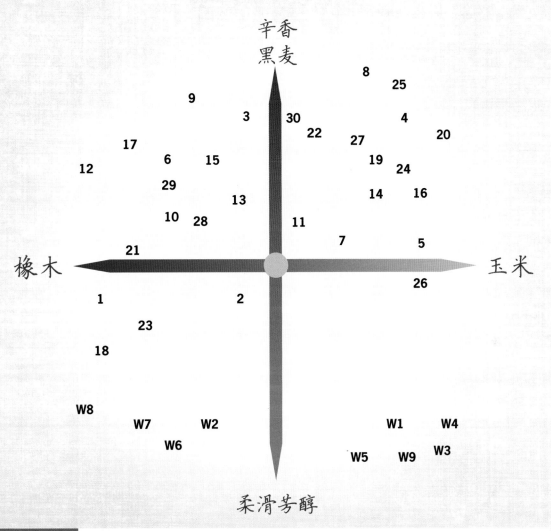

辛香
黑麦

橡木

玉米

柔滑芳醇

在活福珍藏威士忌酒厂担任经理。"如今你再也找不到这样的威士忌了，你也知道，存留下来的蒸馏酒厂也为数不多了，这背后有着相同的原因：20世纪70年代和80年代是威士忌行业的艰难时期，那些制作低劣威士忌的酒厂根本无法生存，而今也不复存在了。"

这把双刃剑也有着不利的一面，严苛的规定之下，各类美国威士忌之间的相似度越来越高，口味显得单一乏味：所有的美国威士忌都由一种主要谷物制作而成，基本都会蒸馏达到相同的酒度，都一律贮藏在全新的焙烤橡木桶中进行陈酿，陈酿的年份组别也大致相当，而且都不掺杂有色素或调味剂。有些人拒绝饮用波本威士忌（往往是那些苏格兰威士忌的饮者），以上种种正是他们抵制的原因："波本威士忌尝起来几乎都一样：中规中矩，香草甜味，炽热粗糙，至多就是在这些风味中略有变化。"

麦芽浆混合配方

从一开始，麦芽浆中的物质成分就有一定的组成比例。如果增加母类谷物的份额，波本威士忌的味道就会变得更甜，而黑麦威士忌的风味则会更加辛香和馥郁。或者你也可以调整小粒谷物的比例：比如说，在布莱特威士忌中增加黑麦的比例，你就会得到一种极其类似黑麦威士忌的波本威士忌，它甚至能通过黑麦威士忌的盲品测试（可能为了做出显著区分，制作布莱特黑麦威士忌的麦芽浆配方中，黑麦含量竟高达95%）。如果采用小麦替代黑麦，就会得到口感更为柔滑软绵的波本威士忌，即便年份不长也能形成这般风味，此类威士忌品牌包括美格、范·温克、W.L.韦勒，以及老菲茨杰拉德。

同一家酒厂可能拥有多个麦芽浆配方，各种不同的波本威士忌各有自己的麦芽浆配方，黑麦威士忌或小麦波本威士忌又各自采用别的麦芽浆配方。比如说，Beam全球烈酒与葡萄酒公司就使用一种高黑麦含量的麦芽浆配方，其中黑麦含量高达30%，虽然这

麦芽浆配方解析图

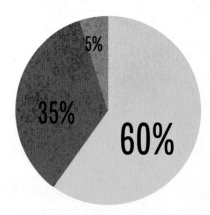

玉米

黑麦

麦芽

红皮硬粒冬小麦

四玫瑰波本威士忌
（高黑麦型）

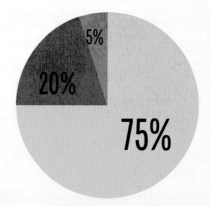

四玫瑰波本威士忌
（低黑麦型）

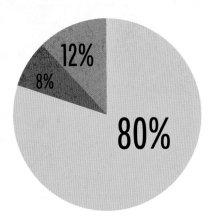

杰克·丹尼
田纳西威士忌

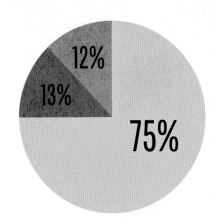

野火鸡波本威士忌

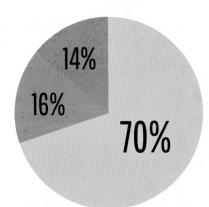

美格
（小麦波本威士忌）

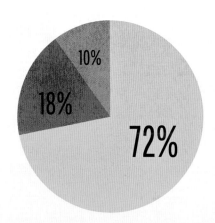

活福珍藏波本威士忌

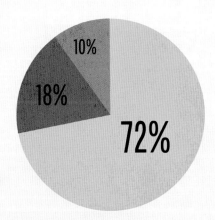

老林头波本威士忌

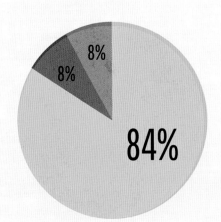

乔治·迪克尔
田纳西威士忌

对于其他威士忌来说司空见惯，但就 Beam 旗下的老爷爷和巴斯·海登这两款威士忌品牌而言，该比值已非常之高。

波本威士忌的饮用者不得不承认，麦芽浆的配方会在一定程度上丰富波本威士忌的风味。苏格兰的蒸馏酒厂在制作威士忌时可以操控很多可变因子，他们的蒸馏器有着各式各样的几何形状和结构设计，他们可以采用不同的方式进行馏分和再蒸馏，他们可以调节泥煤焚烧处理麦芽的强烈程度，还可以遴选不同类型的木桶作为贮藏容器。爱尔兰蒸馏酒厂拥有的选择甚至更多，他们可以结合采用壶式和柱式蒸馏器，可以选择两次或三次蒸馏，还可以添加未经加工的生大麦。加拿大人可以自由选用任何蒸馏器和任何谷物，并以自认为合适的方式加以兑和。相比之下，美国的蒸馏酒厂受限于相对严苛的标准，这使得传统的操作鲜有变数。

不过也不必为美国的蒸馏酒厂扼腕叹息，他们自有一系列属于自己的创新方法。

酵母

只要采用一种不同种类的酵母，或使其处于不同的温度条件下运作，你就会在发酵过程中获得不同的酯类物质。生产波本威士忌的蒸馏酒厂在酵母选用方面极为挑剔，还会特别小心翼翼地保存它们的菌株。只消改变一下发酵器中酸麦芽浆的用量，就会导致新的差异。

四玫瑰：五种酵母

四玫瑰威士忌使用不同的酵母和麦芽浆配方，淋漓尽致地体现了波本威士忌也可以富有变化这一理念。生产四玫瑰的酒厂混合了 5 种不同的酵母菌株，采用了两种麦芽浆配方，酿造出了 10 种不同种类的波本威士忌，之后再将其置于一个相对较小且仅有一层的酒窖中陈酿，这样可以最小化由于陈酿条件不同导致的任何差异。毕竟，要制作出 10 种不同的威士忌，无须自找麻烦地引入更多变量。

一旦威士忌完成陈酿，蒸馏大师吉姆·拉特利奇就会将其"混合"制成旗舰款威士忌——四玫瑰黄牌波本，或者精选出一小部分创作四玫瑰小批量威士忌，再或者选取某一种制作单一桶装瓶威士忌。四玫瑰的单一桶非常特别，甚至可以说是独一无二，通过品鉴这款威士忌，你能发现酵母对波本威士忌发挥的神奇作用。

四玫瑰所用的五种酵母有各自的作用，并分别拥有一个内部字母代码如下：

V　轻微的水果味，丰满圆润的经典波本特征

K　辛香味，需要较长的陈酿时间才得以呈现

F　更多的花香和草药味，绵软而馥郁

O　浓郁的水果味，复合的风味，回味久

Q　强烈的花香，非常清新雅致

位于肯塔基州洛雷托的美格蒸馏酒厂，
这里已成为一处经注册的美国国家历史名胜，
此前是一座磨坊，1805年设立酒厂。

"醛-Y"

　　记得第一次前往肯塔基州参加波本威士忌节还是在1998年，其中我最喜欢的一项活动是波本传统评审会，由六名杰出的业内人士解答和探讨有关波本威士忌的问题。他们首先要做的一件事就是品鉴一瓶由位于巴兹敦的奥斯卡·盖茨威士忌历史博物馆（专家组评审的地方）捐赠的在禁酒令颁布之前制作的波本威士忌。当时那瓶酒是在1916年蒸馏并于1933年装瓶的：在木桶中陈酿了17年。

　　评审专家一边品一边嗅，并推敲着这瓶威士忌和现在的威士忌有何不同。爱汶山酒厂的董事长马克思·夏皮罗指出，当时还不存在杂交玉米菌株，麦芽浆配方中组成比例也可能有所不同。巴顿酒厂（如今的汤姆·摩尔酒厂）已退休的前蒸馏大师比尔·弗里尔则认为，最大的不同在于，相较于现在的威士忌，早先的威士忌从蒸馏器中流淌出来时酒度可能较低，并且在进入木桶陈酿时酒度也会更低些。

　　然而，遗憾的是，这瓶威士忌有点令人失望。野火鸡酒厂的吉米·拉塞尔以及比尔·弗里尔凑在一起讨论了一会儿，接着宣布他们认为这款威士忌带有浓厚的树脂味，含有"醛-Y"（醛类物质会散发出花香或水果香气，但是过多就会破坏威士忌的特征），可能这是因为酒液在木桶中贮藏过久，或者木桶的板条出现了什么问题，"有可能桶板上正好有一个树液囊。"吉米这样说道。

　　这也正是超级陈酿波本威士忌价格特别昂贵的原因之一：长时间的陈酿会增加风险。年份久远并不一定意味着品质更佳，你必须掌握好装瓶的时机，否则过长的陈酿也有可能带来破坏性的影响。

木桶

正如之前所述，柱式蒸馏器的样子相当统一，但蒸馏完成后流淌出来的酒液却不一而同。完成蒸馏后，威士忌要被倒入木桶中陈酿，而这些木桶绝非一模一样的木质容器而已。蒸馏酒厂非常关注这些木桶的木质：木材源自哪里，在空气中风干了多久，焙烤的程度有多深。随着木材科学的进步，人们在木桶制作方面也不断推陈出新，烘热桶头（木桶的端部）这一做法变得更为普遍。烘热并不是焙烤木材，这会在橡木桶中生成一系列稍有不同的化合物，反过来又会对威士忌产生不同的作用。

仓库

接下去讲讲我一直特别感兴趣的一点：仓库，或者肯塔基州有时也将其称为货架室（那些用来搁置木桶的木质架子被称为"货架"）。仓库的不同构建方式会对威士忌陈酿造成不同的影响。装甲舰式的仓库通常有七层楼那么高（有些是四层或五层的，还有一些新建的有九层楼高），最常见的设计是在坚实的木质框架外覆盖一层金属外皮。这类仓库有良好的空气循环，薄薄的金属墙外壁可以使温度变化产生更快的效果（虽然两万个甚至更多装满威士忌的53加仑木桶并不会在极小的空间中改变热传导的方向）。

"这只是一层外壳，可以抵挡天气变化的影响，"吉米·拉塞尔这样解释金属外皮的作用，"要不是为了避免水渍的侵袭，甚至可以弃之不用。"

仓库的高度也有一定的讲究，热量会上升并集中于顶层，那里的威士忌会更强烈地浸入木质，这些木桶中的威士忌会陈酿得更快，蒸发得也更为迅速，如果滞留在木桶中时间过长，酒液就会变得辛辣涩嘴并带有强烈的丙酮气味。"又高又干"在威士忌的陈酿中有着完全不一样的含义。

用石材或者砖块搭建而成的仓库由于结构坚固，

位于肯塔基州巴兹敦的汤姆·摩尔蒸馏酒厂，此酒厂享有历史盛名，也是老巴顿威士忌的产地。

燃火之河

想象一下一艘满载波本威士忌的装甲舰仓库吧：差不多相当于百万加仑燃料级的酒精贮藏在重达数吨的橡木桶中，又搁置在风干的木质货架上，这简直就是个等待一触即燃的炸弹。

把时针拨回到1966年，爱汶山的贝兹敦工厂就由此遭受了一场灾难。七座满载波本威士忌的仓库不见了，一条深达18英尺的河流熊熊燃烧着威士忌沿着山丘流淌而下，并摧毁了整座酒厂。

爱汶山的人们至今都不愿回忆起那可怕的一天，不过弗雷德·诺埃——占边的发言人（也是备受推崇的占边蒸馏大师布克·诺埃之子）向我描述了那场大火。"我当时距离事发地很近，才不到四分之一英里。"他说道，"我感到很热，也很吵闹，那些在路易斯维尔（大约30英里之外）的人都能看到这儿的火光。"

大火燃烧时正下着瓢泼大雨，但是威士忌火势太猛，你几乎都觉察不到雨势。"你可曾见过一个着火的仓库？"诺埃问道，"那场火烧得太旺了，所有威士忌都被烧得一干二净，那些风干的木头也被烧了个精光，最后剩下的不过是一堆钢质桶箍罢了，其余的片甲不留。"

爱汶山的着火事件后，占边和野火鸡也陆续发生过小规模的火灾，于是新的法规应运而生。按照新规，仓库周围必须建有一道可以容纳燃烧威士忌的截水沟，现在则有了喷水系统和多条逃生通道。即便如此，火灾依然是蒸馏酒厂的噩梦，只不过人们已学会稍加掌控。

内部空气流动相对较少。此外，这类仓库的高度也较低，充其量不超过三层或四层楼高。百富门公司采用的就是砖质和石质仓库，这样就可以通过"循环"加工的方式陈酿老林头、时代波本和活福珍藏威士忌。仓库设有蒸气热装置，到了冬天，酒厂就可以通过蒸气缓慢升高仓库的温度。

正如蒸馏大师克里斯·莫里斯所解释的，某些木桶中设有温度探头，它们分布于仓库各处。比如说，当外部的温度降到20华氏度（零下7摄氏度）以下，木桶中的温度降到约60华氏度（16摄氏度）时（克里斯很谨慎地采用了通用术语），加热系统就会启动，直至威士忌的温度上升到80华氏度（20摄氏度）左右，有时这个过程可能需耗时一周，之后停止加热，直至威士忌的温度再次回落到60华氏度。一旦冬季过去，他们就会停用循环系统，而交由大自然接受处理。

莫里斯所解释的循环系统工作原理同样适用于一般的陈酿。"烈酒和水分的吸收基本呈线性关系，"他说道，"无论是热或冷，木材中的物质都会被酒液所吸收。木桶的'呼吸'来自四季的变换，呼吸会带入氧气（透过木头），这就促发了氧化作用并创造了醛类物质，生成了水果味和辛香味。"

"在一座装甲舰式仓库里，完成这一过程需要很长时间，"他继续说道，"大自然母亲完成这项工作也非常缓慢。追溯到1870年，当时的人们认为在冬季主动启用这种循环模式会赋予酒液更多的水果气息和辛香风味。吸收依然需要一定的时间，不过你可以更好地加之利用。老林头同时采用两种方法（循环和非循环陈酿威士忌法），通过精心控制，你可以赋予各个木桶不同的风味，创作出你想要的风味组合。"

可是，为什么会有那么多不同类型的仓库呢？"这是因为每个蒸馏酒厂都有自己的主意，"爱汶山

的蒸馏大师帕克·比姆告诉我说，"有些人会说建造单一类型的仓库，有些人又可能会说'我可从来不这样做'，还有别的一些人可能会说，'这根本无关紧要'，你瞧，大家各不相同的想法造就了各式各样的做法。"

此外，仓库的选址也会导致一些差异，我称其为"肯塔基风水"。坐落于山丘之上的仓库会从风中获得更多的空气流，当然也更容易受到雷雨和龙卷风的侵袭。大风可以吹掉仓库的金属表层，掀开屋顶，这种情况下你需要更换。更糟的是龙卷风，它会摧毁整座仓库，有时候甚至会彻底地扭歪整个建筑，以至

于木桶无法再滚进滚出。在这些极端情况下，只有辛苦地将所有木桶挪出移入另外一个仓库，拆除已经扭曲的仓库并重建，除此别无他法。

有些蒸馏酒厂坚持仓库坐南朝北，这样它们每天能均匀地获得光照。仓库有可能受到树木的遮蔽，或者酒厂也有可能砍伐掉仓库周围的树木，或者它们会将仓库建在河流或溪流边。野牛遗迹酒厂的前仓

库经理罗尼·艾汀斯曾告诉我，仓库边的肯塔基河上时不时有雾气散开，这些湿气会悄悄地飘到窗边，并赋予威士忌"甜美和更加绵柔的口感"。

"你必须学习所有事物，"他继续解释，"并试图找出一些改善的办法，这有着永恒的魅力。你找到了一点，然后尝试将它描绘出来，然后接着下一条，不知不觉中，你会发现你已完成了一项大工程。"

威士忌创作团队

这里我们要讲到最后一个导致波本威士忌差异的影响因子：人。制作威士忌是一项周期很长的工作。就拿罗尼·艾汀斯来说，1961 年他开始在野牛遗迹酒厂工作，从 1984 年到 2010 年他去世前，他一直担任着该厂的仓库经理。

如今我们喝到的波本威士忌出自一系列资深业内人士之手。他们个个都在各自的酒厂中工作了数十年，其中的有些人退休了，还有一些过世了。但凡在威士忌上戳盖自己印章的，至少有 20 年执掌酒厂的大权。这些人包括：

· 比尔·弗里尔（巴顿/汤姆·摩尔）

· 布克·诺埃（占边）

· 埃尔默·T.李和罗尼·艾汀斯（野牛遗迹）

· 吉姆·拉特利奇（四玫瑰）

· 吉米·拉塞尔（野火鸡）

· 林肯·亨德森（百富门）

· 帕克·比姆（爱汶山）

甚至连吉姆和帕克的儿子——埃迪和克雷格也分别在野火鸡和爱汶山酒厂从事蒸馏师工作长达数十年。

那么蒸馏师和仓库经理会有哪些营销和财务人员无法做出的决定呢？通常来说，前者拥有很多知识储备，知道已经制作了多少威士忌，它们贮藏在哪个仓库，已经建成了何种类型的仓库，新型威士忌的风味组成（以及老款威士忌的风味演变）。他们就像一本威士忌的记忆之书，在威士忌发展的进程中取其精华，排其糟粕，并确保任何变动都不影响威士忌的品质。

举例而言，如果传统用于波本发酵器制作的柏树供应不足，难以制作出所需的大型容器，各个工厂负责该项测试的蒸馏师就要决策，采用钢质的容器是否能产出相同的威士忌来（令人高兴的是，答案是肯定的）。也有一些蒸馏师会坚持使用柏树，因为这是他们的传统。

蒸馏师和仓库经理的真正职责在于保持敏锐感。它们需要关注和觉察的因素有很多：气候、商业成本、从供应商处获得的谷物和木材的质量、工厂所处条件，还有员工的工作绩效。他们还需时刻了解威士忌的状态，每时每刻，正因如此，经常性地取样是他们工作的重要组成部分。

罗尼·艾汀斯在去世前 3 年和我的谈话中差不多也是这么说的。"你知道，在你的一生中仅有两次了解 15 年陈波本威士忌的机会。"他说道，"你经历了第一次，之后你始终不断地学习，继而将所学的全部倾注于第二次的品鉴。等到第二次的体验完成后，你也差不多结束了你的生涯。"这如诗般的话语出自一名默默耕耘在野牛遗迹酒厂的员工之口，该厂史上最佳的几款波本威士忌都有他的无私奉献。

燃烧堆放糖枫坯料的货架以制作木炭，田纳西威士忌的林肯郡"柔化"或过滤工艺中需用到木炭。

田纳西威士忌

你可能已经在想，为什么我到现在还没有提到杰克·丹尼呢（或者你有可能是热衷乔治·迪克尔的小众粉丝中的一员，就在想为什么我还没有提及这款威士忌呢）？毕竟，杰克·丹尼是销量最大的一款威士忌，无论在美国本土还是全球都是如此。

其实，杰克·丹尼和迪克尔都没有贴上波本威士忌的标签。它们是田纳西威士忌（或者如迪克尔标签上所注，拼写为"whisky"）。美国的"食品特征性规定"中并没有提及田纳西威士忌，也未涉及任何有关"林肯郡工艺"的内容。它是一种将未经陈酿的烈酒通过10英尺硬木炭（以及一层白色羊毛毯）过滤的方法，也是制作田纳西威士忌的特别工艺，注意，我这儿特指田纳西威士忌。

根据百富门公司的说法，这是制作杰克·丹尼的方法，想必乔治·迪克尔所拥有的帝亚吉欧也是如此。不过，如果你仔细研读一下"食品特征性规定"就会发现，以上两个品牌的威士忌都满足了贴标"纯波本威士忌"的所有必要条件，并且没有任何有违"纯波本威士忌"要求的操作。

那么田纳西威士忌到底为何物呢？就让我们一探究竟吧。杰克·丹尼确有其人，他曾在如今以他名字命名的酒厂承担蒸馏威士忌的工作，蒸馏用水来自卡韦泉涌出的纯净水。早在19世纪初期，木炭过滤的做法就已相当普遍，蒸馏师通常也将该工艺称为"柔化"或"淋溶"，至于为什么后来人们将其称为林肯郡工艺，至今依然是威士忌业内一个无人可以解答的谜团，不过这名字听上去挺酷的，那就随它去吧。

玉米的连续系列

| 橡木味 | 杰克·丹尼单一木桶 | 乔治·迪克尔木桶臻选 | 乔治·迪克尔第12号 | 老杰克·丹尼第7号 | 乔治·迪克尔第8号 | 绅士杰克 | 甜美味 |

林肯郡工艺颇有讲究。杰克·丹尼酒厂和乔治·迪克尔酒厂都是现场采用糖枫木质做木炭的。他们先将木材风干，再分别锯成2英寸长的坯料，总长约为5英尺，然后将每六块坯料并排叠堆形成"货架"，之间留有6英尺的间隙，另外这样的一层交叉放置，如此不断重复，直至整个货架达6~8英尺高。货架被摆成四个正方形，在中心位置有所倾斜，这样一来，燃烧时就会向内侧崩塌，而不会四分五裂。

等到了燃烧的时间，人们会在货架上喷洒酒精并点火。燃烧是在露天进行的，木材中的任何杂质都可以释放出来充分接触焙烧的木炭，木材将持续燃烧2或3小时，多数情况下，人们会用软管淋洒控制火势。大火燃烧产生很多热量，但工作人员会小心加以看护，避免其火势过猛。一旦燃烧过旺，人们就会在它分解为大豌豆般的颗粒状物前将其冷却。

接着，木炭会被置于柔化处理的大木桶中，这种桶差不多有10英尺深，5英尺宽，底部铺有一条白色的羊毛毯子，用来收纳松散开来的

木炭粉尘。在杰克·丹尼酒厂，新制成的烈酒滴流穿过大木桶；在迪克尔酒厂，在桶底流淌出任何液体之前，人们先在桶中灌满烈酒，等到酒液渐渐排干之后，又会进行再一次的灌装，木炭就这样被"淹没"了。迪克尔酒厂的大木桶也会经过冷冻处理，

说来这背后还有一个故事：人们发现威士忌如果在冬天经过柔化熟成，就会变得特别美味，其实这是大自然对酒液的过滤处理（细心的读者可能会注意到，如果变冷，经"冷凝过滤"的威士忌就会因失去某些化合物而变得混浊，这也是很多蒸馏酒厂在实践中采用的方法，虽然它们并不会用到如此大量的木炭）。迪克尔酒厂还会采用两条羊毛毯，一条位于顶部，一条位于底部。

这个工艺到底有什么特别之处呢？有一次，我曾在迪克尔酒厂品尝了三份酒液样品。第一份是刚刚从啤酒蒸馏器中流淌出来的酒液：颗粒状的，香气和风味都很混浊。第二份样品是从加倍器中流淌出来的酒液，加倍器连接在柱式的啤酒蒸馏器之后，该步

黑麦风味分布图

年份较长 / 橡木味

杰弗逊总统之选21年陈
萨泽拉克18年陈
范·温克家庭珍藏
留名溪
（RI）1
布莱特
野火鸡101
里滕豪斯保税
托马斯·H.汉迪
萨泽拉克6年陈
老波特雷罗
老奥弗霍尔德
占边
爸爸的帽子
FEW黑麦

年份较短 / 草药味

骤类似于壶式蒸馏器。

在经过这步处理之后，酒液在视觉和口感上都明显变得更为清澈，而且此时你可以清晰无误地辨别出酒液呈现出甜美纯粹的玉米味。第三份样品则是从柔化桶中流淌出来的酒液：此时的烈酒已剔除了玉米的油脂味和乡土气，只留下了更为轻盈和纯净的酒液：玉米白兰地。整个过程中未加入任何调味剂（不过，美国的"食品特征性规定"并未就对此严加禁止）。不良的成分被滤除，只剩下谷物柔和的味道。

顺便提一句，以上两座酒厂都不位于林肯郡。目前林肯郡唯一一家制作威士忌的酒厂叫作普里查德酒厂，这是一处手工蒸馏酒厂，菲尔·普里查德在此酿造的威士忌并不经过木炭柔化处理。

杰克·丹尼是一家巨型酒厂，而且规模还在不断扩大，到2013年中，它宣布将耗资1亿美元扩建酒厂，以满足日益增长的市场需求。另一方面，帝亚吉欧耗资约6000万美元在苏格兰建设它新的名为茹瑟勒的酒厂，人们用"大型"、"大规模"、"庞大"和"死亡之星"这样的词眼描绘这家新酒厂。杰克·丹尼的威士忌品牌——无论是众所周知的老杰克·丹尼第7号还是较为小众的绿牌，还有绅士杰克，以及单一桶装款，都在全世界拥有一大批消费者。

乔治·迪克尔这一品牌虽然隶属于全球最大的饮料集团——帝亚吉欧，却和杰克·丹尼全然不同，它并不像后者那样拥有着丰富的历史故事：乔治·迪克尔确有其人，他只是一名威士忌经销商，而非蒸馏师，他的姐夫也从事蒸馏酒商贸业务，但是随着禁酒法、全国禁酒令以及第二次世界大战对威士忌行业的冲击，这家酒厂也举步维艰。乔治·迪克尔酒厂规模很小，几乎完全没有实现自动化，既没有什么宣传，也没怎么获得市场的关注，不过它所产的威士忌倒是受到了评论家的爱戴。

不过这些威士忌究竟应该归为哪类？它们算是未贴标签的波本威士忌吗？或者说木炭淋溶处理对其影响很大，使之成为一种不同类型的威士忌？

我已经陈述了一些客观事实，现在你不妨自己独立思考一下这个问题。我也建议你不必卷入对此的争论，因为我个人就有着惨痛的经历，那时我和调酒师争论杰克·丹尼到底算不算波本威士忌，最终一起被酒吧扫地出门。我再也不会重蹈覆辙，毕竟，杰克·丹尼和乔治·迪克尔这两个品牌都有一批非常忠诚的粉丝。

重振旗风的黑麦

我们所说的黑麦指美国的黑麦威士忌，加拿大的威士忌作家戴文·德·科格默克斯和我一样会着重强调美国两字，这是一种黑麦含量出奇之高的波本威士忌。再让我们回顾一下美国"食品特征

性规定"中的内容，黑麦威士忌和波本威士忌之间唯一的区别在于，前者的麦芽浆配方中，黑麦是主要谷物，而非玉米，其他方面，两者可以说毫无差别。

不过这是一个巨大的差异。黑麦威士忌既没有某些波本威士忌中馥郁如绵绵流水般的玉米味，也没有其他一些威士忌中肉桂般的炽烈热辣。取而代之地，黑麦威士忌会穿过你的鼻子，让你感受到一股热乎乎的草药冲劲，然后犹如在嘉年华途中点燃了一把苦苦油油的黑麦草在口中熊熊燃烧；只有在品尝之初，你有可能感受到一丝甜意，让你的感官为之一震，这可能源于陈年黑麦中的香草味，美妙不凡。

虽然黑麦威士忌一般指美国威士忌，也就是我家乡宾夕法尼亚州（以及马里兰州）所产的威士忌，州法令颁布后（由于在长时间的争论期间，啤酒的表现起起落落），黑麦威士忌跌入了低谷，而且在

位于田纳西州林奇堡的杰克·丹尼酒厂，工人正观察着未经陈酿的威士忌（也被称为白狗）。

禁酒令解除之后，再未能够如同波本威士忌那样强势回归。

20世纪60年代起，加拿大威士忌开始广受欢迎，白酒的消费量迅速增长，这无疑又是给黑麦威士忌的当头一棒。

我从20世纪90年代中期开始写作有关威士忌的文章，那时美国的黑麦威士忌濒临崩溃，只剩下少数几个品牌苟延残喘：野火鸡黑麦、Beam公司的占边、老奥弗霍尔德（宾夕法尼亚州最为著名的品牌之一）、爱汶山的里滕豪斯、派克斯维尔和史蒂芬·福斯特是当时尚在贸易流通的所有品牌。当时的爱汶山酒厂一年中有200天进行"拌浆"——烧煮谷物以制作威士忌，据我了解，其中仅有1天是用来制作黑麦威士忌的。

这有点匪夷所思吧？我知道，黑麦威士忌对所有忠实的威士忌发烧友来说都极具吸引力。它是最早的美国威士忌，它触发了历史上的威士忌暴乱，

它是许多经典款威士忌鸡尾酒的基酒，也是许多经典影片中现身酒吧的常客，而且它有着区别于波本威士忌的独特之处。黑麦威士忌辛香，带有薄荷味，口感灼热炽烈，而且随着年份的不同呈现出一系列不同的特征，年轻的黑麦威士忌显得热烈、明快，犹如浸晒在阳光下的草地那般清新，熟成的黑麦威士忌变得辛香，依然热力十足，基本不再适用鸡尾酒的调制，最后，年份陈久的黑麦威士忌显得深沉，可以和橡木一起发挥很好的协同作用，也能够进一步陈酿，比波本威士忌的陈酿年份更久）。

在我的威士忌体验之旅中，有些时刻令人难忘。还记得我初次品尝产自野牛遗迹的萨泽拉克18年陈威士忌，那感觉实在太激动了，它当时是威士忌节(热爱威士忌者最为热衷的"秘密活动"之一)上的一款预发样品，这款酒十分柔滑，酒度为110，口感温和却不失炽烈，品后依然让我屏气凝神。我不禁要再一次发文，这样一款上好的威士忌如何会无法

销售给更多的人呢?

不久之后，我的问题就得到了解答，我们见证了黑麦威士忌这个空缺市场的运作。

鸡尾酒作家大卫·瓦德里希对此功不可没，他长期拥护并致力于推广黑麦威士忌。他说服了不少酒吧调酒师在鸡尾酒中尝试黑麦威士忌，并要求蒸馏师制作更多的黑麦威士忌。我至今记得在一次活动上，大卫向爱汶山酒厂的人慷慨陈词，在他们面前对里滕豪斯这款威士忌大加称赞，并希望他们再接再厉（并且建议酒厂可以抬高里滕豪斯的售价，当时一瓶里滕豪斯的价格仅为 12 美元，简直低得离谱）。

当然，如今形势已经大变，眼下你可以在市面上买到各式各样的黑麦威士忌，这其中包括老施格兰酒厂（位于印第安纳州劳伦斯堡）制作的品质卓越的黑麦威士忌，如今又被贴上各种牌子（布莱特黑麦就源于那里，它的麦芽浆配方中含有高达 95%的黑麦成分，风格粗犷而明快）。有一些企业收购了加拿大的调味威士忌并自行出售，不过现在我们又遇到了相反的问题：越来越多的人了解黑麦威士忌，希望购买黑麦威士忌，我们的库存却跟不上了。

出于形势的需要，现在爱汶山酒厂一年中有超过 20 天时间专门用于黑麦打浆，野牛遗迹酒厂也开始热衷于黑麦威士忌的制作，Beam 公司则在产品结构中添加了黑麦的比重，其中就包括以黑麦为亮点的留名溪黑麦威士忌。如今，甚至连杰克·丹尼和

乔治·迪克尔也拥有了黑麦威士忌。随着帝亚吉欧收购了 Bulleit 威士忌，迪克尔也采用了同一种来自印第安纳州的原料（迪克尔用的是后陈酿版的林肯郡工艺），而杰克·丹尼则选用自己的黑麦打浆，目前的产品是一款清澈和未经陈酿的威士忌（由于未经陈酿，贴标为"由谷物蒸馏制得的烈酒"）。

美国威士忌在不断地成长，这要归功于对本土传统的秉承、对创新的无限追求以及在任何情况下都品质为上的严格要求。在位于肯塔基州雪弗雷的斯迪特泽尔－韦勒酒厂内曾有一块由派比·范·温克本人亲制的小匾，上面总结了威士忌行业的兴衰史：

"我们坚持制作优质的波本威士忌，
如获盈利为我所幸，
如遭损失亦在所不惜，
但不变的是优质的波本威士忌。"

如今，在野牛遗迹酒厂内也挂有一块相同的牌匾，派比的孙子朱利安·范·温克在那里与野牛遗迹的蒸馏师哈伦·惠特利一道研发制作其家族的下一代威士忌产品。威士忌产业历经艰险，如今已走出困境并越做越强，酒厂牌匾上的这句话最初可能出自派比·范·温克之口，但如今却已成为整个传统产业的金玉良言。

第10章

加拿大威士忌：
兑和，永恒的特色

加拿大威士忌似乎一直都受到声誉问题的困扰。说来也奇怪，虽然经历了数年的缓慢衰退，但直到不久前，它才从美国销量之王的宝座上被挤下来。对此你一无所知？但这却是不争的事实：占有本土作战优势的波本威士忌和田纳西威士忌以不懈努力终于在 2011 年夺走了加拿大威士忌的冠军宝座，但即便如此，加拿大威士忌在美国的销量依然远远超过爱尔兰威士忌，而且其在美国的销量超过苏格兰单一麦芽威士忌和兑和威士忌两者的销量总和。而且，最新的出口数据显示，衰退期已然过去：加拿大威士忌出口美国的价值总额增长了 18%。难道我还要说加拿大威士忌有形象问题？这未免让人难以置信。

不过，事实如此。你肯定已经在想，要不是遭遇感知认同方面的问题，加拿大威士忌本应可以有更佳的表现。加拿大威士忌是多种陈酿威士忌兑和的产物，一反人们对苏格兰单一麦芽威士忌及单一桶装波本威士忌惯有的纯净感。加拿大威士忌的饮用者并非年轻的潮流引领者，而是一类灰色消费群体，至少在整个大美国市场是如此，相较于华丽的威士忌品牌，他们更喜欢价格低廉的兑和威士忌。这类威士忌名声并不太好：兑和威士忌，之前还一度被戏谑地称为"棕色伏特加"，它们价格低廉，自然也无法跻身高端品牌之列并具有绚丽的外表。

然而，这一切正在悄然发生改变。随着单一麦芽威士忌价格的一路攀升，兑和威士忌也欲迎来地位的提升，并以更加多样化的风味呈现给消费者，而只消兑和师稍加创作，加拿大威士忌就能轻而易举地顺势而上，至少那些现成的风味出众的兑和威士忌可以获得人们的一些认同（以及出口）。

在美国，平均而言，加拿大威士忌的饮用者年龄偏大，不过它的消费对象正在慢慢地年轻化。比方说，我22岁的儿子和他的大学朋友在诸多烈酒中就特别偏爱加拿大威士忌，和以往相比，我也看到如今有越来越多的年轻购买者，以加拿大威士忌为基酒调制的鸡尾酒也成了某些酒吧菜单上的特色。

为何加拿大威士忌会突然流行起来了呢？可能是人们想换换口味，也可能是因为黑麦威士忌的需求暴增，美国蒸馏酒厂供不应求，而加拿大威士忌有幸成了一种巧妙的替代品。此外，两部热播的电视剧——《广告狂人》和《大西洋帝国》也对加拿大威士忌推崇备至，每一集的片头字幕上都会出现好几瓶加拿大俱乐部被冲到海岸上的场景。

至于加拿大威士忌的风味、声誉和价格，似乎也发生了逆转。最近访问了一些加拿大酒厂，我注意到有一个系列的产品在加拿大本土非常畅销，基于已在美国建立的坚实基础，它们准备携一系列新款威士忌进军美国市场（美国的销售量约为本土销售量的5

倍）。加拿大威士忌的春天可能已姗姗来到。

两大流派
（两种原酒）

加拿大威士忌其实非常多变，我在5天内访问了4家不同的蒸馏酒厂，没有任何两家采用相同的方式。这些酒厂中的蒸馏器多种多样，打浆的工艺方法五花八门，用来制作威士忌的谷物也不尽相同。将加拿大威士忌和其他几类威士忌进行比较也是件颇有意思的事，它既不像苏格兰单一麦芽威士忌采用纯粹麦芽和壶式蒸馏法，也不同于波本威士忌采用相同的蒸馏器和高度相似的麦芽浆配方。

在这里，我必须提到一家名为海伍德的蒸馏酒厂，它位于亚伯达省的高河，也是迄今为止我所到访酒厂中唯一既没有磨坊也不采购预研磨谷物的一家。取而代之的是，该厂采用了一种惊人的加工方式，员工们将全谷物倾倒入一个大型的高压锅中，压强达60磅/平方英寸，约15分钟后，压力和热量会使谷物中的淀粉细胞爆破，接着谷物被吹入一个蒸气压力达120磅/平方英寸的麦芽浆烹煮器，之前未爆破的部分也会在这个环节中碎裂，如此强大的压强冲击着厚厚的弧形钢板，差不多所有物质都被彻底分解。这一过程令人叹为观止。

多数传统已建成的加拿大蒸馏酒厂都有一个共同点，即生产两种原酒的威士忌，可能酒厂对此有不同的称呼，但背后的含义是一致的。

第一大流派是"基酒威士忌"（也被称为"混合威士忌"），蒸馏后的酒液酒度相当之高，酒精含量达94%甚至更高，非常类似于苏格兰兑和威士忌中的谷物威士忌。第二大原酒是"调味威士忌"（也被称为"高度酒"），蒸馏后的酒液酒度要低得多（在

110~140 酒度间变化）。一家单独的酒厂可能会采用不同的谷物或／及蒸馏工艺，制作出一种或多种不同的两大原酒。

如果你已习惯了苏格兰或者美国的传统威士忌酿造工艺，可能就会产生疑问，加拿大人是如何获得这两大原酒的呢？加拿大的酒厂摒弃了蒸馏中的浪漫和怀旧气息，你不再会看到闪闪发光的铜质壶式蒸馏器，而只会看到如同洲际导弹那般硕大的柱式蒸馏器，以每分钟 240 加仑的速率迸射出酒液。

一般情况下，人们采用麦芽作为酶源完成麦芽浆的转化，而加拿大酒厂基本采用纯酶取而代之，根据不同的谷物选择与之匹配的纯酶，将其直接加入麦芽浆中，后者在封闭的大木桶中基本完成发酵。我曾经在黑丝绒酒厂和布鲁斯·罗拉格交谈，他自工厂 1973 年开业以来就一直待在那儿，他向我回忆当时对酶做出的改变。"可以说这一改变让我们的日子好过多了。"他说着，"我们不再需要麦芽，它布满灰尘又难以打理，对温度或酸碱度又十分挑剔，如果两者之一过高或过低，你就只会得到一大木桶烂粥。"这正是加拿大蒸馏者一大高明的地方：不要害怕改变，只要这些变化能提质增效。

我走访的每家酒厂都会竭力地向我展示它们的"DDG"区域，这个词是"蒸馏厂暗色酒糟"的缩写。在肯塔基，人们以此称呼酒厂的"干燥间"，在苏格兰，这里就是处理"酒糟"和"糟粕"的地方，不过一般不对外展示。加拿大人貌似非常喜欢这个区域，并在向我展示时流露出自豪之情。我直到游览了海勒姆·沃克酒厂后才算明白其中的原因。

我们进入一个巨大的类似仓库的空间，人们在那里收集酒糟，当我的眼睛还在调节适应内部昏暗的光线时，我意识到眼前是一座呈巨型金字塔状的干燥谷堆，而且丝毫没有难闻的味道。一直以来，我都觉得波本威士忌酒厂的干燥室闻起来有股厨子在烤鸡时忘了将其拔出来的味道，不过加拿大酒厂里这一大堆干谷物倒是散发出一股谷物焦香，闻着令人愉悦。

顿·利弗莫尔博士对此做了解释。"干燥室的运作在这里要重要得多，"他说道，"'蒸馏厂暗色酒糟'可不是下脚料，它是一种可以用作牲畜饲料的高蛋白副产品。三吨重的玉米可以生成一吨重

9.09%

如果你对加拿大威士忌略懂一二，就应该知道出口美国的加拿大威士忌有一条 9.09% 的规定，即最多允许在其中兑和 9.09% 的……物质，加入的成分可能是陈酿年份较短的烈酒——美国制造的烈酒，或"配制葡萄酒"。

在黑丝绒酒厂，人们是这样描述配制葡萄酒的：

将一种非常干的白葡萄酒稀释，再与谷物中性烈酒（GNS）兑和。酒厂在配制中加入了美国产品，就可以在出口美国时获得赋税减免。加入的成分要尽可能保持中性，这样可以方便兑和师将其与各种不同风格的威士忌相匹配。

听上去很不可思议吧，这就是税法催生的结果。

加拿大威士忌：各种标志性装瓶的风味档案

下列图表以1~5为衡量尺度,就威士忌的五大核心特征评分,1=非常淡,几乎没有,5=强劲,表现突出。

威士忌名称	黑麦/香料	木味	焦糖味/太妃糖	口感
艾伯塔精酿	5	2	2	2
黑丝绒	1	2	3	2
加拿大俱乐部珍藏	3	1	3	3
科灵伍德	1	3	2	3
皇冠	3	2	4	3
四十溪桶装优选	4	2	4	3
吉布森臻选12年陈	2	3	5	3
LOT第40号	4	4	2	4
施格兰特酿	2	3	3	2
维泽18年陈	2	4	3	4

的'蒸馏厂暗色酒糟',它的每吨售价和玉米的每吨进价相当。"

这可是一笔不菲的经费节省。与此同时,它还是酒厂生产条件的一大指标,尤其可以反映出发酵的效率。他继续解释说:"如果发酵不当,那么整个工厂就无法运作。"过多残余下来的未发酵糖分会弄糟整个干燥室,"如果不对劲的话,我一进门就能闻出来,而有些人可要在这里难过地待上一整天呢。"

利弗莫尔肯定是一名极有效率的人士。海勒姆·沃克是北美最大的酒精饮料生产工厂,它不仅制作广受欢迎的维泽品牌,也签约生产加拿大俱乐

部威士忌,产量很大。不过事实上,其他的一些酒厂——加拿大雾、艾伯塔、黑丝绒、吉姆利、瓦利菲尔德,甚至是较小的海伍德,都控制规模以确保运营的高效性。它们需要精简,这一点也反映在其大部分的运作中。

人们热衷于追求基酒的纯度,甚至几近狂热的程度。部分蒸馏酒厂启用了一种名为萃取蒸馏法的工艺,也就是我在之前第二章中所描述的"第三蒸馏器"。这种纯化酒精的方式有点匪夷所思,因为它的第一步操作就是稀释。从啤酒整流器中流淌出来的酒液酒度在130左右,用水稀释将酒度降至20~30,然

盗窃加拿大风味

手工威士忌制造商在启动业务时通常需要产品，他们往往会购买散装的威士忌，然后自行装瓶销售。这些威士忌有些来自诸如 MGP Ingredients 这样的地方，它是位于印第安纳州的老施格兰酒厂，还有一些则来自一些不愿透露名字的酒厂。最近，很多这样的散装威士忌来自加拿大，手工威士忌制造商购买那里的调味威士忌。

这对于手工装瓶者而言简直太棒了。美国的威士忌饮者对加拿大调味威士忌的风味不太熟悉（几乎没有人熟悉），它和当下大热的黑麦威士忌有几分相像。美国的散装威士忌几近干涸，而加拿大的库存则非常充裕，只要稍有人脉关系即可获得。

部分加拿大库存威士忌质量相当不错，价格也不菲，而且获得一致好评。比如说，口哨猪威士忌(WhistlePig)。很自然地，你会想到一个问题：为什么加拿大人自己不这么做呢？他们可以借此获得一整个崭新的市场，一个缝隙市场，非常有利可图。

在和加拿大威士忌的业内人士探讨一番之后，我有了答案：他们对此不感兴趣。这并不是他们制作威士忌的方式。艾伯塔是位于卡尔加里的一家蒸馏酒厂有限公司，它的生产主管兼蒸馏师里克·墨菲告诉我，加拿大的威士忌制作者已发展出一套兑和师的思维方式。"这可谓是一道独特的风景。"他说道。

我又怎么能说是他们错了呢？

后再引入萃取蒸馏柱中。

这样做旨在压出酒液中的杂醇油和同类物这些化学杂质。这些人们想要剔除的物质多数不溶于水，所以增加水含量可以将其挤出酒液。它们被从顶部取出，继而作为化肥出售或被焚烧用于蒸馏器的加热。此时酒液的标准酒度（ABV）为94%，纯度相当之高。

调味威士忌的制作通常类似波本威士忌：先是单道通过一个啤酒蒸馏器，接着批量通过一个壶式蒸馏器。壶式蒸馏器会使酒液变得略微洁净些，之后就能装入木桶了。

一旦威士忌进入木桶，各酒厂的处理方式就有所不同了。比如说，黑丝绒酒厂会将所谓的高酒精度葡萄酒（调味威士忌）置于木桶中陈酿2年。以黑麦为主要原料的高酒精度葡萄酒置于首次空的波本木桶中陈酿，以玉米为主要原料的高酒精度葡萄酒多数也是如此，不过也有一部分采用多次空的旧木桶。2年陈酿期满后，酒液被倾倒出来，再和新的基酒威士忌兑和，之后重新倒入木桶中陈酿至少3年。

多伦多酒厂区，这里是古德哈姆和沃茨酒厂的旧址。如今这里条街布满了各式各样的商店和娱乐场所，其中包括巴尔扎克咖啡焙炒机，其前身是一座水泵房。

在海伍德酒厂，所有威士忌都被置于使用过的波本木桶中陈酿，而且这些波本木桶会被反复使用，据说"一只木桶要一直被用到出现泄漏才会被弃置"，这种做法在加拿大相当普遍。在苏格兰和爱尔兰，木材管理已成为事关品质的一个重要环节，每只木桶在整个使用周期内全程可追溯，在使用两次，至多三次之后就会被廉价出售，这对加拿大威士忌制造业来说尚属新鲜事物。我注意到海勒姆·沃克酒厂的木桶上开始使用条形码跟踪系统，不过这还是刚刚引入的。

我在加拿大旅行期间，顿·利弗莫尔博士正在试验他的新木桶和新木材，比如说红橡木，这会生成一种非常有冲劲、辛香且明快的威士忌。我当时问他，

人们是否愿意饮用这样一款威士忌呢？"这些都是提供给兑和大师的创作元素。"他是这样回答的。

理解兑和的概念

说句实话，我自己直到数年前才刚刚了解加拿大威士忌的制作方法。当时我开始走访不同的加拿大蒸馏酒厂，并和《加拿大威士忌：专业便携手册》（*Canadian Whisky: The Portable Expert*）一书的作者戴文·德·科格默克斯进行了一番交谈。由外而内地了解加拿大威士忌并非易事，这里的酒厂有着与众不同的威士忌制作方式。

就我个人而言，在了解加拿大威士忌制作方式之前和之后品尝加拿大兑和威士忌有着不同的体验，这也非常有意思。我体会到加拿大人的用心良苦，触发我重新审视人们长久以来对加拿大威士忌、兑和苏格兰威士忌及谷物威士忌形成的一些偏见。令人遗憾的是，至今依然能碰到一些这样的威士忌饮客。他们依然固执己见，即便我耐心地解释、阐述我的新发现和新感悟，他们也丝毫听不进去。

加拿大人自己也帮不上什么忙。就拿专业术语来说，生产者似乎很木讷也很老实，是什么东西就说成什么东西，没有动听的语言和修饰的辞藻，他们根本不会回头听听市场营销人员更愿意怎么起名。到 20 世纪 80 年代，营销人员似乎也无计可施了，索性宣传加拿大威士忌是一种具有生活品位的产品，当时人们对全球威士忌的兴趣日益高涨，这倒使关注威士忌本身成了一种更为有效的推销方式，

比如说，当我旅行访问位于艾伯塔州莱斯布里奇的黑丝绒酒厂时，那里的技术人员一直都将他们的基酒威士忌称为"GNS"，这是"谷物中性烈酒"的业内叫法，它是一种基本无味的商品酒精，蒸馏达到实际可得的最高酒精纯度（一旦纯度超过 96%，就会面临吸水率的问题）。在美国，人们会通过掺杂这种未经陈酿的谷物中性烈酒拉低产品价格，这就是美国人制作"兑和威士忌"的方法。黑丝绒酒厂的基酒威士忌从蒸馏柱中流淌下来时如同 GNS 一般清澈和纯净，但它可绝非廉价的酒类掺杂物，人们会将其置于木桶中，并在陈酿的过程中孕育出自己的风味和特色，对于兑和而言，这可谓是一重大贡献。我成年累月地走访酒厂，和蒸馏师交谈，但只有这一次的谈话可能涉及只有营销者才会关注的领域。

与之类似，我在数年前还专门为《威士忌倡导者》的博客访问了皇冠威士忌备受推崇的兑和大师安德鲁·麦凯，他很随意地将基酒威士忌定义为"从蒸馏器中流淌出来的带有伏特加特征"的东西。它是一种在已使用过的旧木桶中陈酿的威士忌："如

果你有一个刚刚装过波本威士忌的木桶，再把伏特加倒入其中，木头中就会散发出水果的芳香和气味，有点像我们的军工厂。"他此番详尽的解释本想说明，加拿大威士忌在兑和中是如何应用基酒威士忌的，不过博客的读者却紧紧抓住了"伏特加"这个字眼，并以此猛烈地抨击了加拿大威士忌。

有趣的是，当我游览黑丝绒酒厂和海勒姆·沃克酒厂（威士忌品牌维泽和 LOT 第 40 号的产地，加拿大俱乐部也产自那里）时，它们不约而同地请我品尝了自家的非陈酿基酒（当然兑了不少水）。这两款基酒威士忌都醇厚而清澈，和上好的伏特加一样，散发出一股铜版纸香味，而且只有那么一丁点儿的干谷粒气息。（你还记得优质的铜版纸闻起来是什么味儿吗？干燥、洗干净的亚麻布味，少许带着点刺鼻的酸味？）不过，沃克酒厂的员工还取出了他们的极地伏特加（Polar Vodka）以做比较，对比发现两者间还是有显著差异的。伏特加没有那么炽烈浓郁，仅仅是酒精带来的灼热感，它圆润而清澈，似乎是将酒液中那些颇有意思的成分滤除了一样，而基酒威士忌则要活泼生动得多，这在对比之下尤为明显。

仅仅凭借这点就足以区分两种酒液，将其中一种称为"伏特加"，而将另一种称为"威士忌"吗？貌似不行，还少了一点，而且是非常重要的一点。伏特加生产出来就是为了直接销售的，而基酒威士忌则用于进一步的陈酿和兑和，那么后者算不算一种"真正"的威士忌呢？它是由谷物为原料制成的，继而发酵和蒸馏，最后在橡木桶中陈酿。不管从哪一方面讲，它都无异于苏格兰所谓的"谷物威士忌"，并且业内也从未有人对它威士忌的身份表示过质疑。

如果你还无法信服，那就让我告诉你我是如何对此深信不疑的吧。我在《威士忌倡导者》杂志担任总编时，职责之一就是为杂志的导购专栏评论各种威士忌，而另一部分工作则是从中挑选出一款杂志的年度最佳威士忌。我给加拿大威士忌撰写评论已有一段时间，2011 年我选出的优胜者是维泽 18 年陈。那

例外情况

在加拿大，小型的手工酿造者正蓬勃兴起，如同美国和欧洲的手工酿造师，他们也以自己特立独行的方式制酒。加拿大现有的酒厂中也有两家采用与众不同的威士忌制作工艺。其中第一家名为格伦诺拉，这家麦芽威士忌酒厂采用铜质的壶式蒸馏器。准确地说，它位于新斯科舍（意为"新苏格兰"）。格兰伦诺经历了所有制变更，又与苏格兰威士忌协会就格伦·布列塔尼这一品牌进行了旷日持久的维权战，足足花了 10 年时间方才立稳脚跟。只要非苏格兰的威士忌在标签上涉及任何有关苏格兰的内容，苏格兰威士忌协会就会大为光火，而"格伦"（Glen）常常位于这个榜单之首。位于格伦维尔又拥有苏格兰传统的格伦诺拉酒厂最终获得了胜诉，它们还在标签上颇为自豪地印制了一枚硕大的加拿大红色枫叶。

在早些年间，格伦诺拉由于略微缺乏蒸馏方面的经验而遭受了些许影响，它的威士忌在风味上有点阴郁暗沉，带着点令人不快的肥皂／绿色蔬菜特征，类似典型的劣质烈酒馏分物。不过这是陈年旧事了，如今它的声望越来越高。

另外一家非传统的小众蒸馏酒厂名为四十溪（Forty Creek），它位于安大略省的格里姆斯比，坐落在安大略湖和尼亚加拉断崖那悠长而隐约可见的峭壁之间。该断崖是基特灵山脉的一部分。约翰·哈尔在这里充分结合并利用了化学工程师的精准严谨和酿酒师的混合味蕾，创作出了手工酿制的四十溪威士忌。在一定程度上，他也追随了加拿大的传统：这里的威士忌也是由不同产品兑和而成的，只不过采用了自己独特的方式。

哈尔以三种谷物为原料制作威士忌：玉米、大麦芽和黑麦。他分别将这三种谷物打浆、发酵和蒸馏，继而分别陈酿，而且相应采用不同类型的木桶，等到威士忌熟成后再进行兑和，之后他还会将兑和威士忌"嫁接"到另外一个木桶中（有时是已使用过的首次空波本木桶，有些是来自基特灵山脉葡萄酒厂的雪利桶）。采用这种方法制得的威士忌美妙极了，而哈尔也是一名很棒的品牌推广大使。

位于新斯科舍的格伦诺拉蒸馏酒厂，它只是看起来像在苏格兰而已。

禁运令

有一次，我在黑丝绒酒厂品尝威士忌，在桌边走来走去，当时加拿大蒸馏酒协会的主席简·威斯克（很不错的人，不过完全没有方向感）也陪同我一起，我觉察到他有点紧张，不过也讲不清为什么，于是就继续品尝，然后我遇到了一瓶丹菲尔德10年陈。"这是什么威士忌？什么是丹菲尔德呀？"我问道，他的回答是：非出口酒。噢，那好吧。不过这款酒带有一种木工车间（雪松、橡木）刨花的香味，我之前就在上好的加拿大酒中觉察到这股气味，包裹在甜美的焦糖中。这是一种美妙的味道，只不过最后有点急转直下。

好吧，现在让我们尝一尝丹菲尔德21年陈吧。天哪，真的棒极了！满鼻子都是新鲜锯割开来的橡木味香草味、薄荷味、黑麦的活力气息，嘴巴里奢华地洋溢着甜美的焦糖味，到了回味阶段又涌现出更多的木头味和黑麦味。"奇怪，为什么美国没有这个？"我不禁脱口而出。

"量不够呀！"简立马回复我说，"你们一点儿都搞不到的。"他咧嘴笑起来，不过你知道吗？加拿大人可制作了不少这样的酒呢！那么长时间以来，我们都无法获取这些好酒。我们无法从艾伯塔酒厂搞到吉布森臻选，也无法从海伍德酒厂搞到维泽，加拿大俱乐部20年陈和20年陈装瓶也无缘相见，自然还有丹菲尔德——加拿大人基本上全都将其占为己有了。

这又是为什么呢？好吧，让我来解释一下。加拿大人想让这些威士忌降价，这样一来市场营销和推广宣传就没有足够的经费支撑（特别是在他们支付了加拿大相当严苛的消费税后），教育美国人了解加拿大威士忌的活动也难以为继。反正他们在加拿大本土就有巨大的市场，加拿大人可以消费完所有自产的好酒，所以何来出口的需求呢？更何况他们可以销售很多常规产品给我们嘛，加拿大威士忌的标准装瓶就能在美国广受欢迎。

然而我想，倘若加拿大人能把这些品质更佳的威士忌引入美国，并且帮助这里的人们更好地了解加拿大威士忌——这种一度被曲解的威士忌，那将再好不过。很久以来，加拿大都是一个出口型经济体，是时候考虑将一些顶尖的威士忌出口国外了！

一年，还有几款别的威士忌显得更加迷人，不过从整体上讲维泽更胜一筹，小口啜饮简直是美妙极了，不过由于它圆润的特征，我会毫不犹豫地将它兑和。正如我之前所描述的，它有一种"扑鼻而来的温暖谷物味，带有少量的干可可和橡木香草味，还有一丝无花果和芝麻油的气息。味蕾体验到洁净谷物的风味，浓郁的黑麦味夹带其中，还蕴含了橡木、干杏子、原味甘草气息，暖热而浓郁的谷物口感回味悠长"。总之，这真的是一款令人愉悦的威士忌，即便长期以来品尝了如此多的威士忌，维泽18年陈依然是我最钟爱的加拿大威士忌之一。

当我在海勒姆·沃克酒厂品尝基酒时，蒸馏大师顿·利弗莫尔博士向我展示了采用厂内不同"原酒"制作的一系列年份各不相同的威士忌以及陈酿烈酒，其中一款就是维泽18年陈。我再次领略了它的美妙并向他提问，这款酒究竟是由什么年份和什么成分的原酒兑和而成的？

得到的回答令我瞠目结舌，对的，一点儿也不夸张。我得知维泽18年陈竟然完完全全由基酒制得，采用已陈酿过一次加拿大威士忌的木桶加以陈酿，其中并未加入任何复杂的、低酒精含量的、所谓"更好"的调味威士忌。

我又啜饮了一小口并从惊讶的情绪中平缓过来，继而开始品尝其他的威士忌，不过思维却在脑中飞转起来。是的，这就是加拿大威士忌的精髓，我曾经的所闻、所尝和所读，所有的都对应起来了，这不由得使我想起了安德鲁·麦凯曾经描述皇冠威士忌时所说的一番话。

"这款威士忌是被专门设计成这般风味和口感的，"他说道，"与波本威士忌极为不同，也和苏格兰威士忌大相径庭。我们试图独树一帜，而且我们也知道必须竭尽所能地酿制最高品质的威士忌，绝不能仅仅依赖于木材。所有的威士忌都分别置于不同的木桶中单独陈酿，有着不同的批次。"

"时间真的是一项馈赠，"他继续说道，"我们在岁月中来回穿梭，我制作威士忌已经有10个年头了：这些是我需要制作的威士忌，这些是我将要使用的木桶。不过我也会回顾过去，我在10年前制作的酒液如今变成了什么模样，它们是如何熟成的。你得考虑到很多因素：蒸发损失，制作地点，拥有哪些木桶，成本多高。"

我曾告诉他，他说的这些正是加拿大蒸馏酒厂应该传达给消费者的信息，为什么加拿大威士忌会呈现这般面貌，而兑和又是一项如何艰辛复杂的工艺。他笑着表示同意，并再次重申了他的观点："我们可是故意这么做的。"

好吧，市场营销人员，你们可听明白了？

第II章

日本威士忌：
后来居上的大师之作

"最初我们选择在山崎开始威士忌制作是因为这里的水质实在是太棒了。要想沏一壶好茶，你先得有上好的水。茶道大师森·利休当初在这里建造了他的第一座茶室。这里极为潮湿的空气对于威士忌的熟成至关重要，如果空气过干，蒸发的过程会导致威士忌损失过多。山崎这个地方即便在冬季也不干燥，三条河流在此交汇，温度的差异生成了雾气，可以说这里的空气始终充满水汽。"

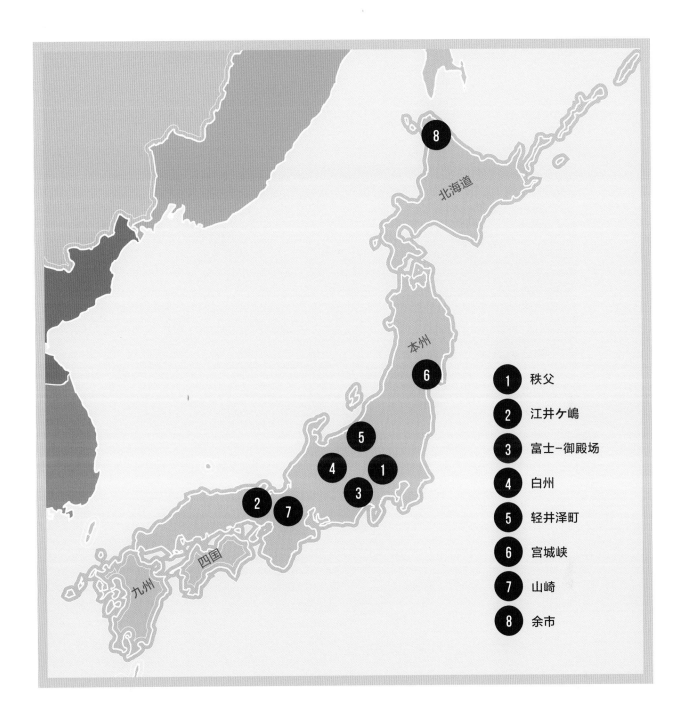

1	秩父
2	江井ケ嶋
3	富士-御殿场
4	白州
5	轻井泽町
6	宫城峡
7	山崎
8	余市

　　迈克·宫本茂是三得利酒厂的前蒸馏大师，如今也是该品牌的全球形象大使。他曾经向我解释，为什么 1923 年，鸟井信次郎将日本的第一座蒸馏酒厂选址在本州岛的山崎，此处也恰恰位于京都和大阪这两个主要消费市场的中间。这座酒厂坐落在小镇边缘，虽然背后布满了林木葱郁的陡峭山丘，但距离铁路仅一步之遥，同时也毗邻早先连接京都和大阪的要道，如今在这些崇山峻岭之下已经开通了多车道的明神

高速公路隧道。商业上的便利不容小觑，至于要将上好的威士忌船运出去总能找到好办法，在这一点上，伊斯莱岛上的酒厂可谓富有经验。要知道优质的水源可不是到处都有的。

　　正如我们所知，鸟井信次郎的第一任蒸馏师——竹鹤政孝发布了第一款威士忌，这款酒在商业上并未取得成功。之后不久，他离开了三得利和山崎，在几家非威士忌制作公司游历一番之后，于 1934 年，在

日本威士忌：各种标志性装瓶的风味档案

下列图表以 1~5 为衡量尺度，就威士忌的五大核心特征评分，1= 非常淡，几乎没有，5= 强劲，表现突出。

威士忌名称	泥煤	水果	橡木 / 香料	口感
白州 12 年陈	2	2	2	3
白州重泥煤型	5	3	1	4
响 12 年陈	1	3	3	3
山崎 12 年陈	1	3	3	3
山崎 18 年陈	1	4	3	4
余市 15 年陈	3	1	3	4

妮卡（Nikka）蒸馏酒公司投资人的支持下，创办了一家名为余市的颇具竞争力的蒸馏酒厂。这家酒厂位于北海道岛的北端，坐落在西海岸边一个人口约 2 万人的小镇，那里以盛产高质量的苹果而著称。这里差不多就是竹鹤政孝心目中理想的世外桃源，可以创作出他想要的威士忌。

上述两家酒厂即为日本威士忌制造业的两大巨头。三得利和妮卡分别又建造了一家酒厂，三得利于 20 世纪 70 年代在日本的阿尔卑斯山脚下建造了巨大的白州酒厂，毗邻北杜市，位于东京的西部。而在 20 世纪 60 年代末期，竹鹤政孝在本州的最北部建造了宫城峡酒厂，位于仙台市西部的山谷深处，据说这里的水质极佳，当时的竹鹤政孝以 70 岁高龄亲自选址并规划建造了这座酒厂。

这就是这两家酒厂的故事。在日本，还有其他四家酒厂，规模较小且都位于本州岛。它们分别是：小型而独立运营的秩父、江井ケ嶋（这家酒厂一年里仅有 2 个月制作威士忌，其余时间制作日本米酒和烧酒）、富士 - 御殿场和轻井泽町（如今已经停运，成为三得利旗下白州酒厂的一部分，它是 20 世纪 90 年代日本经济崩溃的牺牲品），后两家都曾为麒麟酿造厂所有，如今已难觅这些产品的踪迹，即便在日本本土也不例外。

不过令人庆幸的是，三得利和妮卡的产品不仅在日本遍地可得，在全球市场也频频现身，这引发了人们对日本威士忌的重新审视。虽然它根植于苏格兰威士忌，与其有着千丝万缕的联系，而且采用相似的贴标术语，但全世界不得不承认，日本威士忌拥有卓越的品质和独特的风格。

爱尔兰转折点

日本的威士忌制作根植于苏格兰，可以说与竹鹤政孝在坎贝尔敦的经历息息相关，不过鸟井信次郎很快就在三得利的威士忌中注入了日本的风味。他剔除了竹鹤政孝在初次尝试中保留的豪放性，而转向于制作一种更为精致和口感均衡的威士忌。

迈克·宫本茂再一次解释道："鸟井信次郎想创作出迎合日本人精致口味偏好的威士忌。我们喜欢口感均衡、温和而雅致的威士忌。只要啜饮一小口，你的味蕾就能感受到非常丰富的酒液特征，各种各样的味道会涌现出来。"

为了从苏格兰型的威士忌中发掘出日式风味，三得利(以及妮卡)使用了一种非常爱尔兰式的工艺。

日本的蒸馏酒厂需要一系列不同的威士忌。

在苏格兰，一家酒厂可以求助于别的生产不同类型威士忌的酒厂，通过贸易的方式获取所需的各式威士忌，日本则无法做到这一点(就以鸟井信次郎和竹鹤政孝的历史故事来说吧，两人虽然未公开表示敌对关系，却一直彼此疏远——也就难怪两家酒厂绝不会彼此贸易)。在日本，要想搞到不同种类的威士忌，唯一的办法就是效仿爱尔兰：自己制作。

三得利和妮卡两家酒厂都开始不断变换发酵和蒸馏工艺的各个参数以获得多样性。它们选用不同的酵母，针对酵母产生的不同芳香化合物采取不同的发酵时长，同时采用木质和钢质两种发酵槽(木质发酵

目前，日本威士忌制造商为数不多，
但是它们采用丰富多变的发酵和蒸馏工艺
制作出各式各样的威士忌。

在三得利的山崎酒厂内，到处都有铜在闪闪发光。

槽为微生物群落提供了良好的栖息场所，这能增添原酒浆的风味）。此外，它们还会采用泥煤焙烤程度不同的麦芽。

在苏格兰的大型蒸馏酒厂，比如说，格兰菲迪和格兰威特，你会看到众多外观一模一样的壶式蒸馏器。三得利酒厂的蒸馏室则呈现出不一样的面貌，你会看到一系列模样不一且外观设计颇有些古怪的蒸馏器，它们彼此成双配对并用于数量各不相同的回流物，如果有需要，甚至还可以将这些蒸馏器进行一定程度的重新组合装配，所有这些调整都会影响烈酒的重量和口感，酒头、酒心和酒尾的馏分物也会有所变化。在蒸馏器的加热方式方面，既有蒸气加热法，也有火焰直接接触法，妮卡酒厂在余市威士忌制作中采用煤炭燃烧法，这种复古的做法让人联想到早先的苏格兰。谷物威士忌虽然没有如此多变，也追随同样的风潮不断地发生着变化。

这些酒厂的木桶陈酿的方式也非常丰富，我们比较熟悉它们的变换方式——美国或欧洲橡木制作

威士忌是日本大都市的重要组成部分。

就像苏打水那样罐装的高杯酒——威士忌加苏打水，这是日本的一大发明。三得利和妮卡都生产这种饮料。

的雪利木桶，以及首次空和再次空的波本木桶。

不过正如宫本茂所指出的，三得利在内部的制桶工场内制作自己的超大型号木桶，他叫这种桶为"水楢木桶"。"我们从美国进口木材，再将其弯曲用于制作自己的木桶。它们容量达480升，相比之下，美国的波本木桶仅有180升或230升，苏格兰的传统容量为225升的猪头桶。"

不过故事到此还没有结束，"我们也采用日本的橡木质作自己的水楢木桶，"他说道，"木材生长缓慢，需要很长时间才能熟成，一旦发生战事，我们就会因为进口中断而无法得到波本木桶或雪利桶，这样一来就会面临困境，因此我们必须拥有自己的木材供应源，于是我们使用了水楢木。波本木桶和雪利木桶在5年后会散发出风味，但水楢木不会，所以我们想当然地认为'这是坏木头'，于是就把这些木桶留在了角落里。20年后，当我们尝试着使用这种木材。

'噢，天哪，这味道简直是棒极了！'我们并没有对其进行焙烤处理，仅仅将其烘干，我们特别地将这种颜色称为狐狸色（轻度烘干）或浣熊色（重度烘干）。"

他还告诉我另外一种用于制作某种特别威士忌的木桶，这种威士忌和其他约20种威士忌一起兑和形成响牌威士忌。"它在一种盛装乌梅酒的木桶中过桶，"他说道，"这种旧木桶本该被弃置的，但我们先用红外线对其进行照射，进而将乌梅酒置于其中，于是酒液就能萃取美妙非凡的橡木味，变得非常畅销，之后我们再用这种木桶对威士忌进行过桶处理。"

响牌威士忌是一个高端品牌，精妙复杂，带有花香，包装是一只精美的厚重玻璃瓶。"这只玻璃瓶上有24个切面，代表了24节气和一天中的24小时。"宫本茂这样解释，接着还强调说，"我们特别关注细节，有的时候甚至过了头！"

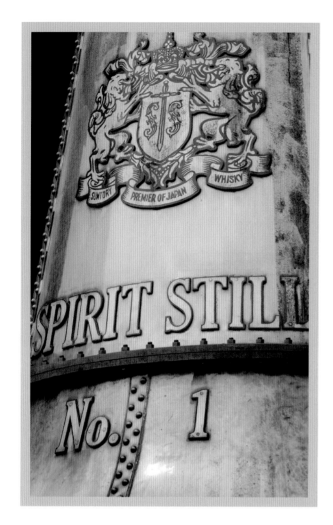

显然可见，三得利根植于苏格兰威士忌。

制作高杯酒

兑和酒在日本威士忌中占据了最大的份额，而且和苏格兰威士忌一样由来已久。这种兑和酒在日本经济繁盛年代取得了巨大的成功，人们往往"和水一起"加冰加水饮用（mizuwari）。这不禁让人联想起波本威士忌的饮者在炎炎夏日制作的"肯塔基茶"，一份 mizuwari 的威士忌往往含有一份兑和威士忌、冰以及两份（或两份半）的水。

加冰加水饮用法使威士忌的口感尤为清新淡雅，促使威士忌的销量在 20 世纪 70 年代和 80 年代迅猛增长。大卫·布鲁姆在其 20 世纪 80 年代所著的《世界威士忌地图集》一书中标注，单单是老牌三得利这一个品牌就达到了 1240 万瓶的销量，差不多是如今整个尊尼获加品牌线的全球销量总和。这个业绩是非常惊人的。

不过好景不长，随着经济的下滑，威士忌也一蹶不振，而日本人则转向一种名为発泡酒（happoshu）的廉价且低麦芽含量的啤酒。之后，人们对一度非常流行的 mizuwari 饮法稍加调整，从而使威士忌重振雄风：苏打水、高杯酒，或者有时也被称为"苏打水掺加法"。该种酒的销量激增，三得利公司甚至制作了此款的预调和罐装版。

"我们在日本享用威士忌时，会以这种高杯酒的方式加水或加苏打。"宫本茂说道，"罐装的高杯酒非常非常棒，甚至可以在乘火车时随身携带！我们有子弹高速列车穿梭于东京和大阪之间，行程需要两个半小时，很多商人（在上车时）会买上一罐或两罐高杯酒，而非啤酒。"日本的啤酒酿造师对此感到惴惴不安，啤酒的销量也随之一落千丈。

而且，日本饮用威士忌的方法也在悄然改变，可不仅仅是用苏打替代水那么简单。早先，饮用威士忌有着严格的等级制度，正如职业的层层晋升一样，威士忌的饮用也是逐级而上，首先以基础款的兑和威士忌起步。现在，日本的年轻人可能会饮用三得利高杯酒（基础款）或山崎单一麦芽（高端款），等级划分也变得模糊淡化，只要买得起，就尽可以一试。

鉴于日本人热衷于创新，连单一麦芽威士忌也在日本发生了变化。苏格兰的蒸馏酒厂可能会将数种富有不同表现力的麦芽威士忌装瓶，其主要区别在于陈酿的年份，日本人则会采用不同的威士忌创作出自己的单一麦芽威士忌。他们的装瓶更加富于变化。

"我们在单一麦芽威士忌中引入了兑和的概念，"宫本茂说道，"所有进入山崎的不同威士忌都是在山崎本厂制作的，所以它依然属于单一麦芽威士忌，但是口感特别均衡。这也使得三得利威士忌有别于其他的单一麦芽威士忌，当然也不同于妮卡。"

我在此罗列部分此类威士忌，你可以品鉴并加以区分：

· 白州 12 年陈：新鲜、绿色，带有一种花蜜般的轻盈甜美感；口中弥漫着青草般的芬芳，边缘带有一圈酸柠檬味，回味中带有一丁点的软烟味。

· 山崎 18 年陈：丰满、馥郁，鼻中充满成熟水果的气息，口感类似，带有沉重厚实的木质感，并一直持续到回味，这是一款醇厚的威士忌。

· 兑和响 12 年陈：绵柔的花香，水果软糕，我还可以嗅闻出轻微的灰尘味，以及柠檬果馅饼的味道，口感更为稳定，略带一丝水果和果汁的甜美，慢慢消散转为一股干干的辛香回味，这是一款优雅的兑和威士忌。

那么，日本威士忌究竟是类似于苏格兰威士忌呢，还是独树一帜的呢？不可否认的是，这两者之间有很多相似之处，而且我完全没有把握能在 10 种不同的单一麦芽威士忌中辨别出日本产的麦芽威士忌。不过水栖木桶、出于必要而对工艺进行各种无拘无束的试验，日本兑和威士忌令人陶醉的精巧雅致都为世界威士忌宝库增添了绚烂的一笔。

"日本的气候也造就了日本的风格。"迈克·宫本茂说道。从南部岛屿的亚热带气候到冬季飘雪的北海道，日本气候环境的变化跨度很大。我觉得他说的很有道理。

位于东京的糖化锅威士忌酒吧，洋溢着浓郁的苏格兰风情，同时也展示了来自全球各地的威士忌，眼花缭乱，令人印象深刻。

手工威士忌

第 12 章

眼下，很多蒸馏酒厂纷纷在全球各地开设门店，在威士忌制造业内，这股热潮引发了人们的关注。目前，尚没有人能给予这类酒厂一个明确而统一的称谓：手工艺酒厂、微酿酒厂、手工酒厂，反正我在见证了手工啤酒商业30年的成长之后，现在更愿意将这类威士忌酒厂称为"手工蒸馏酒厂"。"手工艺的"这个词过于冗长，而且听上去有点矫情，而如果这家酒厂蒸蒸日上，"微酿"这个称呼又有点不相称。还是"手工"这个词最为妥帖。

小型酒厂的存在由来已久，也没什么尤为特别的地方，只不过目前依然保持着较小的规模。毕竟，威士忌制造业就是这么由小到大成长起来的，600年前，小型酒厂依然主导着局面，直到工业革命的来临。不过长期以来，小型酒厂也一直零星存在着，总有那么一撮人执着地遵循着自己的方式做事。

早在20世纪80年代，我就造访过一家小型蒸馏酒厂，当时人们对这类酒厂还没有如此追捧。这家酒厂名叫酩帝，位于舍弗镇外宾夕法尼亚的山丘之中，自18世纪中期以来，那里就不曾间断地进行着酒类蒸馏业务，其中原因也一目了然：酒厂的周边区域是肥沃的农田，同时此地又被崇山峻岭重重包围，一般人很难跋涉至此。酒厂位于连绵的山丘之中，不受大风的侵袭，大自然又赐予其清澈的石灰岩溪水。

酩帝就是一个例证，说明小型酒厂也可以大有作为，其出品的波本威士忌是我品尝过的最佳波本威士忌之一：A.H.赫希16年陈是一款经过良好陈酿的传奇式威士忌，它仿佛在向你娓娓道来，述说着它深沉而馥郁的芳香，丰富而恰到好处的橡木味。这样一款上好的美国威士忌竟可以出自宾夕法尼亚东部的一家小型酒厂，之后我便相信这般令人惊艳的事情定会再度上演。

我了解不少有关美国手工蒸馏酒厂的故事，也到访过其中数家，并且还尝试过很多那里所产威士忌的样品，所以接下去我会全面系统地讲一讲美国的手工蒸馏酒厂。我也曾亲自品尝手工蒸馏酒厂所产的几款上好的威士忌，比如佩登瑞（威尔士）、艾默里克（法国）、麦克米拉（瑞典）、醉弹（荷兰），以及石灰

巴尔科内斯：一家极其独立且与众不同的得克萨斯蒸馏酒厂。

工和云雀（澳大利亚）。此外，我也非常欣赏噶玛兰语（中国台湾）和阿目（印度）这两款酒，虽然这两家公司都不算是小型手工酒厂——它们规模庞大，而且正在急速增长。手工酿酒运动本身也在蓬勃发展，并且正改变着威士忌制造业的面貌。事实上，从某种程度上说，它已然改变了威士忌制造业的格局。

白手起家

现代的手工威士忌起步于 1993 年的美国。当时有两个人以非常特别的方式采用小型蒸馏器开始威士忌的制作。巧合的是，这两家小酒厂都位于西海岸，其中史蒂文·麦卡锡拥有的位于俄勒冈波特兰的清澈小溪酒厂（Clear Creek）可能要比位于旧金山的弗里茨·美泰格安佳（Fritz Maytag's Anchor）蒸

馏酒厂要早数个月，不过基本算是同时诞生的。

热衷饮用威士忌的粉丝虽然是小众群体，却在不断增长，1993 年对他们而言可谓充满了惊喜和期待。在这之前的数年中，我们已经看到小型啤酒酿造厂的涌现，它们制作的啤酒完全不同于大型国有啤酒厂的产品。事实上，弗里茨·美泰格安佳酒厂就是其中一家。到了 1993 年，美国已有约 450 家处于运营状态的小型酿造酒厂，达到"二战"以来的巅峰，更令人吃惊的是，这个数字在接下来的 5 年中又翻了一番。

热衷手工酒的粉丝多数是年轻人，专业而灵活，我和他们一起在全国范围内见证了手工酒的崛起，并认为这预言了一个新时代的来临，小型、出色又富有趣味的生产商将迎来他们的春天。弗里茨·美泰格安佳酒厂被尊为手工酿造业的鼻祖，当目睹它着手建设微酿酒厂时，我们已然确信，手工蒸馏酒厂将成为明日的新星。

处于生产状态的手工蒸馏酒厂

近些年来，手工蒸馏酒厂经历了爆炸式的发展，
2008—2012 年间，数量翻了两番。

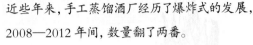

年份 & 处于生产状态的手工蒸馏酒厂数目

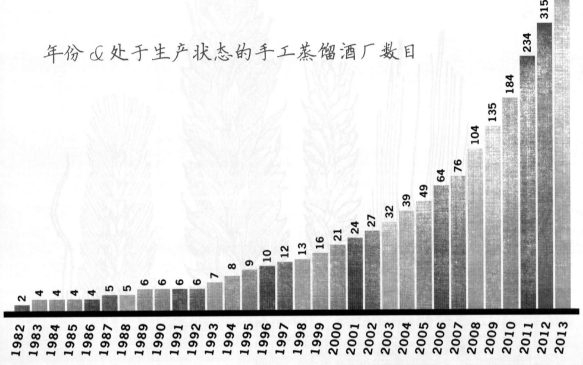

然而，事实并非如此，手工酒厂的产量甚微（我想安佳老波特罗的第一批装瓶总产量仅为 1400 瓶左右，而且其中多数贩卖给了饭店），而且价格昂贵，也和人们习惯的口味大相径庭。

但是这种酒依然大有前景，我选择首批装瓶啜饮了一小口，我至今还能回想起当时的情景：我们接过酒杯只是轻轻闻了一下（这款酒的酒度为 120 左右，所以我们并没有急着去品尝），整个小房间里，所有人都变得悄然无声。这瓶酒年份仅有 1 年，采用黑麦麦芽制成，而且富有绝妙的芳香：浓郁而清新的

青草味、波浪式袭来的薄荷味、缭绕着木质的芬芳。它年轻而有力，充满了勃勃生机。这和我们之前在其他美国酒厂中常常接触到的酒迥然不同，而且在当时，黑麦威士忌还是非常低调而神秘的。

史蒂文·麦卡锡的麦芽威士忌也有不同之处。他在苏格兰访问时发现了拉加维林 16 年陈，受其启发，想在自己 1985 年开设的白兰地酒厂中制作类似的酒液。"我当时就揣摩着，是否可以采用白兰地蒸馏器制作出威士忌呢，事实证明我们确实可以！"他最近和我这样说道，脸上依然流露出 20 年前那一

究竟是谁的威士忌，果真如此？

和其他手工蒸馏酒厂和手工啤酒酿造厂相比，手工威士忌酒厂处于明显的劣势：威士忌从制作到销售的周期要比其他酒长得多。除非酒厂决意涉足白色威士忌领域，否则最好拥有雄厚的资金储备，方可维持威士忌的制作，直至第一桶酒熟成并可以装瓶销售。即便贮藏在最小的木桶中加速熟成过程，陈酿通常也需耗时 6 个月。

手工啤酒酿造厂则面临着自己的资金问题，成功酿造大量啤酒需要大量的不锈钢，用于制作罐、槽、管子、涡旋缸、更多的槽，以及数百计的小桶，其中一部分是一次性使用的，然后再进入装瓶作业线、灌装、贴标和包装。

有些啤酒酿造厂会采用一种名为合同酿造的办法解决资金问题。他们会找到有过剩产能的啤酒酿造厂支付一笔款额，这些酒厂往往是地方上的老酒厂，比如杰纳西、F.X. 麦特或者奥古斯特·舍尔，这些酒厂按照合同为委托方酿造啤酒，委托方就无须耗资建造酿酒室，节省下来的经费就能转而用于市场营销和品牌推广。实际上，这些啤酒有可能仅仅是在其他酒厂的常规流水线产品上重新贴标，也有可能根据不同的技术参数特别酿制，或者也有可能确实是合同委托方自己酿制的，只不过它将厂房出租了一日或数月。这种做法曾在很长一段时间内在业界造成了不良影响，拥有实体酒坊的酿造厂认为合同酿造公司纯粹是在欺诈，它们不配参与竞争。

在手工威士忌业内同样存在着类似的情况，你会发现一些酒厂或经纪人会超额库存一批陈酿的威士忌，别人采购后又贴上自己的标签加以出售。《威士忌倡导者》杂志将其称为"采购威士忌"，而威士忌博客撰写人恰克·考德利则将这类运作模式称为"波将金酒厂"[①]，而真正的手工蒸馏酒厂对其的称呼则有点不堪入耳（其中最为客气的叫法也是"冒牌货"）。

不仅仅是手工蒸馏酒厂采用这种方法：布莱特是帝亚吉欧集团所有的一个大品牌，它目前也没有自己的酒厂。布莱特从四玫瑰酒厂采购波本威士忌，又从位于印第安纳州劳伦斯堡的老施格兰酒厂（现在已由 MGP Ingredients 运作）采购黑麦威士忌。

---

① 俄国女皇叶卡捷琳娜二世的情夫波将金，官至陆军元帅、俄军总指挥。波将金为了使女皇对他领地的富足有个良好印象，不惜工本，在"今上"必经的路旁建起一批豪华的假村庄。于是，波将金村成了一个世界闻名的、做表面文章和弄虚作假的代号。

类似于啤酒酿造业，在威士忌业内，销售者参与酒液制作的方式和程度也五花八门。

他们有可能仅仅现身一下，选取几款品尝一番，然后就交由仓库经理倾倒一批木桶并进行装瓶；他们也有可能穿梭在仓库中并自行挑选酒液；他们还可能和高西酒厂（High West Distillery）的大卫·珀金斯一样，不仅仅会亲自甄选出中意的酒液，还会以自己独特的方式加以兑和，比如说，将一种年轻的和一种年份更久的黑麦威士忌兑和，将一款波本威士忌和一款黑麦威士忌搭配，还有一种被珀金斯称为"篝火会"的兑和方式，即将波本威士忌、黑麦威士忌和烟熏味的苏格兰威士忌兑和；他们还有可能买入一些上好的陈年威士忌，要么与自己原有的年轻威士忌加以兑和，要么将其置于曾经贮藏过其他烈酒或葡萄酒的木桶中"过桶"处理。

那么，装瓶别家生产的威士忌这种做法到底好不好呢？我觉得这关键取决于装瓶者的意图：装瓶者这样做，是否旨在欺骗消费者，使他们误信瓶中的威士忌就是这家酒厂自产的。有些装瓶者并非如此，比如说珀金斯，他总会告知消费者其装瓶的威士忌是"采购威士忌"。别的一些酒厂则会掩盖陈酿威士忌的真实产地，除非你凑近

非常仔细地阅读标签，否则你绝不会发现这瓶酒并非其自身的产品。所以你应当观察一下标签，看看上面是否只注明了"装瓶地点"，再瞧瞧这个镇的名字是不是和酒厂所在地不一致，接着再检查一下酒龄，如果这是一瓶4年陈威士忌，而这家酒厂才开业不久，那么显然这属于"采购威士忌"！请千万记住，如今对于那些小桶陈酿的威士忌，你已无法通过色泽猜测酒龄了。

如果一家手工酒厂贩卖的威士忌并非自产，却又未在标签注明其实际产地（或者至少在其网页或脸谱网上加以说明），那么这种"手工酒"究竟源自哪里呢？这些酒厂可能确实是自制并陈酿威士忌的，但是在这个较长的周期内，它们完全可以另谋生钱之道：比如说，金酒或者伏特加，这两种都是谷物烈酒，再或者非陈酿威士忌，如果花点心思远可以比现在很多生产商做得更好。总之，如果酒厂从别处买入威士忌重新贴标销售，同时又对此隐藏或遮掩，那么我会选择购买别的威士忌。

事实上，你在购买时必须留心甄别。如果你想支持本土的酒厂，这完全没有问题，但要是你因此额外支付了不必要的溢价，比如说，同样的威士忌只是更换了标签，你却为此白白多支付了20美元，那就完全没有必要了。

位于加利福尼亚州阿拉米达的圣·乔治酒厂。

刻的兴奋劲儿。"我们从苏格兰采购泥煤烘焙过的麦芽，现在我们使用的都是俄勒冈的橡木，我觉得这完全不适用于葡萄酒，但对于威士忌而言却棒极了。这就是俄勒冈产的单一麦芽威士忌，我一直都在制作这款威士忌。"

正如我所言，手工威士忌似乎总能紧跟手工啤酒的步伐。但是，它却并没有如同微酿啤酒厂那样风靡起来，这令我们颇感失望，不过即便还未变成现实，我们依然对未来满怀期待。安佳和清澈小溪这两款威士忌就为美国的手工蒸馏酒厂指明了方向：与众不同，小规模，包含个人激情的产品。

纵览现状，如今的威士忌地图和1993年的手工啤酒地图颇为相像，有几家也已建立起大型酒厂（美国本土和进口的），少数几家差不多超过15年的小型酒厂，还有超过300家涌现出来的微型酒厂正在蓬勃发展。媒体总是很钟爱这些小型酒厂（这背后有很多有趣的故事），它们能得到当地的热烈追捧（某些地方还会抵制别的酒类）。与此同时，

这些小酒厂拥有丰富的创新理念，并且还有复古的思维，能从一些古老的已经被人遗忘的想法中汲取灵感。

和手工啤酒酿造厂相比，手工威士忌制造商还赚得一大便利，它们的销售对象——批发商、零售商店、酒吧和饭店，都已经和手工啤酒酿造厂打过交道，熟悉了手工酿酒是怎么回事。这显然为手工威士忌打开了方便之门。

在1993年，手工啤酒酿造厂面临的壁垒就要大得多，当时的人们根本不晓得什么是手工啤酒，又为什么会出现这种酒。批发商和零售商不知道如何售卖这类酒，大多数酒吧内只有6个龙头甚至更少，他们只是觉得，更多的啤酒会提高他们的成本，所以又有谁愿意购买这些手工啤酒呢？

20年后，这些问题的答案逐渐变得明朗起来。威士忌批发商和零售商能够大获全胜，很大程度上要归功于之前手工啤酒的成功。只要包装和营销到位，瓶中的威士忌也确实不错，他们就很愿意尝试这种全新的未知产品，这无疑帮了手工威士忌制造商一个大忙。

当然，相对于手工啤酒酿造厂，手工蒸馏酒厂要将产品出售给消费者就显得困难一些。手工啤酒更易被广大消费者接受：美国几大主要啤酒酿造商所产的啤酒几乎一模一样。它们都是清淡和轻盈的贮藏啤酒，大型酒厂的产品似乎不怎么样。

但是这一点到威士忌行业却完全行不通了。波本威士忌、苏格兰和爱尔兰威士忌一点儿都不清淡（我想说明一点，20年前多数美国人心目中的加拿大威士忌应当是清淡的，但事实并非全然如此，这是因为加拿大人对出口商品采取了特定的营销策略）。不过，手工啤酒和手工蒸馏酒的故事在很多方面有着相似之处，比如，它们都会坚决抵制大型酒厂的产品，并蔑视地称其为"大酒厂的寡淡威士忌"。事实上这也是不对的，我想任何饮用过拉加维林或布克威士忌的人都会对此表示认同。

手工威士忌有着不凡的故事，无论是狂热的爱好者还是起步的入门者。手工威士忌深深吸引他们的是一些别的细节，正是这些细节推动着手工蒸馏酒厂不断向前发展。

手工威士忌：
一个真实的故事

说到手工蒸馏酒厂，我们不得不讲一讲下面这个真实的故事：手工蒸馏酒的某些特点使其有别于那些大型蒸馏酒厂的产品，而且一瓶手工蒸馏酒的价格也会因此更为高昂（之后我会告诉你其成本更高的原因所在）。

本土制作：
本土员工，本土原料

正如手工啤酒起初会着力强调它的"本土性"（如今又回归这一理念），那些在社区支持下运作的农庄，其招募的人员越来越多地想了解食物的真正来源。正如餐馆中兴起的"农场直接供应餐桌"运动将食物供应商和厨师更加紧密地联系在一起，本土制造这一理念使得手工蒸馏酒更有意思，也更加纯正。

就拿我居住地的一家本土蒸馏酒厂来举例吧，美国山桂蒸馏酒厂在宾夕法尼亚州的布里斯托尔制作一款名为爸爸的帽子的黑麦威士忌，生产地位于费城北部德拉瓦河畔的小镇。这家酒厂的商业合作伙伴——赫尔曼·米哈里希和约翰·科珀，采用的是宾夕法尼亚本土所产的谷物。他们了解到，距离其蒸馏酒厂仅5英里远处曾有一家名为宾夕法尼亚纯黑麦蒸馏酒厂的酿酒公司，在禁酒令颁布之前，它曾一度享有盛名，其生产的黑麦威士忌富有宾夕法尼亚风格

（含有黑麦、黑麦麦芽、大麦麦芽，但是不含玉米），这类似于宾夕法尼亚西部古老的莫农加希拉山谷酒厂，那里也是米哈里希成长的地方。于是美国山桂蒸馏酒厂在市场推广时着力宣传了它的区域特性，效果非凡，声名远扬。即便不是来自你的故乡，根植本土总是意味着纯正和正宗。

位于纽约安克拉姆的希尔洛克庄园酒厂（Hillrock Estate Distillery）甚至更进了一步。这家酒厂位于奥尔巴尼南部的

哈德逊山谷地区，这里是古老的谷物生产地，酒厂所有人杰弗里·贝克就在自家的田地里种植了黑麦和大麦，其中两块地就在酒厂附近，他又从当地的农民手中收购了玉米。谷物就地制麦并研磨，其中一部分采用泥煤进行熏制（贝克也在老地图上仔细寻觅着本地的泥煤供应商）。

希尔洛克的麦芽作坊（制麦室的另一种称呼）是由克里斯蒂安·斯坦利为其打造的，他和妻子安德莉亚共同经营着一家位于马萨诸塞州哈德利镇的小型传统制麦厂——山谷麦芽坊。斯坦利清楚地知道每位向其供应谷物的农民的名字，他的麦芽作坊产品种类丰富齐全，并且几乎能满足蒸馏酒厂所提出的任何特殊需要。我在那家麦芽坊的时候，曾目睹安德莉亚包装一批用樱桃木熏制的黑小麦麦芽。这家麦芽坊的客户地域分布极广，从马萨诸塞州的格洛斯特（赖安&伍德蒸馏酒厂）到纽约中心（五指湖蒸馏酒厂，它将本土的大麦送往山谷麦芽坊进行制麦处理）。

当然了，你也会看到一些大型酒厂拥有本土情结，不少大酒厂采用受到保护的泉水或井水作为水源，一些苏格兰的蒸馏酒厂会部分采用自产的麦芽作为原料，比如，波摩酒厂和高原骑士酒厂，后者还会专门选用来自奥克尼群岛非常与众不同的泥煤熏制自己的麦芽，爱汶山酒厂的一部分玉米就近采自其仓库周边的农田。但事实上鲜有手工蒸馏酒厂能带你参观它们的泉水，向你展示它们的田地，让你手捧绿油油的麦芽，并亲自抚摸装满陈酿威士忌的木桶，你可以把它当作故事一听而过。

位于格洛斯特的赖安&伍德蒸馏酒厂采用山谷麦芽坊的麦芽，并和当地的饭店和零售商建立了牢固的贸易关系，其中就包括位于马萨诸塞州林恩镇的蓝公牛旅馆。这家旅馆的酒吧经理告诉我说，赖安&伍德蒸馏酒厂所有人鲍勃·赖安曾把一些旧木桶切割而成的短厚木块提供给这里的厨房，而大厨则用其制作冷熏牛排。"他非常喜欢这种牛排，认为这种风味美妙绝伦，如今我们把它作为一道特色菜每天供应。

位于纽约州的五指湖蒸馏酒厂，这里采用的是高达12英尺的蒸馏器，对此他们颇引以为傲。

你能想象先以曼哈顿黑麦为原料制作威士忌，再用盛装这种威士忌的木桶来熏制牛排吗？"这只有手工蒸馏酒厂才能做到。人们似乎很喜欢这种带有个性风格的威士忌理念。

神秘的月光

我们似乎很喜欢那些可敬的"亡命之徒"，他们无视法规的约束，诚实坦率，劫富济贫，是罗宾汉式的绿林好汉。当我们听到非法酿酒这个概念时，会站在那些税务官或收税官那边吗？不，绝对不会，我们只会为那些私酿烈酒者，那些自配小型蒸馏器的农场佃农，那些老谋深算的制作所谓劣质玻丁威士忌（Poitin）的酿酒者拍手叫好。人们习惯性地认为小酒厂不可能是合法的，而这些私酿者总是信心满满地希望侥幸得逞，于是那些手工蒸馏酒厂几乎在不知不觉中披上了神秘的面纱。

后来，这些地下蒸馏酒厂开始贩卖未经陈酿的威士忌（亦称为白狗或新酒），私酿酒也随之更添了一份神秘。你我都知道，那些暴发户式的蒸馏酒厂有时出售这种未经陈酿的威士忌也是别无他选，这可以帮助它们迅速地回笼资金。不过我们同时注意到，不少大型蒸馏酒厂也是这么做的，而且至今依然如此，可以说它们受到了那些手工蒸馏酒厂的引导。

其实酒厂早就可以这么做了，因为人们对威士忌总怀有难以抑制的好奇心，他们渴望了解威士忌在装入木桶前是什么样的，又会呈现什么风味，这是威士忌体验之旅中非常有意思的一部分。这种体验既富有教育意义，又充满乐趣，还有很大的启发性。如今，你甚至可以购买到小型的木桶并自己陈酿威士忌。

"白狗"既能彰显蒸馏酒厂的技巧，也能表露蒸馏师的用心。更为有趣的是，在决定选择哪些酒液作为"白狗"出售，哪些酒液置于木桶中陈酿时，有些酒厂还会做出调整。它们希望作为白狗出售的酒

液尽可能地清澈，而木桶还需做进一步加工。正如我所说的，这个过程富有教育意义。

市面上也有那么一些手工品牌，自称秉承了私酿时代的传统，或者至少蕴含了非法私酿的元素，比如坦普顿黑麦威士忌、爆米花萨顿田纳西白色威士忌，或者约翰逊的午夜月亮威士忌，这些自称有私酿传统的酒厂至少聘有3名前烈酒私酿者，或者这些人也自称为"野猫式的投机者"。位于那什维尔东南部50英里处的矮山蒸馏酒厂就是其中之一，这家酒厂和吉米·辛普森、里奇·埃斯蒂斯以及罗纳德·罗森合作，如今，他们根据之前独立使用的配方合法酿造出名为矮山照耀的威士忌（Short Mountain Shine），"这也正是田纳西州坎农郡的做法。"酒厂的共同创办人戴维·考夫曼如此说道。配方本身非常简单：70%的蔗糖加上30%的玉米和小麦"粉头"（少量粗糙研磨的小麦麸皮、胚芽和面粉），该混合物经过发酵，原酒浆从相当结实的谷物"帽状外壳"底下排出，并被送往蒸馏器，而谷物的"帽状外壳"和悬浮浆液则被用作下一批次的酸麦芽浆。户外有一座手工捶打而成的蒸馏器。这3名曾经的私酿酒者以他们特有的方式蒸馏酒液，现场真是一派生动的工作景象，与此同时，主要的蒸馏任务还是由一名全职的蒸馏师通过室内较大的蒸馏器完成的。当然了，最终装瓶的酒液来自上述两种蒸馏器，因此，要说这款酒带有私酿时代的痕迹可是千真万确。

不过，并非所有的白色威士忌都有上乘的品质，应该说绝非如此。我曾经收到过一些略显绿色的样本，真的是绿色的，而且味道也和它的颜色一样古怪。当然，我也遇见过很多不错的非陈酿威士忌，其中查贝酒厂（Charbay）所产的R5以及手工蒸馏酒厂所产的低谷（Low Gap）就是两款不错的白色威士忌，有机会的话我愿意再度购买。白狗威士忌在某些鸡尾酒中也表现出众。毕竟，在鸡尾酒中我们饮用的是白朗姆酒、银龙舌兰酒，还有格拉巴白兰地以及玛

名副其实的违法行为

当我们说到月光（私酿烈酒）一词时，请千万记住：真正的月光（私酿烈酒）确实是非法的。没错，如果不具备蒸馏酒厂执照而在家里私自酿造威士忌，或者伏特加、格拉帕白兰地，或者白兰地酒都属于严重的违法行为。在那个时代，这是毫无回旋余地的，"我酿造这些酒只是用于自饮，这应该没问题吧。"这种借口也休想蒙混过关。

出于研究私酿酒的兴趣爱好，人们制作了不少相关的小型蒸馏器并予以出售，还有不少探讨这个话题的书籍出版（我向大家推介麦特·罗利所著的《非法私酿》（Moonshine）一书）。此外，网上还有大量关于私酿技术的热议，不过我想，现在你应该已经非常清楚家庭私酿的风险了吧！当然，除非你生活在新西兰，这也是目前全球唯一一个将家庭蒸馏酿酒合法化的国家。

举例而言，美国的法律不仅全面禁止家庭蒸馏酒精，甚至不允许私人拥有容量超过1加仑的蒸馏器（法律上允许使用小于该容量的蒸馏器用于制作蒸馏水或植物精华，即便如此也需接受监督检查）。如果你购买了这类小型蒸馏器，就要多加小心：一旦遇到盘问，出售公司就必须向联邦酒精及烟草税务贸易局（TTB）提供任何该蒸馏器订购者的姓名和住址信息，而且联邦政府工作人员无须出示任何搜查证明。一旦被逮捕或起诉，就将面临高达1万美元的罚款以及长达5年的联邦监狱生涯。

除此之外，赫赖因还提到了手工蒸馏酒厂相较于手工啤酒酿造厂的另外一大弱势：私酿啤酒拥有的"农场系统"可以培养出下一代的啤酒酿造师作为接班人，而私酿烈酒却并不存在这样一个体系。海盗船蒸馏酒厂的戴瑞克·贝尔也曾对我做出同样的解释。

"手工啤酒酿造师拥有雄厚的后备力量，"贝尔进一步指出，"成千上万的人对啤酒酿造具备一些实际的经验，但是私酿烈酒则面临着5年监禁和1万美元的风险，这差不多足以毁了一生。在私酿烈酒合法化之前，我们首先应该先看到合法蒸馏器的问世。"贝尔本人有着私酿啤酒的经历，同时也曾有过比较独特的合法酿制烈酒的经历，他曾和朋友们一起制作生物柴油，其中有一人突然脑洞大开并提议制作利口酒，他觉得后者会更加有趣，味道也更芬芳。

目前在美国依然存在着家庭私酿烈酒的情况，我本人也算是尝到了其中的苦果，而且再也不会贸然尝试了，多数的手工蒸馏酒厂则更加小心谨慎，它们可不想因为沾染上这种勾当而被吊销执照。所以千万别效仿那些将家酿啤酒带到手工啤酒酿造厂的家伙，把私酿的烈酒带到当地的蒸馏酒厂，这种做法可不受待见。当然，最为保险的做法是，不要在家里制作任何样酒，要知道这是严重违法的行为。

克白兰地。为什么威士忌又要与众不同呢？当然了，我们需要为其设置一个名字，或者改变一下规则。如果酒液未经陈酿，那么"白色威士忌"这个称呼显然不够贴切，但是如果仅仅为了使威士忌这一称呼合法化而刻意将酒液存放于木桶中一天、一小时甚或仅仅一分钟，又显得很愚蠢。Beam公司的新款"雅各布幽灵"是一种白色威士忌，酒厂将其陈酿了1年左右，继而过滤去除了它的颜色，所得的酒液呈现一种很有意思的风味，这种酒自然不能算作白狗了。加拿大的海伍德酒厂也以类似的手法创作了一款名为白色猫头鹰的威士忌，并且获得了巨大成功。这款酒其实更接近于白色朗姆酒："轻微"陈酿，这足以使其变得圆润并且滤除那些不良杂质。

人们曾一度热议，是否应对美国的"食品特征性规定"做出一些变化和调整，专门针对那些未经陈酿或轻微陈酿的谷物烈酒（不是伏特加、纯威士忌或兑和威士忌）开辟一个支类。这或可放松标准对采用旧木桶陈酿的有关要求，也允许制造商采用传统的苏格兰式方法制作麦芽威士忌，否则酒厂可能就要要弄某些新花样来做手脚了。

多样性和创新性

多样性和创新性应该成为手工蒸馏酒厂生存和发展的根基。与之类似，手工酿造啤酒的成功也有赖于此，并一举成为那些主流啤酒酿造品牌的实力对手。早在 20 世纪 80 年代初微酿啤酒运动刚刚兴起之时，我所访问的第一家自酿啤酒馆就拥有三种各不相同的啤酒，而且也有别于当时在市场中占据主导地位的轻型贮藏啤酒。

一些手工威士忌制造商进行了试验性的创新，比如说，斯特纳汉酒厂（源于丹佛酒厂）就主要生产一种全麦芽威士忌（仅采用本地生长的大麦，又是一个本土化因素），并按照"食品特征性规定"采用全新的经过焙烤的白橡木桶进行陈酿。这种制作方法显得与众不同。当时，美国对于麦芽威士忌实施管控，没有任何一家大型蒸馏酒厂生产全麦芽威士忌，斯特纳汉酒厂则做出了一些细微的变化，蒸馏设备是小型酒厂常用的混合壶式蒸馏器，偶尔还采用橡木过桶的雪花装瓶，而这种"中度雪茄色泽的威士忌"成为一个真正的卖点：在高海拔地区采用全新焙烤木桶进行陈酿的麦芽威士忌。

位于加利福尼亚州蒙特利的迷失烈酒酒厂（Lost Spirits Distillery）采用的处理方式则与清澈小溪酒厂（Clear Creek）的史蒂文·麦卡锡更为类似，只不过前者生产的是泥煤型麦芽威士忌，更加突出纯手工制作的工艺。迷失烈酒酒厂以加利福尼亚本土生长的麦芽为原料，先将其置于酒厂中浸渍，接着采用曼尼托巴的加拿大泥煤，在自建的烟熏室内熏烤直至发硬。完成发酵之后，蒸馏师布赖恩·戴维斯就会将原酒浆灌入一个木质的蒸气加热的蒸馏器中。它并不是那种原始的装满了光滑小石子的被称为"岩石盒子"的木质蒸馏器，倒是颇像一个顶部带有铜质高帽的巨型木桶。这种烟熏味极浓的威士忌被置于加利福尼亚红葡萄酒木桶中陈酿，蒸馏采用了非常手工的工艺。

在此之前，位于得克萨斯州韦科巴尔科内斯的奇普·塔特（Chip Tate）已经有所行动。塔特想采用得克萨斯的谷物、木材和气候创作一款带有浓郁得克萨斯风情的威士忌，于是他和他的全体员工按照自己的设计制作装配了自己的蒸馏器（采用了更为传统的铜），采用烘烤过的蓝玉米为原料，并用得克萨斯本土的胭脂栎木加以熏烤（这股烟熏味会让你的下巴都扭歪掉），然后在得克萨斯特有的高温照晒下陈酿，这种热度会大幅加快蒸发速率。

说到多样性和丰富性，我想位于那什维尔的海盗船蒸馏酒厂可谓独霸群雄。这家酒厂的团队使用的谷物种类非常丰富：玉米、蓝玉米、小米、荞麦、黑小麦、斯佩尔特小麦、燕麦、高粱、藜麦、麦芽、大麦、黑麦等，数不胜数，它们甚至可以混合用于同一款威士忌中，这就是谷物波本威士忌的疯狂之处。"有些谷物加工起来比较麻烦，"酒厂的共同创始人戴瑞克·贝尔这么说道，"这些谷物各自有着不同的性格特征。"海盗船酒厂也采用帝王啤酒、燕麦黑啤酒和皮尔森啤酒制作威士忌。此外，他们还输送酒精蒸气穿过装满啤酒花和接骨木花的堆栈以增添威士忌的风味。

麦芽汁中加过啤酒花的威士忌，海盗船酒厂的试验产品。

海盗船酒厂还在烟熏方面进行了独特的研究，它们采用不同的泥煤和木材烟熏谷物，其中三道烟熏就用到了泥煤、樱桃木和山毛榉三种材料，其口感类似于苏格兰威士忌、德国的烟熏啤酒和烟斗丝。贝尔曾告诉我说，他正在试验将烟直接推送入精馏塔。"事实上，有很多不同的方法可以赋予威士忌烟熏味。"

之后，他又发表了一句蒸馏酒业的至理名言："仿造就是自杀。"说这句话时他带着沾沾自喜的神情，接着又补充道："只要是别人做过的，我们都不想再有所染指。你瞧，我现在就活在杰克·丹尼的影子之中，我并没有能力在营销和设备上与其一较高低，不过好在创造是自由的。手工啤酒酿造师们知道这一点，他们踊跃尝试任何新鲜的事物。啤酒的多样性已经到了令人难以置信的地步，而我希望蒸馏酒有朝一日也能变得如此丰富多彩，对此我正翘首以待。"

这种激动之情溢于言表。贝尔在其著作《古老的威士忌》一书中就充满了各种这类灵感和理念。手工啤酒酿造者们需要实践，并回顾那些曾一度被忽视和边缘化的经典啤酒，所以直到一段时间之后，他们才真正开始这方面的试验。很快，我们也会在手工蒸馏酒业见到类似的情况。我们谈论威士忌制作领域的传统，而数年来，这些传统已经发生了诸多改变，概括来说包括：柱式蒸馏器占据了主导地位；美国的蒸馏酒厂全部且仅仅使用新焙烤的橡木桶；苏格兰和爱尔兰的蒸馏酒厂随之越来越多地使用波本木桶；蒸馏器铜件接触明火越来越少；加拿大蒸馏酒厂成为生产兑和／调味威士忌的典范；使用更为新型的杂交谷物。

手工蒸馏酒可以在很多方面掀起"复古"浪潮，比如，采用壶式蒸馏器制作美国黑麦威士忌，或者采用一系列不同的木桶进行陈酿，或者使用传统谷物。有一些蒸馏酒制造商已经在这方面做出尝试，不过依然有无穷潜力。位于俄亥俄州新卡莱尔的印度小溪蒸馏酒厂在这方面独树一帜，乔和米西·杜尔所使用的一整套小型蒸馏器来自一座家庭农场蒸馏酒坊，

它们曾在1820—1920年间采用这套蒸馏设备制作黑麦威士忌，如今印度小溪蒸馏酒厂在同一地点，采用同样的设备继续酿造着威士忌。禁酒令颁发之初，这套蒸馏设备曾一度被拆卸，之后一直沉寂在仓库中直至1997年，它们最终于2011年重见天日并再次启用，采用的配方和水源也和原来一模一样。

自成一类

有那么一群蒸馏酒厂，它们凭借创新性和差异性独树一帜，这又引发了一个问题：这群酒厂间又有些什么相似之处呢？答案肯定不仅仅是规模大小。手工啤酒酿造者们认为，差异性是他们最大的共性，不过很快这些手工啤酒坊就得以发展壮大。波士顿啤酒公司起初只是一家不起眼的手工啤酒酿造坊，如今却成为全美国五大啤酒酿造厂之一。

我认为建立一支和现有酒厂有所差异的队伍没什么不妥。如今大型酒厂和传统大规模制酒的投资已然不少。仓库中贮藏有成千上万计的陈酿木桶，这使得威士忌制造商俨然成为一艘巨轮，需要耗费相当长的时间才能显著改变航向。当然了，这些大酒厂可以通过精心的兑和在某种程度上改变陈年威士忌的风味。它们可以轻而易举地处理较为年轻的威士忌，也可以不费吹灰之力地调制兑和威士忌。不过对于大酒厂而言，要想完全转向运营，启用全新的蒸馏器或者采用全新的谷物可就困难重重了。小而灵活的手工蒸馏酒厂在这方面可以大显身手，当然也需要一定的时间。

手工威士忌尚且年轻，不过从某种程度上说，它们也和其他大型蒸馏酒厂一样面临着相同的困境。一旦它们制作出品质更高的威士忌，销量就会随之提升，但是威士忌较长的制作周期又无法使得当下的产量立即满足当下的销量需求。根据销售增长预期，

如果想在 5 年后收获足量的威士忌，你就必须马上着手制作高于当前销量的威士忌，为此，你可能不得不动用 3 年前销售的盈利（当时的销量更少）采购当前所需的谷物和木桶。可是，你怎样才能获得应对变化的时间？又该如何储备威士忌以陈酿更久的时间？

解决这个问题有一个办法，我想你也已经看到了：价格。通常情况下，手工威士忌要比传统蒸馏酒厂生产的同类威士忌昂贵很多。一瓶 3 年陈的手工威士忌标价一般在 50 美元左右，一瓶 4 年陈的占边威士忌价格却不足 20 美元，而花上 40 美元左右就可以买到一瓶 12 年陈的单一麦芽威士忌了。这就是事实。

这其中的原因很简单：物以稀为贵。如果购买量较少，那么单位成本就会更高，任何在超市中购买过碎牛肉的人都会明白这个道理；食品杂货店的购买经历也会告诉你，高质量的食品价格更高，购买有机食品则会更加昂贵，而购买那些非常规的小众食物则更会贵得出奇：比如，鸵鸟、木瓜、农场自制奶酪。某些手工威士忌也是这样。生产手工威士忌需要投资建设一座新的酒厂（小型酒厂不见得便宜），购买设备，支付高额的劳力、法律和监管成本和能源费用，同时又无法取得规模优势以获得批量折扣。

不过，更为高昂的价格能起到抑制需求的作用，也会给予蒸馏酒制造商喘息的空间，让他们有机会填满自己的仓库。如果制造商能在需求、供给和价格之间寻找到平衡，就可以在储藏威士忌时采用更大的木桶，并且陈酿更长的时间了。

尽管如此，手工威士忌制造商是否就愿意如此做呢？目前，他们正致力于采用不同的蒸馏方法、仓储工艺和谷物原料研发制作品质更佳的年轻威士忌。更为重要的一点是，品尝者的口味会发生变化。很长一段时间以来，人们钟情于超过 15 年酒龄的陈年威士忌，但是供应慢慢被消耗殆尽，手工蒸馏酒厂试图以全新的产品捕获消费者的芳心，而这些新产品会挑战你的味蕾，也会拓展我们对威士忌的理解。并非人人都会爱上手工威士忌，而品鉴手工威士忌的方式也不拘一格，比如新型的鸡尾酒和新型的庆典仪式。不过归根结底，是否接受手工威士忌取决于你是否喜欢它的口感，这是威士忌业内亘古不变的规则，也可能成为未来威士忌发展的一部分。

第13章

稀释：
水、冰和鸡尾酒

首先我要澄清一下有关威士忌只能纯饮的误解。可能，某些威士忌的狂热爱好者会竭力劝说你饮用威士忌时仅仅采用纯饮的方式：不加水，当然也不加冰。你在很多书里也会读到这样的说法，不得不说侦探小说里实在有太多糟糕的有关威士忌的建议了。当然，在很多电影和电视节目中，你也会见到不少自以为是的老头或无所不知的花花公子在那里吹嘘，上好的威士忌只能纯饮，不加冰块，一饮而下！

"我喝威士忌的时候，喝的就是单纯的威士忌。"电影《蓬门今始为君开》中的巴里·菲茨杰拉德是这样说的，"而喝水的时候，喝的就是单纯的水。"边说着，他边撬开了威士忌酒瓶上的软木塞。

不过，正如我们在第5章中所讨论的，职业品尝者的做法恰恰是在威士忌中加水！所以，你不妨加入几滴水打开你鼻子的嗅觉感官，加入几勺水以缓冲威士忌的热辣口感，甚至在边上准备好一杯水时不时地啜饮几口："威士忌，来些水吧。"人们在传统酒吧里常常会这样招呼侍者，当然你也可以这么做。假如你品尝威士忌是出于教育或者鉴赏的目的，你自然会少加一些水，并谨慎地逐量递增，而如果你饮用威士忌只是为了消遣，那在加水时尽可以随意些。不过请千万牢记一点：正如牙膏挤出容易退回难一样，想要在威士忌中加水容易，重新将水取出可就难了。

你可千万别受了那些威士忌假内行的忽悠而束缚了自己，除非你喝的是他们的威士忌。这个时候，你在加水时就得小心谨慎了，出于礼貌你可以稍微加入几滴。还有一些专门的威士忌酒吧，如果你粗心地将水加入错误的威士忌中，有可能会被赶出酒吧，至少酒吧会拒绝为你提供服务。

当然了，也有一些文化习俗非常接受在威士忌中加水的做法。在日本，在威士忌中掺杂苏打水的高杯酒就颇受欢迎，采用冷苏打水稀释苏格兰兑和威士忌，使饮料的标准酒度降到20%甚至更低，拥有一股怡人而清新的爽快口感。我如今已经养成了饮用肯塔基茶的习惯，它让我感到内心的平和。这种饮料由两份水和一份波本威士忌兑和而成并置于高脚杯中，它既拥有水的平静感（起到舒缓的作用），又散发出波本威士忌让你一饮而快的力度感。肯塔基茶也是绝佳的配餐饮料，或者加入可以把它当作一种带有波本风味的啤酒来喝。南美洲的一些热带国家也是威士忌的主要消费地，尤其是委内瑞拉和巴西，那里的人们特别喜欢将苏格兰威士忌和苏打水兑和放在高脚杯里，再倒入叮当作响的冰块，然后享受它冰凉解渴的快感。

在威士忌中加冰这种做法可能更富争议，因为你不仅仅是加了水，同时还冷却了威士忌，对于某些人而言，这简直是可怕至极的。"这样，你会冻到你的内脏。"我的一位朋友信誓旦旦地认为，他闻知当一名苏格兰人听到这样的说法时也为之震惊。好吧，这种饮法在苏格兰确实不怎么流行（苏格兰的纬度相当于美国阿拉斯加州的朱诺，难怪那里的人们并不怎么喜欢冰）。不过在美国这里，天气也有可能是极为闷热的。

美国人在日常生活中只是偶尔需要用到冰块。如果天气分外闷热，而你恰好站在后阳台上看着孩子们在游泳池中戏水，或者正在准备烧烤架，那么此时来一瓶冰镇的威士忌是再好不过的了。取一个平底无脚酒杯，我们也将这种酒杯称为古典杯，之后我们还会进一步讲述这些杯名的由来，然后放入一些大冰块，再浇上威士忌。

正如科洛内尔·戴维·克罗克特所说："威士忌可以使人在冬日里感受到温暖，在夏日里感觉到凉爽。"而加上一点冰块当然有利于酒液冷却。

我喜欢在炎炎夏日里喝上一杯上好的威士忌，但是如果不加冰块的话，威士忌就会因为炎热而降低口感。如果你和我一样的爱好，不妨选择加入大而坚硬的冻冰块，这种冰块比稀释后的冰镇效果更强，也不要采用那种很容易就融化的碎冰浆。你可以购买整大块冰，再用镐子或者木槌将其敲开成小块，这可是一项技术活，但是随时准备大冰块是件麻烦事，你需要额外准备一些空间用以存冰或者备上一些方形冰块模具（托沃洛 Tovolo 冰格就是一款价廉物美的产品。我不建议大家使用威士忌冰石或者金属球，你的牙齿会在饮用时受到切削，而且这些石块会在冰箱中沾染上食物的气味。坚持使用冰块吧，这是我的经验之谈）。

当然，人们有时会选择纯饮威士忌，我很多时候也会如此。比如说，这能在冬日里给你带来温暖，我在第一次品鉴某款新型威士忌时也会选择纯饮，有

三种饮用纯威士忌酒的方式

纯饮

加水

加冰

的时候我只是觉得纯饮口味更佳。

在纯饮威士忌时，你应该感到和加水加冰饮用一样的轻松自然。不过，"纯饮"的含义究竟是什么呢？它的定义是未掺杂添加剂也未经稀释。你瞧，根据这个定义，威士忌一旦装瓶就已然被冲淡，事实上，除非饮用的是桶装原酒或单一桶装威士忌，否则你所喝到的酒液都已经过兑和或者稀释。所以不要再徘徊不定，不要再犹豫不决，就痛快地喝吧。毕竟，你喜欢威士忌，而且这是属于你的威士忌。

威士忌在鸡尾酒中的应用

威士忌用于鸡尾酒的调制已有超过 200 年的历史，采用这种搭配的原因很简单：味道很不错。爱尔兰人钟情于热威士忌，曼哈顿人是饮用波本威士忌的典范（虽然我个人认为他们更喜欢黑麦威士忌），加拿大人是不折不扣的优秀兑和师，而略显呆板的苏格兰威士忌配上苏打将给你的一整天带来不同的感受。

这里我想再度重申，你得学着跟随自己的味觉感受去品尝。正如你所了解的，虽然所有的威士忌都由谷物制成，并在橡木桶中陈酿，但是这些谷物和橡木各有不同，威士忌的制造商也千差万别。因此，不同威士忌之间差异很大，在和鸡尾酒的其他成分调配时也会产生千变万化的效果。

我将 13 种不同的鸡尾酒排成一列，其中多数是经典款式，当然也不乏几款新品，或者说在你的概念里它们根本不算是鸡尾酒。我们将依次探讨这些鸡尾酒及其组成成分，并深入剖析为何调酒师会特意选择某款威士忌与该款鸡尾酒中的其他成分搭配。在讲述的过程中，我还会穿插一些小故事，这些都将组成你的鸡尾酒体验之旅。现在就请在酒吧找个位置坐下来，然后备好你的小费吧。

不必苛求最佳威士忌！

你的朋友可能曾告诉过你，不必在鸡尾酒调制中使用"优质"的威士忌，调酒师们可能也这么说过，或者至少暗含此意。这群人可真是令人讨厌的威士忌假内行，总是败坏你品酒的兴致，不过这一次，我倒是基本同意他们的见解。我自己曾试过几次在鸡尾酒中加入上好的威士忌，你也大可随意尝试，毕竟这是属于你的威士忌。不过，如果你在点一杯鸡尾酒前，发现罗布罗伊是由麦卡伦18年陈调制的，而曼哈顿鸡尾酒是由范·温克调制的，就一定会有所思量。天哪！更别说是拿尊美醇黄金珍酿调制而成的爱尔兰咖啡了。

这又是为什么呢？不妨设想一下用葡萄酒进行烹制，虽然古话说"不要用你不想喝的葡萄酒进行烹制"，但事实上很多有瑕疵或者发霉味的酒，或者是经过重盐腌渍的所谓的料酒都已经无法加以饮用。你在品尝威士忌时，自然会设定某条质量的底线，其实这个要求已经很低了。正如我之前所说的，如今市面上已几乎找不到真正拙劣的威士忌，但真正上好的威士忌并不会在很大程度上提升鸡尾酒的口感，从性价比上看，还不如单纯饮用这些真正卓越的威士忌更为妥当些。

这又回到我所说的"餐桌威士忌"或"家用餐酒"的概念了。对于几类主要的威士忌，我的酒窖中总会常年备上一瓶苏格兰兑和威士忌、一瓶标准波本威士忌、一瓶黑麦威士忌、一瓶爱尔兰威士忌以及一瓶加拿大威士忌。如果我想调制一杯高杯酒或鸡尾酒，或者深夜打扑克时，就能随意取上一瓶。

总的来说，如果手头有一瓶珍罕、年份久远且质量上乘的威士忌，建议大家不要轻易地将其与其他成分调配或者兑和，而应该盛装在你最喜爱的威士忌酒杯中纯粹享用，不过那些日常饮用而且随时能买到的威士忌倒没什么要紧，即便贴有"优质"或"手工酿制"的标签也无所谓。我曾经遇到过野火鸡威士忌的蒸馏大师吉米·拉塞尔，我对他的理念深表认同，"你如何饮用我们的威士忌，我们真的一点儿都不在意，"他扬扬得意地微笑着和我说道，"只要你乐于饮用就行啦。"让我们为此干杯吧！

热威士忌

单纯本真

名副其实地，热威士忌就和听起来一样的简单易行。如果使用的不是滚烫的沸水，6年陈的威士忌就足以制作一款热威士忌：先把水壶放在炉上烧，在等待它发出汽鸣声前，切取一小片柠檬，再用手搓入几粒完整的丁香。丁香并非必须加入，但是可以增进饮料的口感。取出一个玻璃杯，建议使用强化玻璃杯或者马克杯，因为盛装的是热液，最好杯侧带有一个手柄。准备好爱尔兰威士忌和糖，白糖就可以，蜂蜜更佳，而要是能搞到德梅拉拉蔗糖的话就更为正宗了。水沸腾以后冲洗一下玻璃杯使其变得温热，然后在杯中加入 1 茶匙糖和 1 盎司沸水，搅拌直至糖完全溶解，之后再加入 2 盎司威士忌，可以是鲍尔斯、尊美醇、黑林或者基尔伯，还有丁香柠檬，接着再倒入 1 盎司沸水，搅拌一下就大功告成。现在就可以尽情享用啦！简直是小菜一碟。

糖、热水、威士忌，还有一片儿柠檬，似乎没有什么比这更简单的做法了，不过伙计，事实上这种饮料和单纯的威士忌可迥然不同。坦率而言，之前人们只知道单纯饮用威士忌，而你在此基础上进行了再创作，这也是"宾治"（punch）饮料的前身，"punch"一词源于北印度语中的"panch"，意思是"五"，即饮料所含的成分数目（水、威士忌、糖、柠檬和香料）。而在我看来，"punch"这个词则更像是源于一种名为"puncheon"的木桶。

糖和柠檬能突出表现威士忌中的甜味麦芽和水果香气，而丁香明快又不失魅力的麝香气息能振奋感官，并和柑橘形成绝佳拍档。热水将所有这些因素揉捏在一起，促进了风味和香气融为一体，并传播给你的感官，打开你的鼻窦和鼻咽腔，即你的咽喉中连接鼻子后端和嘴巴后端的部分。你肯定有过这样的经历，患感冒时一杯热茶能够帮你打通口鼻促进呼吸，与之类似，一杯热威士忌能够让你感受到其强劲而浓郁的风味。

当然，热威士忌不仅仅适用于冬季。当一个炎炎夏日告别骄阳进入傍晚时分，一杯热威士忌也是很不错的选择。至于原因嘛，就是感觉很不错呀，而且制作起来又是那么简单。

如果你想和苏格兰人共饮热威士忌，制作方式大同小异，只不过这种饮料被称作"威士忌肌肤"（Whisky Skin）。只需剥入柠檬，无须加入丁香，然后按照自己的喜好加入威士忌：可以尝试优质的兑

和威士忌，选择诸如格兰菲迪或格兰花格这样的纯正斯佩赛地区威士忌，也可以加入一点大力斯可威士忌，这样淡淡的泥煤香就会随之飘入空中。

古典鸡尾酒

鸡尾酒的鼻祖

古典鸡尾酒可谓是酒如其名。它的配料包括：威士忌、糖、苦味剂和一丁点水。人们最初在 19 世纪之交在新奥尔良开始饮用这种"鸡尾酒"，这成了酒类饮料的发端，并且也是鸡尾酒概念的原型——烈酒。加入一些糖使酒液口感更为柔和怡口，加入一点苦味剂缓和酒液的冲劲，再加一点水适当降低酒度。

古典鸡尾酒是一种为人所熟知的鸡尾酒，同时也深得我心。内格罗尼之所以受到不少鸡尾酒爱好者的追捧，是因为它有着极为简单的配方，即金酒、金巴利酒和甜苦艾酒三者以 1∶1∶1 的比例兑和。古典鸡尾酒也很简单，即便是最没有经验的调酒师也能轻而易举搞定。它的配方确实很简单，不过在决定使用哪种简单配方之前，我们应该先考虑考虑下列几个问题。

古典鸡尾酒真的是在路易斯维尔的潘登尼斯俱乐部被发明的吗？潘登尼斯酒吧当然供应很多种古典鸡尾酒，至少我听说如此。它是一家私人俱乐部并自称是古典鸡尾酒的发明地，但是在该俱乐部成立之前，就已有相关资料提及古典鸡尾酒。假设早先的古典鸡尾酒就完全采用这个配方，那么这个俱乐部成立于1881年，而波本威士忌和黑麦威士忌的诞生还要早上100年左右，在这漫长的时间段里都没有人配制过古典鸡尾酒，这似乎有点不太可信。

古典鸡尾酒采用的是黑麦威士忌还是波本威士忌？在肯塔基州，几乎可以认定，人们采用的就是波本威士忌，而在纽约和旧金山非常时髦的鸡尾酒酒吧里，人们或许会采用黑麦威士忌。眼下加拿大威士忌风头正劲，调酒师有可能采用高黑麦含量的加拿大威士忌。黑麦威士忌可以增添酒液的风味，而某些人会觉得波本威士忌口感太甜。关键点依然在于你个人的感觉。对于这类选择性问题，我倒是觉得它为饮者提供了品尝不同鸡尾酒的机会，我乐意将这种尝试性活动称为"研究"，而且，"我们需要更多的研究"。

古典鸡尾酒中含有水果吗？好吧，这个问题有点难，这也算是区分酒吧调酒师水平的几大问题之一了吧。据我了解，基本的鸡尾酒调制可以追溯到20世纪80年代初那苦难的岁月，那时候人们用壶盛装酸性加味剂。我的老板制作古典鸡尾酒时，先把糖加入玻璃杯，然后迅速地用枪喷射苏打水，再加上两滴苦味剂，一片橙子和一个马拉斯奇诺黑樱桃，之后他开始敷衍起来而不再那么讲究，樱桃可以采用霓红色的浓浆替代，而橙子可能只取两三块外皮。然后加冰、加威士忌（温莎公爵加拿大威士忌），迅速搅拌一下，插上一根鸡尾酒吸管，再装饰一颗带柄樱桃作为点缀。现在，我再也不用这种方法制作古典鸡尾酒了，其实这种做法已经被淘汰了。如果用到橙子的话（或者菠萝、桃子、柠檬，这些都有应用），

就会轻轻拌糖捣碎带出一些汁水，或者有时仅仅挂在杯口作为装饰。

下面就来说说我是如何制作古典鸡尾酒的，你也不妨一试。我将一茶匙糖（普通的食糖，我们尽可能地简单化）放入玻璃杯中，倒入少量水，再加入2滴安哥斯杜拉必打士酒，接着我会轻微搅拌一下使糖溶解，继而用大冰块填满杯子，再将2盎司波本威士忌倒在上方，搅拌1~2次。这种方法极其简易，酒液质地醇厚，口感怡人，调配这种鸡尾酒不需要过多的技巧，像我这样的人就能上手制作。

威士忌酸酒

可不是蒂莉阿姨的做法

我读研究生时曾照料过一家酒吧，那简直是浪费时间，当然，我指的是读研究生，我都记不起来什么时候有用过读研时学过的东西了，倒是看管酒吧的经历引领我进入了职业生涯。我本应该在这项所谓的副业上倾注更多心血的！

那还是20世纪80年代早期，当时我工作的酒吧有三款最为流行的饮料，分别是手工啤酒（米勒高品质生活啤酒，这也是我们当时供应的唯一一款手工酿

酒）、采用温莎公爵加拿大威士忌和柚子汽水调制的高杯酒（当地的特殊嗜好），以及威士忌酸酒。

各种各样的酸，真的是这样。我还经常采用杏子"白兰地"和朗姆酒制作威士忌酸，还曾有个伙计尝试做过甘露咖啡甜酒酸。

酸的调制比较简单，倒是难不倒我。取一个摇壶，在数三下的时间内倒入酒液（因为甘露咖啡甜酒流淌得非常缓慢，所以我必须计量一下），一酒吧匙的细砂糖，两大口酸味剂，再装满冰块。盖上壶盖，用力摇动，将酒液滤出，再在上方放置一枚樱桃。如果你端给顾客时，上面还在咝咝冒泡，很容易就能得到小费。那些年纪偏大的妇女对此尤其偏爱。

只不过，我觉得这种酒尝起来就像屎一样。在我的印象里，"威士忌酸酒"也就成了廉价鸡尾酒以及那些廉价鸡尾酒饮者的代名词。相较于这种廉价的威士忌酸，我倒宁可接受非常实在的7&7鸡尾酒。

后来有一次，我顺路拜访了朋友新开的一家餐馆，这也算是我接触的第一家真正意义上的鸡尾酒酒吧：调酒师身穿白色外套，佩戴黑色蝶形领结，木质吧台光滑柔顺，后吧台上陈列的精选酒液令人眼睛一亮，吧台表面还有用螺栓连接起来的稀奇古怪的机械装置。我要了一杯啤酒并和我的朋友交谈起来，不过整个场景布置深深地吸引了我，我一直留意观察着一样东西。

然后，有人点了一份威士忌酸，调酒师取出一只新鲜的柠檬，一切为二，将其中的半块放在机器的底部爪座中，然后旋转手柄。这竟然是一个榨汁机！柠檬汁就这样流淌到了玻璃杯中，他接着又加入了威士忌、糖和冰块，并用力摇动，滤出酒液……天哪，我非得尝上一口不可，他用的可是新鲜的果汁呢！

这次体验对我来说启发很大。一直以来调酒师们对酸味剂都嗤之以鼻，而我不得不重新审视这些言论：他们可能描述得并不全面。厚实、甜美、神秘的柑橘酸味剂使这款饮料变得更为柔顺。新鲜的柠檬撞上威士忌的甜美（单单是糖直接搭配酸酸的汁水就

已足够），喝上一口，我的嘴巴会禁不住舞动起来，接着我的下颌关节感到一阵麻刺并收紧。正如我田纳西一位老朋友所说的："这饮料挤压了我的腺体！"

显然，有两点非常关键，其一是使用新鲜果汁，其二是使用适合你的威士忌：波本威士忌富有权威性值得信赖，黑麦威士忌拥有爆炸式的强劲威力，加拿大威士忌柔和易于搭配。可能我个人不会选择爱尔兰威士忌，因为其风味很容易被压盖住，我也不会采用苏格兰威士忌，当然这是因人而异的。

我制作威士忌酸的方法如下：先在摇壶中装入冰块，再倒入2盎司的波本威士忌或加拿大威士忌，挤入半只柠檬的汁水，加上一茶匙糖（如果使用的是超细砂糖，你会看到非常漂亮的泡沫并咝咝作响，这更容易帮助你得到客人的小费），摇动一会儿（要全神贯注），将酒液滤出倒入一个冰过的鸡尾酒杯，再用一颗带柄的马拉斯奇诺樱桃加以点缀。如果你使用的是酸性加味剂，可别告诉别人我认识你。

对了，还有甘露咖啡甜酒酸？这种饮料可怕极了，发出彩虹般的光芒，就像使用过的车用机油。不过既然我已经提到了，就把配方告诉各位作为额外福利吧，我最初是在墨西哥学到这种做法的，之后也实践了很多次：在岩石杯中装入冰块，倒入2盎司甘露甜酒，在上方将半个青柠的汁水挤入（这有点难），然后把青柠皮也丢入其中，搅拌两次。新鲜的青柠汁水能淡化并缓和咖啡利口酒厚重的甜腻味，并带出香草味和焦糖味，美味极了！

苦味剂

很多鸡尾酒配方中都会用到苦味剂。你可能见过外瓶裹有字条的安古斯图拉苦味剂，或许，你还会在一些常去的酒吧里看到调酒师自制苦味剂。

那么苦味剂究竟是什么呢？其实它是一种酊剂，也不难制作。首先选择你的芳香物质——药草、种子、香料、树皮、花朵、根、草、水果或水果外皮，有必要清洗一下，然后将其置于一个装有普通酒精的瓶中，比如，清澈透明酒度为80的伏特加就可以，当然酒度100的烈酒更好，这将有助于萃取更多的物质，浓度也更高。如果能设法搞到的话，建议采用谷物酒精（一瓶爱薇可利尔（Everclear）足可以用来制作大量的苦味剂），盖上瓶盖，将其置于黑暗的橱柜中，静置一个月。

我好像说过苦味剂不难制作，是吧？抱歉，事实上，制作出好的苦味剂可非易事。平衡各种芳香和选择正确的原料都相当困难，不过这个尝试的过程充满乐趣。我往往只是购买成品，通常手头会备有一瓶安古斯图拉苦味剂（丁香、肉桂、龙胆根充满活力的气味）和一瓶贝萨梅颂苦味剂（茴香味，红色水果），有时还会备上一瓶瑞甘斯香橙苦味剂（橙皮细末，新鲜搓捻）。

说真的，我并不擅长鸡尾酒的调制，所以我特别崇拜和钦佩那些好的调酒师。不过，只要在古典鸡尾酒中稍微加入几滴上好的苦味剂，我总能在朋友面前耍酷成功。实际上，苦味剂一旦和饮料混合，并不会散发特别强劲的风味，而只是会糅合各种冲味，并渗透那么一丁点的香气。这种成分微妙而重要。

对于威士忌的饮客而言，苦味剂还能在别的方面大显身手。我在宾夕法尼亚的农村长大，记得当时我的阿米什邻居（美国宾夕法尼亚州的一群基督新教再洗礼派门诺会信徒）总会备有一瓶安古斯图拉苦味剂，

一旦肠胃不适，他们就会取上一茶匙苦味剂，然后和水以1∶1的比例兑和服用（非常流行的德国餐后酒安定宝（Underberg）采用便于随身携带的一次性包装，也有同样功效）。如果我是代驾司机，就会请调酒师给我来上一杯姜汁汽水或苏打水，在其中加入几滴苦味剂。这种搭配味道很不错，我感觉自己也在享用一杯鸡尾酒，而且颇有男子气概。

最后提醒一下，如果你患了顽固性打嗝症，我发誓老调酒师的一个方子会很管用：切取一片柠檬，淋上一些苦味剂，然后一口咬下去别动，从这片柠檬中吸吮出苦味和柠檬汁。对我而言，这个法子每次都很管用。

萨泽拉克

选择黑麦威士忌的理由

回想起来，我最糟糕的一次鸡尾酒体验就是饮用萨泽拉克鸡尾酒那回了。记得当时我在蒙特利尔的一家宾馆酒吧里点了一份萨泽拉克，调酒师穿着到位，酒也不错，而且彬彬有礼，但当我仔细观察他调酒的过程时，不禁眉头一皱并且不安起来。他把糖、加拿大威士忌（考虑到身处加拿大，以此替代美国的黑麦威士忌尚可接受）、苦味剂和柠檬汁混合在一起，然后用力摇匀，再将酒液滤出倒入一个鸡尾酒杯中，在上面卷了一条柠檬皮，然后端给了我。只能说这是一份不错的威士忌酸，但它完全不是萨泽拉克。

多年来，我一直在找寻真正的萨泽拉克，不过却每每失望而归。有的地方供应的萨泽拉克其实是威士忌酸，类似于我上段所描述的，有的地方甚至表示对萨泽拉克闻所未闻，还有一些酒吧会回复我说："好的，先生，我们有萨泽拉克黑麦酒，您是想纯饮呢还是加冰块？"不过言归正传，只有稍加敦促，多数鸡尾酒吧和不错的饭店才会给你制作出上好的萨泽拉克鸡尾酒。去年，当我在旧金山的优质牛排屋点萨泽拉克时，得到的回复是："好的，先生，请问您想要哪种黑麦威士忌呢？"当时我的

心脏不禁颤了颤。

因为，你知道的……其实这并不难！其实基本上就是黑麦古典鸡尾酒加上一点苦艾酒。具体的做法是：在古典杯中加入 1 茶匙糖，倒入少量水混合，使糖刚好湿润，滴入 2 滴苦味剂（贝萨梅颂非常正宗，不过你也可以选用安古斯图拉，或者两者各取一部分），再选一种较好的黑麦威士忌加入 2 盎司（萨泽拉克 18 年陈或较为年轻的"萨泽宝宝"瓶装酒也不错，如果能搞到里腾豪斯也可以），添加冰块，加以搅拌。

完成上述步骤后，立刻在冰过的酒杯中加入半茶匙的苦艾酒（或者荷波赛[①]），快速旋转使其在杯壁覆盖薄薄一层，再把多余的液体倒掉，将之前制作好的鸡尾酒液滤出倒入这个洗过的杯子，最后弯卷一片柠檬皮置于饮料上方就可享用了。整个制作过程中最难的部分当属洗杯环节，可能只是因为我比较挑剔，每次都要求清洗到杯子的边边角角。

真正的萨泽拉克非常美味，你一定会在品尝时感到欣喜愉悦。单纯的古典鸡尾酒本身就很不错，贝萨梅颂苦味剂的加入额外注入了一股茴香气息，使酒液显得更加清新，而采用苦艾酒洗杯则在黑麦中增添了草药的香气。这种大茴香／小茴香／苦艾的混合物能与黑麦自有的青草味、薄荷味和草药香味完美地融合，相得益彰，这正是我们在调配鸡尾酒时所追求的协同效应。

我非常迷恋萨泽拉克的味道，可以说难舍难分。它是开启你美好夜晚的良品，在弥漫的芳香中感受潺潺流过的酒液，洗杯的仪式似乎让你感觉好像身处异乡。制作萨泽拉克也相当简单，你完全可以在下班回家前（乘火车或是打的，萨泽拉克的酒劲可不小）来上一杯，同时又不至于觉得过于单薄简陋。

而最好的是，和不含有任何水果的古典鸡尾酒一样，萨泽拉克也没有任何华丽的外饰。这是一款实在的鸡尾酒，一种纯粹的饮料，它似乎也得到了调酒师的默认。总之，品尝萨泽拉克可绝不是浪费时间的瞎折腾。

---

① 英文名为 Herbsaint，是一种茴香味的利口酒。

曼哈顿

一条变色龙

我们现在将要开启一个比较正经的话题。曼哈顿是一款非常严肃的、专为大人物准备的饮品，需要得到人们的尊重。它是一款纯酒液鸡尾酒，原料是马提尼强度的威士忌，加上一点味美思，再淋入足量的苦味剂以充分调和威士忌和葡萄酒，接着加以搅拌，滤出酒液（也可以不滤出，如果你乐意的话也可以加冰），然后按照传统做法取一颗樱桃点缀，更加精致的做法是弯卷一片橙皮加以装饰，这就算大功告成了。这杯曼哈顿端坐在你眼前，就像你凝望着它一样，它也同时注视着你，慢慢升温，微微颤抖，强大而有力。

而最要命的是，它尝起来简直棒极了。

无论你喜欢哪一版本的故事，曼哈顿的真实故事就是它的进化史，而且它正持续不断地演变着，堪称鸡尾酒界名副其实的朗·钱尼。大多数经典款的鸡尾酒其实都非常简单，而"真正"的基础款曼哈顿也是如此：2 盎司的黑麦威士忌、1 盎司的甜味美思或意大利味美思、数滴安古斯图拉苦味剂，一同混合置于装满大冰块的酒杯中，搅拌一下，滤出

酒液并装饰。味美思的辛香和甜美（不要想着马提尼的制作方式，忽略掉它，曼哈顿的制作需要用到足足 1 盎司的味美思）可以平衡黑麦威士忌辛辣的干涩，而苦味剂使其富有活力，更加圆润而柔和。有酒如此，夫复何求？

不过，调酒师们总喜欢捣鼓些新玩意出来，这些可不仅仅是新名字而已，而是真正全新的创造。将原先配方中一半的味美思换成干白味美思就成了完美曼哈顿，将原先的苦味剂换成亚玛·匹康必打士酒（Amer Picon）就成了莫纳汉，将黑麦威士忌换成苏格兰威士忌就成了罗布罗伊，这样的变换方式不胜枚举。可以说，当一名调酒员在真正掌握了曼哈顿的奥妙之后，就可以进阶为调酒师了。

在鸡尾酒的变迁史中，有些事件富有突破性的意义。在波士顿外有一家名为迪普埃伦的酒吧，我经常去那儿喝上一杯啤酒（那里提供一系列精选的低酒度手工纯酿啤酒，可谓我的最爱），不过那里也供应 10 多种曼哈顿的变式鸡尾酒。这家酒吧的所有者之一马克思·托斯特曾向我讲述了这张曼哈顿酒单背后的故事。

"一个名叫比利·罗斯的朋友在 1994 年教会了我制作曼哈顿的方法，"他说，"他的曼哈顿代表了一个时代：美格威士忌、甜味美思、一颗硕大的樱桃、安古斯图拉苦味剂加上一酒吧匙的樱桃果汁。这个配方让我深深地爱上了曼哈顿。"（我能回忆起这些曼哈顿，在 20 世纪 90 年代中期我饮用过这种配方的曼哈顿，甜美多汁，它和我们如今所喝的辛香味黑麦型曼哈顿有着天壤之别）

"之后，我又找到了一本名为《新奥尔良的著名饮料及调制方法》的著作（斯坦利·克里斯比·亚瑟，1937 年）。"他继续说道，"那个时候，作者调制的曼哈顿是一种黑麦曼哈顿，以 2∶1 比例添加贝萨梅颂苦味剂和味美思，这真是让我脑洞大开，并不禁感叹，鸡尾酒真是富有时代烙印感呢。"

那个时代的鸡尾酒调配理念非常吸引我的注意。迪普埃伦在 20 世纪 50 年代创造了一款曼哈顿：经典

狄恩·马丁。托斯特这样描述它："波本威士忌，几大滴苦味剂，加上一颗路萨朵红樱桃。"

上一次我在里面喝到的是70年代的曼哈顿。"那是属于我祖父年代的曼哈顿。"托斯特说道，"将加拿大俱乐部威士忌和味美思按2∶1比例调和，加上几滴家庭自制的苦味剂，加上冰，用果皮卷装饰。"

后来，黑麦威士忌渐渐在美国酒吧中失去了踪迹，曼哈顿的口味和品种也随之不断变化。人们想在曼哈顿中品尝到其他饮料所没有的风味，或者只是厌倦了想换换口味，于是曼哈顿不断变换着口味以满足人们的不同需求。调酒师的心血来潮也会使曼哈顿呈现新的面貌，而一些伟大的鸡尾酒发明正是这些即兴创作的产物。

好在，如今我们依然拥有各式各样的曼哈顿，其中也包括最原始的版本，这得归功于鸡尾酒的复兴运动者以及黑麦威士忌的强势回归。让我们为之鼓掌喝彩吧，你总可以选出一款满足你独特口感的曼哈顿。

高杯酒

威士忌和……的搭配

我第一次接触到"高杯酒"这个概念是在看一本小人书时（精准而言，我自己那时还是个孩子），记得书名叫《托戈先生的失误》，由著名的插画家兼作家罗伯特·罗森撰写。罗森在写作童书方面颇具天赋，他的作品平易近人，特别受儿童喜爱（在插画方面具有绝对的天赋），甚至成人也乐意阅读，并津津乐道。

在这本书中，几名乡镇官员来到小主角的家里向他爸爸告状，抱怨小男孩养的那只大鼹鼠，然后爸爸给几名访客制作了高杯酒，喝了这份饮料，这些官员都变得和善起来。我当时就在想，究竟是怎样一种饮料会那么美味，那么有魔力呢？

我脑袋里的这个疑惑持续了好一阵子。《托戈先生的失误》一书写于1947年，那个年代，这种高杯的清凉饮料在美国甚是流行，而过了30年当我开始饮酒时，和我年龄相仿的人几乎都不知道所言为何物了。差不多又过了10年，我终于搞到了一本描述鸡尾酒的书，并真正搞清了高杯酒的概念：高杯酒就是一种烈酒和某种饮料（果汁、水、苏打水或某种软饮料）的混合物，加冰置于高杯中。这是一种休闲型饮料，你既可以小口啜饮也可以大口豪饮，可以尽情多喝一些，增添你饮酒的乐趣。

鸡尾酒单上有各式各样的非威士忌高杯酒可供选择——自由古巴、莫斯科骡子、朴实无华却又口感完美的金汤力。甚至连威斯康星人最爱的白兰地古典甜鸡尾酒也是一种含有樱桃汁和苦味剂的高杯酒。好吧，让我们言归正传，高杯酒这种鸡尾酒最棒的一点在于，它可以让每个人都乐在其中，由于可以应用到各种威士忌，高杯酒的制作简直就是一次威士忌的大点名。

苏格兰威士忌！ 让我们来上一大杯的苏格兰威士忌和苏打水，这款经典的饮料可谓苏格兰夏季饮品中的经典冠军。将数盎司的苏格兰兑和威士忌倒入一只高杯中，装入冰块，再在顶部注入苏打水（最近我一直在喝康沛勃克斯国王街苏格兰威士忌，这家威士忌兑和公司将酿制该酒视为一项工程，以示对兑和威士忌的尊崇，而苏格兰威士忌和苏打水的搭配尝起来美味极了）。

这类所谓的鸡尾酒其实非常有意思：

你加入的原材料其实只有威士忌和水而已，但是你品尝到的却远不止此。你以为你不过是简单地稀释了威士忌，放松一下自己的情绪，让自己重新焕发一下活力，这貌似也不错。然而，这款饮料还有着更大的功效，当你的舌尖碰触到苏打水冒出的泡泡时，就能感受到一阵麻麻的震颤感，其实就是部分二氧化碳在嘴内转化成了碳酸，和你的老朋友乙醇一样，这会刺激到你舌头中的同一部分神经，于是苏格兰威士忌和苏打水搭档就产生了和水组合所没有的效果，气泡会额外带出更多的香味，而这正是这款饮料如此流行的原因所在。赶快尝试一下吧！

爱尔兰威士忌！ 爱尔兰威士忌非常抵制高杯酒调配的概念。可能是因为人们习惯了纯饮的方式，所以大部分爱尔兰威士忌是以这种方式被消费掉的，往往还在边上搭配一杯啤酒。我本人在点健力士黑啤的时候也总习惯说上一句"加一份鲍尔斯威士忌"，直到最近我才努力训练自己改变这一癖好，正因为这种组合味道很是不错，都快成了我点单时的条件反射。

不过，极为机敏的尊美醇却偶然地发现了一款颇受人们钟情的高杯酒：爱尔兰威士忌搭配姜汁汽水。这款鸡尾酒最初现身于一家位于明尼阿波里斯市名为本地人（The Local）的酒吧，这家酒吧向客人们提供一款由姜汁汽水和尊美醇调配而成的高杯酒，并将其取名为大姜（Big Ginger）。然后，正如其名，这款酒名气变得越来越大，以至于拔得尊美醇在北美地区销量的头筹。这种势头一发而不可收，以至于后来酒吧决定越过尊美醇这一中间商，直接到爱尔兰开发自己名为 2 姜（2 Gingers）的爱尔兰威士忌品牌。直到去年，双方才就这款饮料达成了法律和解。

就一款高杯酒达成法律和解？是的，你没有听错。目前，尊美醇正致力于在全球推广这款饮料，而你知道的，它真是非常美味。其实，对于很多款不同的威士忌而言，姜汁汽水都是极好的搭档。

波本威士忌！ 如果你曾听到过"波本威士忌和支流"（Bourbon and branch）的说法并思考着"支流"究竟为何物，那么让我告诉你，它指的就是水。在肯塔基方言中，"支流"的含义是流入更大河流的小溪。如果你好运的话，支流水是凉爽而纯净的，因而也是加入威士忌的一种上好配料。在制作肯塔基茶时，我真的特别喜欢在波本威士忌中加入冰凉的水（我甚至可能会采用冰镇过的波本威士忌），水和威士忌的兑和比例为 2∶1，你可以畅饮这种混合饮料，而且依然可以品尝出明显的威士忌风味。这款饮品也非常适于配餐，在炎炎夏日里，你可以感到舒缓宁静。如果你还从未尝试过，不妨自己动手制作吧。

不过如今，在制作大份高杯酒时，人们更愿意采用可乐来搭配波本威士忌。说起可乐嘛，我们不得不提一提与之紧密联系的另一款威士忌了，这就是……田纳西威士忌！

田纳西威士忌！ 它的另一个名字叫作杰克·丹尼加可口可乐。曾经有人告诉我，杰克·丹尼消费量中的 70% 用于和可口可乐及姜汁汽水调配，我觉得这是非常可信的说法。在美国只消随便走访一家酒吧，我打赌你一定能看到有人正在喝着杰克·丹尼加可口可乐。

当然，我觉得应该稍微调整一下说法，称其为杰克·丹尼和可乐，因为我第一次品尝杰克·丹尼老 7 号（Old No.7）是搭配百事可乐的。记得那杯饮料咝咝冒泡，而且非常甜美，那一定是百事可乐的味道。在我看来，比起女孩子们工作时喜欢喝的那种糖浆樱桃味可口可乐，威士忌的香草玉米味可要好多了。

这个搭配的背后还隐藏着一段故事，我们甚至可以追溯到禁酒令时代。门肯（H.L.Menken）曾经报道了史古柏（Scopes）的审讯（1925 年），在叙述中有一段关于酒的描写："在到达村庄恰好 12 分钟后，我被一名基督徒拖拉着带到了一款酒的面前，这也是坎伯兰地区最受欢迎的酒：一半的玉米威士忌加上一半的可口可乐。我觉得这剂量对我来说有点吓人，但我发现代顿光明会的那些人一口就把它吞下了肚，搓了搓肚子，转了转眼珠子。"他们至今依然这么做，只不过是会将烈酒多陈酿一会儿。

黑麦威士忌！我所在的宾夕法尼亚东南角非常偏远，这里的夏天炎热而黏人，而且潮湿得要命，我会准备烧烤（或者躺在吊床上偷个懒），这个时候我不会选择喝啤酒。在某一温度内，啤酒确实是不错的选择，可是一旦结露点达到80，我看了眼冰镇啤酒，想想还是作罢吧。

于是我转而取出了大的平底杯，准备好足量的冰块，一份上好的姜汁汽水，还有廉价的黑麦威士忌。每当我穿过边境抵达马里兰州，都会记得捎带上一瓶派克斯维尔黑麦威士忌，这正是我炎炎夏日里的好拍档，我也曾听到有人给这种饮料取名为黑麦长老会（这款饮料最初是由苏格兰威士忌调制的），不过我依旧叫它黑麦和姜汁。这款饮料融合了黑麦的辛香和姜汁的活力：黑麦简直是令人惊艳，宝贝儿，那么长时间以来，你们都没有尝试一下，简直是太可惜啦。

除此之外，还有一款黑麦饮料有着很有意思的绰号，所以我也想给大家介绍一番。这款名为黑水的鸡尾酒饮品又是迪普埃伦酒吧为数众多的奇思妙想之一。还记得吧，我在描述曼哈顿时提到过这个地方。将等量的老奥弗霍尔德威士忌和摩西碳酸饮料（Moxie）浇注在冰块上，再在上方用力挤压淋洒柠檬汁。"这是一种龙胆根苏打水，"马克思·托斯特眉飞色舞地说着，"甚至都不需要添加苦味剂！"马克思的调酒师戴夫·卡格尔给它取了个有趣的绰号——"思想者的杰克·丹尼和可口可乐"，正是这个绰号深深地吸引了我。

这样一款饮料，我非尝试一下不可，而你能猜到，它的味道美极了。事实上，我加入了更多的摩西饮料，抬高了它和烈酒的比例，这样一来，它就更像是一杯真正的高杯酒了。可以说，这款饮料是我所喝过的，

也是我所能想到的最佳威士忌开胃酒。摩西饮料特有的龙胆根风味恰好俘获了黑麦威士忌，将其玩弄于股掌之间，之后在你的口中绵柔不绝，又变幻出百般魔力，可以说这种搭配最大限度地发挥出了摩西饮料的魅力。不容忽视的一点是柠檬、柑橘类植物能抑制摩西饮料的甜腻感，要是没有添加柠檬，这杯饮料就会成为一团糟而令人恶心了。

加拿大威士忌！在美国的威士忌舞台上，加拿大威士忌显得有些孤寂。其实，我们消费的加拿大威士忌总量非常庞大，只不过大多数都不引人注目，这是因为我们的调酒师尚未真正发掘它的魅力（而且主要的饮用群体还是你的父辈们）。

这里要提件有趣的事：加拿大威士忌也是我儿子和他那些20岁上下朋友的最爱。当他们发现我有一整橱的加拿大威士忌样品时，很快就和我交上了朋友，而我也多少了解些"那些上大学的孩子"流行喝什么。其实，他们喝的真不少，只要是加拿大威士忌和别的其他什么饮料混合在2升装的瓶子里，他们都爱喝。我还曾帮他们买过上好的姜汁汽水和一瓶皇冠威士忌。

把时针拨回到20世纪80年代，当时我在宾夕法尼亚伊娃一家名为树带界线（Timberline）的酒吧工作，那里的人有着比较古怪的饮酒习惯。他们会

将加拿大威士忌和柚子汽水混合，要不是女士们认为"柚子比较健康"而坚持采用柚子汽水，我觉得制作加拿大威士忌高杯酒的最佳搭档是：姜汁汽水。加拿大威士忌专家戴文·德·科格默克斯坚持认为，这种饮料就应该充满了浓浓的黑麦味，端上来时应该洋溢着黑麦气息！我个人则倾向于挤入一点柠檬汁，以平衡加拿大威士忌原本更为甜美的特征。加冰，大分量，让我们派对狂欢吧。

日本威士忌！ 这个话题我们之前已经论述过。日本的高杯酒是由兑和威士忌和苏打水调配而成的，他们也将其称为"soda wari"（苏打瓦里——编者注）。日本人将其混合，装罐，有些酒吧甚至会桶装这种饮料，以备客人随时饮用，由于分量巨大，人们会采用马克杯盛装。这款饮料可谓深得高杯酒的精髓，其酒精度降低到只有啤酒强度，而我很喜欢他们的这个主意：用马克杯盛装维斯基鸡尾酒。

手工威士忌！ 这是真的吗？蒸馏师严加把控，精心酿制的上好手工威士忌，品质如此之高的威士忌，你就随随便便地把它倒入高杯酒中了？而事实上真的如此。手工威士忌最重要的是那些可以为酒厂谋取暴利的白色威士忌——未经陈酿或仅仅轻微陈酿

的烈酒，而这种酒液亟须和某些成分搭配组成一款饮品，比如说门肯的田纳西烈酒就是如此。选择一款性价比较高的威士忌，比如五指湖蒸馏酒厂所产的格伦雷玉米威士忌，加入数盎司冰块，再在顶部浇注一些百事可乐、胡椒博士褐色苏打或者冰淇淋汽水。这近乎是一块空白画布，而酒精饮料就会在上面描绘你的梦想。

薄荷茱莉普

抛去所有其他的东西

这是一大瓶漂亮的波本威士忌，这样说一点都不为过，这个银杯含有3~4盎司的威士忌，带有刨冰和薄荷。除了称其为肯塔基冰沙，我实在想不出一个更贴切的名字来形容它。

长期以来，薄荷茱莉普这款酒一直饱受争议：是不是要和薄荷混合？这款饮料起源于哪里？最初采用的基酒是什么？最佳的制作方式又是如何？路易斯维尔的记者兼编辑亨利·沃特森所提供的配方是我个人最喜欢的。

"就在傍晚露水即将形成时分，轻轻地从土中摘取薄荷。只选取上等的嫩枝，但是不要清洗。准

备好普通的糖浆并量取半平底杯量的威士忌，将威士忌倒入冰镇过结霜的银杯中，抛去所有其他的成分，饮用威士忌。"

这种制作方法简单明了，不过只要亲口尝过上好的茱莉普冰镇薄荷酒，你就会明白人们为什么会深深迷恋上它。我在操作时，会取一个冰镇过的银质茱莉普杯（玻璃杯也可以，不过银质杯更佳），轻柔地混入少量薄荷，加上满满一茶匙的食糖。

然后我开始耍小花样了：我开始启用汉美驰雪人刨冰机这款20美元就能搞到的便宜货！这台电器可以非常快速地刨削冰块并保持其冷冻，我会让它持续刨冰，直到眼前出现一满杯的雪花状冰沙。接着我会倒入美味的波本威士忌。你肯定想添加些能和融冰完美搭配的威士忌，虽然你要加入3~4盎司的量，你可能还是会大胆地选择：留名溪、野火鸡101或者老林头签名款，然后搅拌直至杯壁结霜（如果你事先冰镇处理过酒杯，这个过程不会耗时太长），再在上面加些冰块，最后在饮料顶部多撒一些薄荷，使其更快地散发出香气。

如果要在这款饮品中插入吸管，请用一对，将其剪断，只超出杯缘一英寸长，这样一来，饮用者就不得不将鼻子往下凑近薄荷，而这个环节正是品尝薄荷茱莉普的关键所在。糖带走了薄荷的冲味和苦味，而薄荷又彰显了波本威士忌的风味，此外，薄荷的草药特性也和威士忌中的香草及玉米味相得益彰。这真的是一款特别有趣的饮料，仔细观察它：一份大的茱莉普差不多相当于两份曼哈顿的量。

一想到这款饮料，我就禁不住要发笑！这可不仅仅是因为它的品质出众。你会碰到一些对威士忌评头论足的假内行，他们建议你饮用威士忌必须纯饮，不得加水，更不能加冰。眼前这杯薄荷茱莉普正是一款最为传统的威士忌鸡尾酒之一，而它恰恰是加满了冰块，专门为了冰镇波本威士忌，直到后者冻得咝咝冒烟。这真是很好笑。

我还得给大家提个醒儿：请确认你所用的薄荷

来自何处。我喜欢喝这种薄荷冰镇酒，于是就在自家的后院里种了一大片薄荷，大得足以在里面打滚。我亲手制作薄荷茱莉普，还有薄荷茶，我还会将薄荷放在我的波本威士忌高杯酒中。记得有一天，我正在制作茱莉普，站在厨房的洗涤槽边，用我自己特别弯曲过的冰镇茶匙混合着各种原料，一边看着窗外，我的史宾格犬巴利，正偷偷地抬脚踩我的薄荷地。

在这之后有整整一年，我都没有碰过茱莉普。

弗里斯科

谢谢你，大卫－万德瑞奇

就好比格兰特兰德·赖斯是一名体育运动作家一样，大卫－万德瑞奇是一名鸡尾酒作家。他真的是一名天才式人物，可以搜寻出各种鸡尾酒历史上的细枝末节，并撰写成精彩纷呈的文字，只要是带有幽默感的人，即便滴酒不沾，也会被他的文章深深吸引。

他为《威士忌倡导者》杂志撰写专栏，每一期都会讲述不同的威士忌鸡尾酒，在编辑他的文字过程中，我也学到了不少有关鸡尾酒和美国历史的知识。在此过程中，我认识了这款小巧而精致的鸡尾酒并深深地迷恋上了它：弗里斯科。它的做法非常简单：

取 2 又 1/4 盎司的波本威士忌和 3/4 盎司班尼狄克汀当酒置于装有足量冰块的摇酒壶中，用力摇晃，滤出酒液到冰镇过的酒杯中，弯卷一片柠檬皮置于上方，这样就完成了。

喝上两杯后感觉一下，弗里斯科中的波本威士忌和曼哈顿所用的相当。如果仔细比较你会发现，相较于味美思，班尼狄克汀当酒则为这款鸡尾酒增添了更多的活力。不过，弗里斯科非常容易上口，它的余味消失得比曼哈顿快多了。班尼狄克汀当酒那金光闪闪的草药魔力包裹着波本威士忌，口感圆润绵柔，橡木和香草气息更加馥郁。

我在自己的手机文件里保存了这个配方，方便随时取阅，只要看到某家酒吧恰好提供班尼狄克汀当酒（遗憾的是，并非每家酒吧都有这款酒），我就会小声问那里的调酒师，是否愿意学习一款简单的鸡尾酒新配方。我想如果坚持的话，一定能把这款鸡尾酒传遍全美国，快来给我帮个忙吧！

爱尔兰咖啡

从香农到旧金山

如果你曾到访过位于旧金山渔人码头的博伟（Buena Vista）咖啡馆，就一定品尝过那里的头号招牌——爱尔兰咖啡，当你一眼望去，看到墙壁上贴满了装框报纸和杂志文章，基本上都会尝试一下。

这里的调酒师拉里·诺兰制作爱尔兰咖啡已经超过 40 个年头了，而且每天都会调配上百份，而他的弟弟保罗在这家酒吧工作了大概 30 年，可能这会儿他正在吧台上排列着马克杯，在每个杯子里备好两块方糖，为下一轮调制做准备。让人印象极为深刻的是，酒吧柜里总是罗列着一排又一排的特拉莫尔露威士忌。博伟酒吧这个名字已经和爱尔兰咖啡紧紧地联系在了一起，无论何时到访，清晨、午后或是深夜，我唯一会点的就是爱尔兰咖啡。他们在爱尔兰咖啡的制作上已然日臻完美，这份赤诚的热爱和专注值得人们赞许。

当然了，爱尔兰咖啡并不是博伟酒吧发明的。根据可靠的文字记载，这款饮品始于"二战"期间的黑暗时期。那时，一架跨大西洋的四引擎海上飞机飞离爱尔兰福因思的码头，驶往纽芬兰。穿过冰冷苍白的香浓河时，飞机俯身向下，又冲向天空，飞行过程很不顺利，暴雨和逆风交加，飞行员决定返航。在起飞后的 10 小时，这些筋疲力尽的乘客经过一番长途跋涉又回到了候机厅。

一家酒吧老板乔·谢里登打量了他们一番，觉得一杯咖啡似乎还不足以抚慰这些失望的乘客，于是他在黑色的不老神药中投入了一小块富有营养的糖，又倒入了健康且振奋精神的生命之水，最后还在顶端放了一匙更富营养的打发奶油。爱尔兰咖啡就这样诞生了，也是谢里登给它取的名字。

至于爱尔兰咖啡是如何辗转来到博伟酒吧的，也是有迹可循。《旧金山纪事报》的专栏作家，同时也是普利策奖获得者斯坦顿·德拉普兰曾在香农机场品尝了一份爱尔兰咖啡（海上飞机事件发生后的数日），他归国后将此告诉了博伟酒吧的老板杰克·科普勒，于是博伟酒吧决定重新创作这款饮料。

德拉普顿讲完这个故事，他们接着做了数小时的试验，之后便掌握了这款饮料，你也就看见了它如今的模样。首先得准备好马克杯，现在你甚至可以买到制作爱尔兰咖啡专用的马克杯，这是一种高脚玻璃马克杯，带有一个手柄。透过清澈的杯壁，你能看到奶油浮顶。当然，采用陶瓷杯也可以。将热水加入其中热杯，倒出水，投入两块方糖（或者加入 1/2 茶匙糖），再加入 1/2 盎司的爱尔兰威士忌（或者 2 盎司，依据当天的寒冷程度而定）以及 5 盎司的咖啡，加到距离杯子边缘 1 英寸处，加以搅拌。

然后小心翼翼地捞上一层打发的鲜奶油浮顶，请注意务必手工打发鲜奶油，而不要用喷雾罐这类器具。人们认定谢里登曾经说过，爱尔兰咖啡的制作秘诀在于使用数日陈放的奶油，再带上几粒盐。如果你真的不想打发，也可以用勺子背部裹持住奶油轻轻地置于咖啡顶端。关键点在于，千万不要搅动奶油，要使其漂浮在顶端。

那么，是不是一定要用爱尔兰威士忌制作爱尔兰咖啡呢？或许，你也可以采用轻柔的苏格兰威士忌加以替代，比如说，欧肯诗轩（Auchentoshan）或者托明陶尔（Tomintoul），那么这又是为什么呢？事实上，你也可以不顾任何惯例，在咖啡中加入任何种类的威士忌。记得有位曾经教过我鸡尾酒调制的朋友这样说过："跟着感觉走，保持清醒的头脑去尽情享受。"每次当他把老爷爷威士忌倒入热乎乎的黑陶杯中，都会这样对我说。

爱尔兰咖啡的意义远不止此。它源于爱尔兰，也成了爱尔兰的标志。当夜深人静，你和一群好友围坐在一起，向他们娓娓讲述一天的所见所闻，此时一杯爱尔兰咖啡就是最好的伴侣了。

生锈钉

甜美而醇厚

经典的鸡尾酒就是烈酒、糖、苦味剂和一丁点水的简单混合，而这般简单的配方对于生锈钉来说还是太复杂了！生锈钉就是烈酒（苏格兰兑和威士忌）和烈酒（杜林标苏格兰利口酒）加上冰，就这么简单。你还可以通过调试找到自己最喜爱的成分配比。开始时可以多加些苏格兰威士忌，比如，可以三份威士忌配一份杜林标，然后逐步增加后者这种甜味苏格兰酒的占比，直到找到最佳点。

生锈钉这款鸡尾酒制作起来如此简便，那是因为所有复杂艰辛的工作都已事先完成。没错，威士忌是现成的，你可千万别忽略了威士忌的作用，而找到最佳的兑和比例就能将生锈钉的魅力发挥得淋漓尽致。当然了，杜林标绝对是这款酒的主打明星。

杜林标（意为"令人满意的酒"）据说曾是王子查理·爱德华·斯图亚特的私人配方，又名"漂亮的查理王子"。1746 年，苏格兰人在卡洛登叛乱，造成了灾难性的损失。之后，王子出逃，并受到英国军队的追捕。约翰·麦金农和克兰·麦金农家族帮助王子借由水路出逃，直至斯凯岛附近的一座小岛。王子为了报恩，将自己的威士忌和某些调味剂兑和的配方赠送给了麦金农家族，这就成了杜林标酒。王子希望麦金农至少稍微品尝几口这种酒样；因为帮助王子，麦金农在监狱里待了一年。

抛开传奇的故事不说，杜林标酒确实不错。事实证明也必定不错，毕竟，自1909年以来，这款酒就未曾停产过，而历史上得以持续生产那么长时间的烈酒寥寥可数，在威士忌业内更是鲜有的。眼下，兑和威士忌风头正劲，不过这可是最近才有的趋势。在占边的红公鹿腾空出世之前，威士忌利口酒通常是短命的，也不怎么受欢迎，罕有的例外当属杜林标和爱尔兰之雾，这两款酒都拥有一支小而忠实的粉丝队伍。

杜林标酒的成分有着很多神秘色彩。生产杜林标利口酒的公司会笼统地宣称，这款酒是各种草药、香料和石南花蜜与兑和威士忌的混合物，而其中所用的威士忌本身又是一种杜林标兑和威士忌，制酒公司从麦芽和谷物威士忌制造商处购买新鲜的烈酒，并将其置于自家酒窖内的波本旧木桶中陈酿（目前，这家酒厂的酒窖内藏有超过5万桶陈酿威士忌），只有完全独立才能完成上述运作，而杜林标酒厂自1914年以来，就一直是麦金农家族的全资企业（这里的麦金农和之前提到的曾救助过查理王子的麦金农是不同的两人）。

就在不久之前，我还专门为《威士忌倡导者》杂志评论过杜林标这款酒："迷人的草药/药物芳香，带有胡椒、青草、干草、干花、橙皮和甘草的气息。甜美又不失活跃，口感轻盈，犹如橙子在口中炸裂开来，威士忌的味道随之猛烈涌现，又整个包裹在蜂蜜和草药的香气之中，回味带有草药芳香且甜美，威士忌味慢慢弥散。总的来说，这款酒味道复杂又非常美妙。"

数年之前，我第一次品尝生锈钉，那次经历不禁让我对其又平添了几分敬意。在生锈钉中加入一些苏格兰威士忌，你能感受到更多的威士忌风味，要是加入一款不错的烟熏型威士忌，比如尊尼获加黑方，你会发现鸡尾酒中不仅蕴含了更多的烟熏味，还会呈

现更多的内涵和特征，让你点头称道。

之后，我又尝试了新的杜林标15。它是由15年陈的斯佩赛麦芽威士忌（这是有史以来第一次威士忌荣登杜林标成分的榜首），我对此印象深刻。威士忌开始从幕后走到台前，而这款饮料变得更加轻盈，甚至带有更多的草药味，也更加美味。其实生锈钉并不需要添加太多的威士忌，我曾经按照1∶1的兑和比例制作生锈钉，那味道简直美妙极了。你想来一份15美分的生锈钉？千万别，这样的话，我还不如留给别人来随便给它编造个鸡尾酒名吧。

碧血黄沙

有点黏口

碧血黄沙是一款经典的苏格兰鸡尾酒，其实苏格兰鸡尾酒款式并不多，罗布罗伊其实是一款曼哈顿的变式（我觉得博比·彭斯也是曼哈顿的变式，只不过含有少量班尼狄克汀当酒，非常酷）。虽然如此，假如有人胆敢放话说苏格兰威士忌不能用来调制鸡尾酒，那么这款碧血黄沙就是最好的反驳例证。"但是这可是血和沙子呀。"他们可能会接着说，此时你就该出面解释一番了。

你知道如何解释吗？碧血黄沙，刚听到这个名字时，我觉得这种鸡尾酒在激烈的竞争中是无以为继的，它之所以能够幸存下来，多半是因为人们希望见到一款苏格兰威士忌的鸡尾酒吧，而且制作起来相当简单。为什么这么说呢？不妨看一看它的配方，每种成分的用量相同：苏格兰兑和威士忌、新鲜压榨的橙汁、樱桃甜酒、甜味美思或意大利味美思各取 3/4 盎司混合，用摇酒壶摇匀，滤出酒液，用一颗樱桃加以装饰。真是简单，此时你要做的仅仅是将其硬咽下去。我用了"硬咽"这个字眼，因为按此经典配比混合，碧血黄沙真的能塞住你的嘴巴，它甜到发腻，充斥着樱桃甜酒和橙汁的气味，你几乎都尝不出威士忌的味道了。这样做用意何在呢？

我对这款酒简直失望至极，直到后来我在宾夕法尼亚的艾曼纽酒吧尝到了一款干缩版碧血黄沙。酒吧经理菲碧·埃斯蒙听说了我对这款酒的失望心情，就极力邀请我再度一试，我很难拒绝她的殷切好意。

"让我来给你制作一款碧血黄沙吧，"她说着，"我知道你不喜欢，我会制作我们这儿特有的款式，这样更好些。"她和助手克里斯蒂安·加尔倒入了 1/2 盎司的苏格兰威士忌（他们用的是威雀威士忌），然后又量取了 1/2 盎司的果汁和樱桃甜酒，"樱桃用量要不足 1/2 盎司，"她说着。"这样就算完成啦。"之后，他们又用一大条弯曲的橙皮屑加以装饰，而没有用樱桃。

这款酒和之前的碧血黄沙有着显著差异，而且美味多了。之前的那款非常黏口，而"干缩"版融合了一系列的风味，喝了令人头脑清爽。苏格兰威士忌和味美思是这款饮料的主角，类似于曼哈顿中的组合，只不过很有意思地加入了果汁和樱桃，而且改良的"干缩"版中，它们都成了配角。

这款鸡尾酒取名碧血黄沙，最初是为了宣传推广 1922 年鲁道夫·瓦伦蒂诺的一部斗牛片，那是一部黑白的无声电影。既然电影已经发生了巨变，鸡尾酒又为什么不能呢？不妨试试这款新的改良版吧。

套用菲碧的话："你可不想喝一杯鲜血淋淋的饮料吧，耐心地等它干一点儿再享用吧。"

盘尼西林

治愈疾病的良药

正如其名，这是一款"新经典"鸡尾酒。不过也有人会说，如果你仔细揣摩就会发现，这差不多就是一款威士忌酸，它由苏格兰兑和威士忌、蜂蜜糖浆（以及一些姜）而不是糖制成，顶部再淋上一些伊斯莱岛的麦芽威士忌。事实上，这虽然并非威士忌酸，但两者颇有类似之处。

见鬼，这竟然不是威士忌酸，正因如此，我们不能把它简单地归为某类酒的变式，而称其为新经典。我唠唠叨叨地比较了这一番，听上去就像在说："好吧，这是哈雷－戴维森，这真的只是一辆装了马达的自行车而已。"噢，可不是这样的，这两者差别可大着呢，简直是质的飞跃。

"新经典"鸡尾酒也有优点，我们不必像侦探那样，费心竭力地去找它们出身的故事。根据文字记录，盘尼西林是由山姆·罗斯在 2005 年创作的，当时他在纽约一家名为牛奶 & 蜂蜜的酒吧工作。我们甚至对它的原始配方也了如指掌，因为山姆将其公之于众。具体做法如下：

取 3 片新鲜的姜置于摇酒壶中，加入 2 盎司苏格兰兑和威士忌，3/4 盎司新鲜柠檬汁以及 3/4 盎司蜂蜜糖浆（等量的蜂蜜和热水：搅拌直至稠度均一，冰镇），再加冰摇匀，将酒液滤出至一个装有冰块的岩石杯，在顶部淋上 1/4 盎司伊斯莱岛所产的单一麦芽威士忌（通常会选用拉弗格 10 年陈，不过不必勉强，也可考虑选用卡尔里拉）。有些酒吧点单频繁，于是就制作了蜂蜜姜汁糖浆以节省时间，味道也很不错。

当你嗅闻到第一缕香气时就知道，为什么这款鸡尾酒不加装饰了：根本没有必要。举起这杯饮料，你就感觉犹如站在伊斯莱岛波特艾伦酒厂的制麦间的下风口：非常浓郁的泥煤味！橙皮？柠檬皮？杯子里可能也有一些果皮，不过你不会闻得出来，顶部漂浮着 1/4 盎司单一麦芽威士忌，你就再也闻不出什么来了。

至少，还没开始喝的时候你闻不出什么，然后各种成分开始混合，慢慢地，你就能感受到柠檬味和姜味，也就明白了为什么这款鸡尾酒会如此流行。它不是只会一招的烟熏味小马驹，可以让你回味良久，而这些风味的组合是经过深思熟虑的，共同发挥着协同作用。对于无聊的鸡尾酒而言，这款盘尼西林算得上是一款万灵药。

锅炉制造工

任重而道远

最近人们热议的一个话题是"啤酒鸡尾酒"，我对这个概念本身并不反对，如果有人能把我最喜爱的饮料之一和其他一些成分组合，制作出一款更加美味的饮品，那么，何乐而不为呢？我的思想向来非常开放，我自己就尝试过很多种不同的啤酒鸡尾酒，甚至还发明了几款配方，有一些被出版了，其中一款名为"干旱季节"没有出版，配方是：将 1/2 盎司干金酒置于冰镇过的红酒杯中，旋转酒杯直至杯壁覆盖一层酒液，再加入 8 盎司冰镇的杜邦夏季啤酒。我觉得这款鸡尾酒值得被收纳于书中，不过我的编辑没有同意，真叫我扼腕叹息。

不过，总的来说，我对啤酒鸡尾酒表示赞同。正如我所言，这不仅仅是一个想法，而是执行。但是，在试验了无数次后，我发现几乎很难找到一款啤酒鸡尾酒，其味道能超越简单的啤酒本身。我只遇到过两个例外，第一款名为红眼，将番茄汁（或者上好的血腥玛丽混合汁）倒入一杯淡啤酒，这种饮料的口感要好于单纯的淡啤酒。

另外一款令我惊艳的啤酒鸡尾酒就在你的面前：锅炉制造工。这是一款相当简单的啤酒鸡尾酒：将啤酒和威士忌分别倒入两个酒杯，小口啜饮威士忌（一口闷，小心了，这可是你的肝脏），再小口啜饮啤酒，如此重复下去。该死的，这款啤酒鸡尾酒真是棒极了！

我似乎有点不正经，不过，随着啤酒的品质不断提升，随着啤酒获得一般饮者更多的尊重，这款提供给劳动工人的锅炉制造工也就越发引人注目。在宾夕法尼亚，这股复兴风潮起始于一家名为鲍勃＆芭芭拉的酒吧并风靡全市：取一罐蓝带啤酒和一小杯占边威士忌，只需 3 美元，这种喝法确实在全市蔓延开来，其他的酒吧也纷纷效仿并创造出自家的版本。我们可以将一高脚杯的纳拉甘塞特贮藏啤酒搭配老乌鸦威士忌，也可以将本地灌装的叫花狐狸啤酒和爱汶山威士忌搭配，或者将米勒高品质生活啤酒和占边威士忌组合形成高边鸡尾酒。当然了，也不必全都使用波本威士忌：可以将帕布斯特啤酒和基尔伯根威士忌搭配，还有摩森啤酒搭配加拿大俱乐部，还有我条件反射式的最爱组合：健力士啤酒和鲍尔斯威士忌。

我们将啤酒和威士忌组合还有一个原因。威士忌很不错，啤酒也挺美味，两者加在一起……好上加好。啤酒能缓和威士忌的热辣冲劲，而威士忌又能强化啤酒的清淡和轻盈。我个人喜欢啜饮四小口威士忌，转而再小饮上几口啤酒，关键不要忘了：你得轮换着饮用这两种酒。

这款鸡尾酒味道出众并不足为奇。事实上，威士忌起源于啤酒，这两种基于谷物的饮料，其关系如同父与子，达蒙和皮西厄斯（罗马传说中的生死之交），蝙蝠侠与罗宾。锅炉制造工和他的助手，后者是这款饮料的旧名。正是这种完美的组合使得这款鸡尾酒表现非凡。

还有一点：调味威士忌的异军突起

调味伏特加的发展简直势不可当。30 年前，市面上唯一可见的调味伏特加是那种极其可怕的霓虹色的混合物，含有樱桃和青柠檬，各自呈现出极为艳丽的色泽，再或者是那种传统的野牛草或胡椒风味的浸液，在东欧以外你很难找到它们的身影。如今，各大酒架都已堆满了各式各样的调味伏特加：樱桃味、梨子味、橙子味、苹果味、草莓味、番茄味、打发鲜奶油味、纸杯蛋糕味、枫浆味、橡胶软糖小熊味、茶味、咖啡味、咸焦糖味，数不胜数。我甚至还读过一篇讲述烟草风味伏特加的新闻稿（传统的薄荷味）。

调味伏特加取得了令人难以置信的成功，而诸如斯米诺冰纯伏特加果酒、水果风味啤酒这样的调味麦芽型饮料也大受欢迎，于是有人就很自然地联想，是否也能在威士忌中增添一些风味，并侥幸绕过"食品特征性规定"的严苛要求呢？禁止在威士忌中添加调味剂和掺杂物的法律壁垒如今已经崩塌，我们看到的是汹涌而来的各种调味威士忌，似乎这也是前所未有的。

调味威士忌始于蜂蜜——野火鸡甜心蜂蜜威士忌首当其冲，之后，埃文·威廉姆斯以及杰克·丹尼也紧随潮流，于是带有樱桃味的占边红公鹿和埃文·威廉姆斯樱桃珍藏威士忌也应运而生。而今，我们还可以看到茶味和肉桂风味的红公鹿威士忌，还有桃子味、肉桂味和枫味的加拿大迷雾威士忌。

帝王威士忌则跨出了飞跃式的一大步，由于苏格兰威士忌协会（SWA）在调味威士忌领域向来持有坚定的立场——帝王威士忌犹如一名反基督斗士，勇敢地发布了一款帝王汉兰达蜂蜜威士忌。

这类酒官方贴标"烈酒饮料"，不过仅仅标注在背面。酒瓶正面写的是"带有天然香料的帝王兑和苏格兰威士忌"。苏格兰威士忌协会对此表示抗议，认为这种做法歪曲了苏格兰威士忌的定义，将背后的标签挪到正面才更为妥帖。

调味威士忌大获全胜，这也为在威士忌中添加调味剂这一做法打开了方便之门。只要不断有人购买，这些产品就会存在，而且数量还会日益增长，制酒商就会连续生产这种产品，甚至在其中添加更多的风味。在我的酒样队伍里，就有几份根汁饮料①和"南部香料"风味的威士忌，它们装在铝质的瓶子里。

好吧，那么这种调味威士忌究竟好不好呢？很难断言。正如调味伏特加一样，可没有人持刀顶着你的喉咙逼迫你购买。毕竟，我本人完全接受那些未经调味的伏特加，无论是酒架上还是酒窖中，在可供购买的产品里，未经调味的威士忌依然多于调味威士忌。

每当我想到调味威士忌，头脑里总会浮现杜林标和爱尔兰迷雾这两款酒。这也许是个良机，我提醒着自己。一直以来，我都在追寻一种能和威士忌完美融合的真正天然的调味剂。在此基础上，我觉得最初的樱桃浸渍版占边红公鹿威士忌似乎不错，它的那股樱桃味尝起来很真切，就像家庭自制的樱桃浸渍威士忌，我还记得是在回家路上一家宾夕法尼亚的荷兰酒吧里品尝这款酒的。与之相似，杰克·丹尼蜂蜜风味威士忌中蜂蜜和威士忌的组合味道也非常地道，饮者可以清晰地品尝出真正的蜂蜜和杰克·丹尼，而不会让人感觉只是在威士忌中草草地加了些人工蜂蜜调味剂而已。

我的这种见解可能会摧毁我在那些威士忌超级迷心目中的形象，他们总是对调味威士忌表现出各种失望并嗤之以鼻，说起"红公牛"会不屑地称其为占边果汁。好吧，顺其自然。说实话，我自己会倒一些酒样在岩石杯中，滴入几滴苦味剂，加入少量味美思搅拌一番，自认为亲手之作比我尝过的大多数曼哈顿都要美味（我似乎说过我不会调制鸡尾酒来着）。

说正经的，我当然是宁愿喝上一杯曼哈顿了，只不过原料不能太差劲。

调味威士忌还需面临的一个真正问题在于，它是否会在某种程度上玷污和败坏威士忌的整体形象及名声？这显然正是苏格兰威士忌协会最大的顾虑。说到这点，我首先想到的是，几乎所有购买和饮用调味威士忌的消费者此前都不是真正的威士忌饮客，而且他们中的大多数也不会成为非调味威士忌的饮客。

当然，我得承认，他们之中总有一些会尝试非调味威士忌，无论是纯饮还是鸡尾酒。这就引发了一个问题：既然我们都已经举手赞成了调味威士忌，难道也不应该认同威士忌鸡尾酒吗？盛于岩石杯中的根汁饮料、风味威士忌和杰克·丹尼加可口可乐又有什么大的区别呢？又有多少热衷于杰克·丹尼加可口可乐的饮客"成功毕业"开始晋级啜饮威士忌呢？而更重要的一点是，我们究竟为什么要抱有种种担忧呢？

对于我们中的大多数，我认为调味威士忌并不会取代纯威士忌的地位。我倒是更为关注，调味威士忌是不是能大卖，这样才能促使制酒商投入更多资金提升威士忌的品质，并不断尝试创新和突破。我曾就此和许多业内人士有过交谈，而他们的见解和我如出一辙。

假如有一天你遇到一瓶桃子风味的麦卡伦18，请务必告诉我。这差不多意味着调味威士忌时代的终结了，我可得在此之前尝上一杯。

---

① 根汁饮料：一种用木质根和树皮煮汁经发酵成的无醇饮料。

第14章 威士忌的最佳配餐搭档

　　市面上有很多关于葡萄酒美食配餐建议的著作，眼下关于啤酒配餐的书籍也日益增多，其主题就是"恰当"葡萄酒或者啤酒与"恰当"食物的协同效应。在决定用什么酒搭配酸橘汁腌鱼（比利时啤酒）、蛋卷（灰皮诺葡萄酒）或者花生酱杯（出口的司陶特啤酒或者波特酒，真的建议大家一试）这些食物时，我们有着深邃而精细的考量，远不止一句"红酒配肉，白酒配鱼"那么简单。我们满怀热情又饶有兴致地加以研究，不断尝试着各种配对，摒弃那些不好的组合，一旦试验出绝妙的搭配，又会忍不住邀请好友"尝试一番"胜利的成果。

人们往往无法将威士忌和娱乐联系起来，部分原因可能是饮用场合吧。我们通常在餐前放松自己时饮用威士忌，或者在餐后喝一点直至深夜。威士忌往往被视为用餐结束时的饮品，而非随餐酒。我曾经用过最棒的一餐是在爱尔兰科克郡的野草莓旅馆。那是傍晚时分，我们以啤酒搭配海螺开始了这餐，之后又品尝了葡萄酒搭配涂了芥末的兔脊肉，最后我们以咖啡搭配花色小蛋糕收场，还喝了一杯尊美醇。

不过，问题的重点在于威士忌的热辣口感，还有那股熊熊燃烧的酒精热力。正如我在第4章中所描述的，大多数人将永远无法越过那道初始壁垒，他们或者会选择以鸡尾酒或者高杯酒的方式饮用威士忌，虽然也不错，但两者不可同日而语。在风味的表现上，威士忌非常强劲，不过红葡萄酒以及帝国黑啤酒也表现不俗，而且它们可以很好地和食物搭配。饮用威士忌时需要略作思索，一些与众不同的期待，还有消费习惯的调整。

比如说，我们在为葡萄酒配餐时会考虑酸度水平、单宁酸值以及水果成分。我们在为啤酒配餐时会考虑残留糖分、发酵芳香，而在为威士忌配餐时，你必须考虑的因素包括酒精度、陈酿年份、木质影响的强度和类型、重量、泥煤强度（如果含有的话）、甜度、母类谷物的影响，还有该威士忌是否需要加入一丁点水以引出其全部的风味。

这些考量听上去犹如临床诊断一样缜密。事实上，在实际操作中，人们更多的是凭借直觉和经验加以决策。你掌握了某种饮料的知识，也对其有感性认识，你会考虑它在嘴中的味觉表现，在鼻子中的嗅觉表现，于是你就开始着手为它搭配食物了。

在这方面，你会精益求精，不断进步，我就是如此。我的威士忌品鉴之旅始于波本和黑麦威士忌，而苏格兰威士忌出现在我的职业生涯里相对较晚。我和一名大厨一直合作研究各种各样的威士忌，最近，我向他提了一些苏格兰威士忌以供配餐选择的建议，他搭配出一系列不错的配餐组合，其中有一款特别令人惊艳：达尔摩12年陈搭配黑巧克力焦糖布丁，再用一块糖浸橙片加以装饰。

我没细想过，"嗯，一般性的强度，不含泥煤，没有什么特别的问题。雪利木桶能带出水果和坚果气息，波本木桶意味着香草和椰子味，这所有味道和巧克力相融合。达尔摩威士忌会散发出柑橘气息，而装饰用的橙片又会使其变得更加酸郁。这款酒足够重，可以承受丰厚的奶油气息，应该没有问题。"不，不仅仅是没有问题，我看了它一眼想着，"简直是精彩绝伦！"这真的是肺腑之言，可以说这是一对奇特的组合。我欣然地品尝了些，这道搭配是那晚最精彩的部分。

酒类配餐门类很多。我们可以取一款威士忌来补充和衬托食物：比如说，烟熏味苏格兰威士忌搭配烟熏三文鱼、甜味波本威士忌搭配含有其所用母类谷物的印度布丁，或者润滑绵柔的加拿大威士忌搭配一把新鲜烤制的坚果。这些往往都是最简单也是最直接的组合，只要在选择威士忌或食物时注意不要使配餐发腻超载，就可以尽情尝试。

人们应用威士忌搭配食物，还可以削弱和减淡食物中任何过于强势的特征。我最喜爱的一个案例就是爱尔兰威士忌搭配培根。虽然没有具体的配方，但是这种组合很棒，不过记得选用早午餐用的上好培根肉，那种肉味浓郁的爱尔兰熏肉薄片或者干脆用苹果木熏制的五花肉，啜饮一口爱尔兰威士忌可以衬托猪肉的甜美，同时轻盈的烈酒味又能遮掩脂肪的腻味，若采用单一壶式蒸馏威士忌会更好，还会散发出一股青草和水果的气息。类似的道理，我很喜欢新鲜的冰鳍蓝鱼，但是这种鱼非常油腻，人们会在这种深色肉中加入多种香料加以调味。

将这种鱼肉和醇厚的苏格兰兑和威士忌搭配，比如说，尊尼获加黑方或者皇家芝华士，鱼肉的味道就变得平易近人。

如果你在考虑为一顿正餐搭配食物，就得有始有终。比如，我在准备高杯酒时，通常会采用苏格兰威士忌搭配苏打水或者肯塔基茶（2份水配1份波本威士忌）。现在你可能已经了解，我本人既是一名啤酒饮者，又是一名威士忌饮者，而稀释威士忌的做法可以让我有机会像喝啤酒一样享用威士忌。我在饮用的时候依然能感受到威士忌的风味，同时又能衬托食物美味或抑制食物的冲味，而且这种饮料酒度很低，在咀嚼食物期间，我可以用来解渴或解腻。我印象中有一种最完美的酒食组合，那是采用各种不同风味浓郁、干燥且咸味的乡村火腿搭配一高杯由1792雷奇蒙特珍藏威士忌制作的肯塔基茶。如果我饮用纯波本威士忌来振奋和提神，估计会觉得那晚就那么匆匆而过了，不过兑了水的威士忌让我感觉美妙极了，那夜晚的时光似乎也被拉长了。

接下去，我们将针对不同种类的威士忌分别探讨下它们的配餐方案，同时我依然推荐你按照自己喜欢的方式饮用威士忌。我会在配餐建议中排除鸡尾酒，之前已经提到的高杯酒除外。其实，一杯鸡尾酒本身就是一种绝好的搭配了，由此出发大有文章可做。鸡尾酒也是配餐的良好佐料，但这更是一种个人的选择。

无论给啤酒配餐，还是给威士忌配餐，最重要的一点是无所畏惧，勇敢一些，不要在选择时思前想后。毕竟退一步讲，最糟糕的情况又会如何呢？大不了就是一次糟糕的搭配。犯一次错就能避免再次

犯错，而总有新的一餐等着你去搭配。我的朋友山姆采纳了一名侍者随口说的建议，用一瓶14年陈克里尼利基搭配一盘裸露出半只壳的牡蛎，数年之后，每当他论及此事，脸上总流露出同样的表情。好吧，我想你可能也有过类似的经历。

所以勇敢一些吧。想一想，先是试探性地喝上一小口，然后投入其中畅饮起来。就好比试水，如果水比你想的要浅，那么好吧，这就是你学习和进步的方法。让自己冷静而聪慧些，不妨把玻璃杯置于一边（如果担心氧化，可以盖上盖子）。食物是新鲜的，细吞慢咽地享用吧，然后喝上点威士忌，放松一下。我可以向你保证，威士忌和放松只是你可以选择的次佳组合，最佳组合无疑是威士忌和你的朋友们。

苏格兰威士忌

如果一种威士忌和一款食物已经共生了数世纪之久，对于这种搭配你几乎很难找出碴儿来，正如一个人如果天天都喝同一款饮料，这款饮料总不至于太难喝吧。看看巴伐利亚地区流行的贮藏啤酒、烤鸡和面条组合，法国流行的红酒、奶酪和面包组合，还有比利时非常时髦的自然发酵面包和贻贝组合。

因此笼统地说，苏格兰威士忌和羊肉、鱼肉及贝类（烟熏或非烟熏）、甜品、柑橘（苏格兰人是最早且忠实的橘子果酱生产者和消费者）、燕麦饼（民族小吃）都是极好的搭配。要为苏格兰威士忌制作出一张食物搭配表也是小菜一碟，一瓶"苏格兰威士忌"加上前面提到的这些食物就大功告成了。

可别那么武断地下结论。首先，正如你所知（至少你在读完本书后一定会知道），苏格兰威士忌的种类并不单一，其中包含轻型兑和威士忌、雪利单一麦芽威士忌、烟熏泥煤怪兽威士忌、朴实无华的古董

稍微几滴

我曾陪同一群记者参观阿德贝哥酒厂。在那里，我第一次听人介绍说，将威士忌加在牡蛎中是一种至臻享受。请注意：不是威士忌和牡蛎，而是将威士忌加在牡蛎中。在结束参观之旅后，我们被带到了外边，那里有个男子正在熟练地剥去牡蛎的外壳，这些牡蛎刚从近岸的海水里打捞上来。我们得到了贵宾式的隆重款待，被斟上了一杯阿德贝哥岛屿之王。这是一款甜美、烟熏味、带有复杂气息而且极为丰满圆润的25年陈威士忌，和新鲜富含海水的牡蛎搭配食用简直棒极了。

之后，有一名酒厂员工建议我们在撬开贝壳往嘴里送之前，可以往牡蛎中滴入少量威士忌。这可真是令人大开眼界的惊艳时刻！就在牡蛎之中，弥漫着威士忌的芬芳，渗透牡蛎外壳，两者发挥着协同效应，泥煤的气息融入了甜美的肉质中。我对这种美味上了瘾。波摩酒厂的人最近也在威士忌节和鸡尾酒传奇这样的活动中将威士忌和牡蛎进行了搭配，他们会请你先叉起还在贝壳中的牡蛎肉，然后在空壳中加入威士忌，接着将这口贝壳利口酒一饮而尽。这种吃法还被取了一个有意思的名字：牡蛎雪橇。

不管采用什么方式，你得做出尝试。我在写到这儿的时候，正打算出门为晚餐点上一份牡蛎呢。我随身带了一瓶从阿德莫尔蒸馏酒厂搞来的烟熏味教师单一麦芽威士忌：牡蛎们，你们得小心啦！

威士忌以及经葡萄酒桶过桶处理的异域风情威士忌。苏格兰威士忌以其丰富的系列呈现多样的味觉体验，从而也为厨师或用餐者提供了巨大的选择空间。选取你的威士忌，边上放一杯纯水，不品酒的时候可以爽口，然后就可以尽情享用了。对于伊斯莱岛所产的威士忌或者其他的泥煤烟熏型威士忌，海鲜类食物，无论经过烟熏与否，都是绝妙的搭配，威士忌酒液能俘获这种食物，并把它裹卷在浓郁而迷人的烟熏气息中。烟熏三文鱼和牡蛎是一种简单的选择，不过几乎任何简单处理过的新鲜海鲜都能和泥煤型威士忌完美配对。当然，也可以使用烟熏味更浓的兑和威士忌，比如黑瓶或尊尼获加双黑威士忌。

如果你觉得自己喜好食肉，我建议你不妨尝试下风味更加强烈的肉类，甚至是一些野味：牛肉、羊肉、鹿肉以及鸭或野鸡这样的猎禽。肉类的预处理方式很简单，热煨或者烧烤，这些肉能带出麦芽中的焦糖气息。我觉得泥煤在这种组合中会有损肉质，所以我更倾向于采用非泥煤型威士忌。

如果你手头还有甜点，比如我之前提到过的黑巧克力焦糖布丁，也是苏格兰威士忌的绝妙搭档。除非你的威士忌因过桶处理带有浓重的雪利酒或葡萄酒味，再或者烟熏味浓得犹如一个烧烤炉，那么甜食是很容易和苏格兰威士忌搭配的。

事实上，威士忌能和任何一种不算过甜的黑巧克力很好地搭配。燕麦饼、消化饼干、糖霜曲奇、酥饼以及谷物类食品自然能与以谷物为原料制作的利口酒完美融合，所以无所顾忌地进行试验吧，你一定能找到自己最喜欢的组合。

我还想给大家介绍一种名为克朗拿钱（Cranachan）的传统苏格兰甜点，其中就含有苏格兰威士忌，先烘烤一小撮燕麦饼，再打发鲜奶油，然后将覆盆子浸于蜂蜜和威士忌中，把上述材料依次铺叠在一个小杯中冰镇。这种甜点非常美味，而且制作简易，我建议你立即上手一试。

如果你喜欢在用餐结束时来上一块奶酪，那么只要不是那种最为刺鼻的生奶酪，我想你一定愿意大快朵颐。切达干酪、高德干酪、瑞士硬奶酪，还有我最爱的霍赫·伊布里奇（Hoch Ybrig），这些奶酪都能很好地和苏格兰威士忌搭配，至于如何选择更佳取决于你的个人偏好。比如说，你会发现我就从不添加蓝奶酪。部分尝味者坚持认为，奶酪和斯佩赛岛所产威士忌中的麦芽和水果气息最为搭配，尤其是那些置于雪利桶中陈酿的威士忌，而我则不以为然，这种组合会让我觉得威士忌尝起来有股金属味，而奶酪则会发甜。显然，有人会站出来反对我的观点。好吧，我又得重申一下，这事关你个人的味觉感受，而要找出你的最爱只能依靠不断的试验。

日本威士忌

我在此只想对日本威士忌一带而过。事实上，虽然日本威士忌和苏格兰威士忌亦有不同，但两者有着更多明显的相似之处。类似苏格兰威士忌的麦芽威士忌在日本非常风靡，部分原因在于这种威士忌能和日本的食物很好地互补。日本的食材以谷物和鱼类为主，这两者都是麦芽威士忌的绝妙搭档。只要坚守这条原则，你就几乎不会犯错，不过也要考虑日本膳食中的部分配菜：姜、酱油，这些都需要搭配合适的威士忌。

老调重弹，试验吧，只有试验，你才能找到最合适的配对。

波本和黑麦威士忌

波本威士忌的配餐甚是简单（在本章中，凡述及波本威士忌的内容也同样适用于田纳西威士忌）。你可以将波本威士忌和任何一种偏甜的或者清淡的肉类搭配——猪肉、鸡肉、火鸡肉，或者三文鱼。这种组合可以为你带来黏口而美味的一餐，并能最大限度地呈现肉质的风味，而你所喝的威士忌也是配餐的最佳佐料，它同样适用于豆腐。你可以想象当我知道威士忌可以搭配豆腐时有多开心：在威士忌的衬托之下，豆腐显得更加浓郁多汁了！

配餐方案很简单：取 1/2 杯红糖，1/4 杯法式狄戎芥末酱，加上 2 大汤匙的波本威士忌。搅拌一下，再轻柔地敷上薄薄一层。你还可以尽情地自由发挥，假如比较偏爱黄油，也可用它取代芥末酱，还可以用枫糖浆替代红糖。如果愿意，也可以加入些伍斯特沙司或番茄酱，不过首先不加冰块尝试一下。这种酱汁和排骨是绝妙的组合，但是不要心急，等到差不多都制作完了，再浇淋上去。

当然，你也可以效仿占边酒厂蒸馏大师布克·诺埃惯常的做法，就是简单地将波本威士忌和烧烤的鸡肉或带骨猪排搭配。他会选一些厚实的上好骨排置于烤架上，就在烤得差不多时取出一瓶波本威士忌（往往是自家生产的布克牌威士忌，当然对于多数人而言，这款酒用于明火烧烤有点过头了），然后充分喷洒在骨排上面，接着他会盖上烤架一分钟。此时的骨

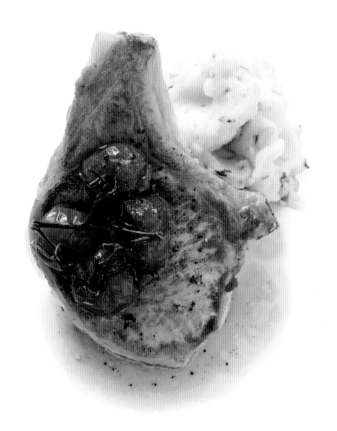

排会散发出美妙的波本芳香,表皮还微微有点焦脆,真是恰到好处的美味。

好吧,我已经给了不少烹饪的建议了!正如我之前提到的,猪肉是波本威士忌的绝配,鸡肉也是。这种肉质的甜美搭配威士忌后显得更加甘美多汁,真是大快朵颐的美妙时刻呀!如果你还想在肉上淋些酱汁,既可选择端盘上桌时也可选择在烹饪的最后阶段添加,甜美的水果酱(尤其是杏子和李子)是波本威士忌的好搭档。

无须赘言,在搭配波本威士忌时,慢火烧烤猪肉是最好的。没错,我讲的就是烧烤,在烟熏的柴火上慢慢地烧烤,手撕猪肉:在上面涂抹上一点波本沙司。排骨:割取美味的脂肪,抿一小口波本威士忌,或者喝上一大口肯塔基茶。烤物的末端:波本威士忌能沾染上一点焦炭味(相信我,波本非常了解木炭),无论你使用的是山核桃木、苹果木、樱桃木还是橡木(我喜欢混合使用),利口酒中都会无一例外地沾染上一股橡木气息,这同样适用于烟熏培根。

那些小菜也和波本威士忌很搭调,尤其是那些有点甜的小菜。母类谷物——玉米真的是多才多艺,它有着双重身份,既是谷物也是植物。你可以用玉米制作奶油玉米、玉米面包,也可以将其研磨成粗玉米粉(你可以用玉米粉和奶酪、小虾、枫糖浆做各种有意思的搭配)。有一种墨西哥风格嫩玉米(elote),做法是将带穗的玉米棒子烤熟(或者煮熟),厚厚涂抹上一层蛋黄酱。奶酪和辣椒粉,如果再加上一点波本威士忌会更为美味,尽管看上去有点凌乱。

我自己并不是甜味土豆的粉丝,但却喜欢用红糖或枫糖浆(另外一个波本威士忌的好拍档)来增加甜味,它们和红色烈酒威士忌简直是绝配。只要在任何种类的蔬菜(不要是苦味的,莴苣菜和类似的绿叶菜除外)中加一些黄油和红糖,抑或一些火腿粒或培根碎块,再或者焗豆,都是波本威士忌的极好配餐。如果你还没有发现这一点,那么好极了,我又要建议你马上动手尝试了,赶快在里面浇一些威士忌吧。

那么甜点呢?这当然不能错过啦!波本威士忌是一款你能直接淋洒在冰淇淋上的威士忌,香草或者特别浓郁的法式香草冰淇淋最为搭配。对于热爱威士忌的人而言,波本沙司可以使面包布丁焕发出无限的魅力,我见过好多用餐者在品尝这一组合时惊喜得叫出声来,之后又转为低声的啧啧称赞。

其实,我上面说的也适用于黑麦威士忌,每次我都会在食物端上来之前就把黑麦威士忌一饮而尽,所以在它的配餐方面,我少有实践。不过说起来,我曾在2013年参加了一顿由留名溪黑麦威士忌赞助的晚宴,从中我学到了一点:只要适合波本威士忌的食物,基本上也能和黑麦威士忌搭配,不过要注意控制好甜度。"干"和"黑麦"在英语中互为谐音,事实似乎也是如此。比如说五花肉怎样?搭配黑麦威士忌会很棒,那么在枫糖浆中浸渍过的五花肉又怎样呢?我建议你最好还是搭配波本威士忌吧。

有一点比较引人注目,人们总是习惯性地将黑麦威士忌配以五香烟熏牛肉,辛香对辛香,威士忌

威士忌的晚餐

就在不久之前，我和妻子邀请了另外两对夫妇来家中共享威士忌晚餐。我们所邀之客曾提过想多学些有关威士忌的知识，我欣然同意。我最终决定以邀约晚餐的形式帮助他们领略威士忌，这样气氛会比较欢快，相较于简单的威士忌品鉴，这也更容易激发我们之间的对话。有的时候，我确实更喜欢旁敲侧击，而不是开门见山。

我试图向他们介绍所有四大主要威士忌类型（苏格兰、爱尔兰、美国和加拿大威士忌），于是就相应地规划出一份菜单。首先出场的是 12 年陈高原骑士，带有一点泥煤味，但并不过于浓烈，还弥漫着一系列富有变化的柑橘和麦芽味。然后，我端出水饼干、带有一丁点酸味的农场自制切达干酪，还有我清晨就用赤杨木热熏过的三文鱼排。这道配餐获得一致好评，奶酪能俘获水果的气味，而鱼肉又能多散发出一缕烟熏味。除此之外，我还配了些酸黄瓜和橄榄作为小菜。不过说实话，这两样并不怎样。

接下去轮到主菜了：12 年陈的伊利亚·克瑞格波本威士忌，搭配涂抹了波本威士忌的猪里脊肉，新鲜采割下来的玉米，还有波本甜味土豆。这款波本威士忌是我的常用款：量大、甜而不腻，包裹有来自木桶的香草味和一丁点橡木辛香。

食材的选择反映出我对波本威士忌及配餐的哲学观点：你绝对不能添加过多的波本威士忌！毕竟，猪肉的甜美与生俱来，波本的上光只是加了一丝焦糖风味，进而衬托出威士忌的特征。

玉米总是波本威士忌的好伴侣，作为波本威士忌的原料谷物，用玉米总是没错的，除非你在其中加了过量的盐。我并不喜欢在加盐调味的玉米棒子上涂抹波本威士忌，如果要我来处理，就会用黄油替代盐。

墨西哥风格的嫩玉米味道也算不错，而甜味土豆的做法更是简单极了：只消将土豆煮熟，再加入南瓜派香料和红糖捣碎成糊状，再加入 1/4 杯的伊利亚·克瑞格波本威士忌。大家对这道配餐再次好评如潮，这不过是明摆着的事实嘛。

这顿晚餐的甜点也很棒，我的妻子凯茜从市场里买回了些果仁蜜饼（Baklava），又在其中滴了少量蜂蜜。我们在甘美的单一壶式蒸馏知更鸟威士忌中稍微掺了点热水和糖，与之前的甜点一同奉上，果味四溢的威士忌和油酥点心相得益彰。这道配餐衬托了蜂蜜和坚果的味道，又削弱了威士忌的甜腻，使其更加平易近人。那晚我的客人就这瓶知更鸟威士忌提出了最多的问题，我也做了最详尽的解读，而果仁蜜饼倒是不痛不痒。

享用了这么多美食美酒，之后就是放松时间了。我取出了一碗新鲜焙烤出炉的盐焗腰果，并小心翼翼地斟了一些 30 年陈的加拿大俱乐部威士忌。这款酒非常罕有，以这样一款珍藏级瓶装酒"引介"加拿大威士忌略有作弊之嫌（事实上，我还是建议你不要效仿我的做法）。不过，这款酒囊括了所有 20 年陈加拿大俱乐部威士忌的优点，而且越来越多的高端加拿大威士忌开始涌入美国市场，现在不过是让我的朋友提前感受下。对了，我之前有否提起过，加拿大威士忌和高品质的焙烤坚果是绝配？酒液丰满而且弥漫着木质的芬芳，这让你感觉到口中的坚果仿佛漂浮起来，这种组合发挥着协同效应，我们就这样一直边用力咀嚼着，边小口啜饮着，畅谈之中，不知不觉便到了深夜。

那一晚非常美妙。我们可以用威士忌配制出一顿晚餐，而恰当的食材搭配是呈现威士忌风味特征的最佳方式。来点乐趣，来点食物，再来点威士忌吧！

起到了补充性的作用。你还可以选用一块上好的美味肥肉，此时黑麦威士忌发挥的就是压制性的作用了，尝起来同样不错。

爱尔兰威士忌

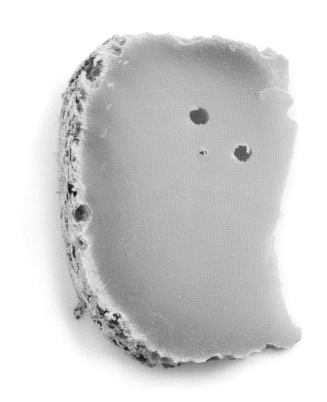

　　鉴于爱尔兰的蒸馏酒厂寥寥可数，我打算在这里长话短说。爱尔兰威士忌品质都算不错，在某些情况下，它与苏格兰威士忌极为相似。

　　布什米尔威士忌的产地本来就毗邻苏格兰，它的配餐与苏格兰威士忌类似，只消回顾一下苏格兰威士忌板块的内容，凡是适用于苏格兰非泥煤型麦芽威士忌的食材也可套用于布什米尔威士忌，不过请记住一点：黑林威士忌经雪利桶过桶处理，这款酒的 16 年陈含有三种木质气息，所以在搭配时要格外谨慎。我想补充一点，这款标准装瓶酒能和冷火腿很好地搭配，我可从未想过要用苏格兰威士忌做尝试。

　　如果你手头恰好有一瓶库里威士忌，那么对于这款泥煤型的康尼马拉威士忌而言，配餐的方案类似于泥煤型苏格兰威士忌，而爵尔卡纳威士忌的配餐可以参考优雅的斯佩赛威士忌（能和任何带有蜂蜜的食材完美搭配）。另外，鳟鱼是基尔伯根威士忌的好搭档。

　　由于是与单一壶式蒸馏威士忌兑和制得，特拉莫尔露和米德尔顿威士忌和其他爱尔兰威士忌有些不同。我发现，这两类威士忌具有青草味和果味特征，这使得它们能和各种各样的奶酪，甚至包括蓝色奶酪很好地搭配，我只是觉得蓝色奶酪无法和单一麦芽威士忌搭配而已。其中，它们和较陈的硬奶酪堪称绝配，比如，米莫雷特芝士（Mimolette）和陈年的高德干酪（Gouda），这两类威士忌能和瑞士硬奶酪的坚果风味完美融合，如果边上还配有一些水果就更好了。来一杯绿点威士忌，辅之以一些新鲜的黑面包，加上一个脆苹果，再配上一大块布马多娜（Prima Donna）奶酪，这种组合确实美味无比。

　　如果和鱼肉搭配，尤其是那种温和调味过的鱼肉，你会有一种在家的温馨感。取一碟鳟鱼或大比目鱼肉（如果搞得到的话，你也可以采用新鲜的鳕鱼肉），配之以柠檬、山萝卜和连皮土豆，再加上一杯尊美醇 12 年陈，威士忌平滑而又复杂的麦芽香气，橡木陈酿的圆润以及青草般的新鲜气息能够烘托鱼肉的微妙风味。

　　爱尔兰威士忌总能在甜品中闪耀夺目。知更鸟几乎能给任何类型的甜品锦上添花，从巧克力到柠檬，再到简单的甜味糕点。你甚至也可以采用常规装瓶款，比如，标准尊美醇或鲍尔斯搭配大多数的甜品，而且你对这些搭配的成功胸有成竹。

加拿大威士忌

相较于其他种类的威士忌，加拿大威士忌的配餐略显棘手。问题倒不在于它本身的口味，或是加拿大人常用的食材，而在于人们习惯饮用加拿大威士忌的方式：采用搅拌机。加拿大的蒸馏酒厂是这样出售它们的威士忌的，而加拿大人和美国人也习惯了这种饮用方法，似乎效果还不错。但是问题来了，你要对已经"搭配"的威士忌再度配餐，这听上去有点怪怪的。

就我个人而言，正如之前所述，我认为经过良好焙烤的坚果是加拿大威士忌的好搭档，这两者的风味非常协调，要是采用烟熏坚果就再好不过了。在我看来，上等加拿大威士忌中独特的木质风味，那股真正橡木和砍伐木材的芬芳，可以很好地匹配坚果中的类似气味，我非常喜欢这种搭配。

加拿大威士忌也可以搭配甜品，尤其是那些烘焙食品：蛋糕、馅饼（山胡桃和山核桃坚果馅饼搭配一杯加拿大威士忌简直棒极了），还有曲奇饼干。在这类食材中，我最喜爱的当属香味曲奇——薄脆姜饼、姜饼蛋糕、顶部撒有肉桂的思尼克涂鸦饼干（snickerdoodle），以及诸如俄罗斯茶蛋糕这样的坚果曲奇。这些甜品中含糖，而且已经变成焦糖，香料能够凸显黑麦的活力。可能你会觉得，吃曲奇饼干时搭配威士忌显得有点古怪，不过在你吃完半块饼干之前就会打消这个念头了。

不是在拉低威士忌的身价，不过加拿大威士忌确实能很好地与啤酒搭配，各种各样的啤酒。它足以融合大多数的啤酒，却又没有伊斯莱岛所产苏格兰威士忌的刺辣，也没有年轻波本威士忌的急躁，这种兑和威士忌确实不错。我犹记得发生在2008年总统竞选时的一个小故事，当时希拉里·克林顿在一家酒馆先是饮了一小杯皇冠威士忌，之后又喝了一份啤酒。其实我想，她明明可以将两者一同喝下的。

第15章

威士忌的收藏

　　收藏威士忌的风潮愈演愈烈，而拍卖会上"可供收藏"的威士忌价格也是水涨船高。如今，在纽约、爱丁堡和香港已开设有威士忌的定期拍卖会，对于某些收藏家而言，威士忌已经成了炙手可热的投资产业。数年之前，拍卖行就已经娴熟掌握了拍卖上等葡萄酒从而牟利的方法（他们通过按点头征收规费的方式挣钱）。近来，他们发现，与葡萄酒拍卖类似，对于那些威士忌的狂热爱好者和收藏家而言，拍卖上等的威士忌也会有利可图。

收藏威士忌的数量非常惊人。2013 年 3 月，威士忌贸易公司的新闻发布稿显示，其正筹资购买多达 3000 瓶的甄选稀有瓶装威士忌作为投资。

2012 年，单单是英国的威士忌拍卖行一家就拍出了 1.4 万瓶威士忌，相较于 2008 年的仅 2000 瓶可谓涨势迅猛。预计到 2020 年，该数字将进一步增长 114% 至 3 万瓶。2012 年，全球范围内共拍出约 7.5 万瓶威士忌，价值总额为 1100 万英镑，到 2020 年，预计拍出瓶数将翻一番达 15 万瓶，而价值总额将达原先的三倍——3300 万英镑之高。这表明人们以高价追逐优质威士忌的趋势将愈演愈烈。

这种预测似乎过于乐观地估计了目前尚存的珍罕威士忌存量（我们当中没有人会真的饮用这些酒）。不过 2012 年，全球范围内共拍出 7.5 万瓶威士忌，而其中英国一地就拍出了 1.4 万瓶。如此看来，确实有不少珍罕威士忌被拍出并流入个人收藏。

当然了，早在拍卖会开拍之前，人们早已开始收藏威士忌了。有不少微型酒样的收藏家，他们喜欢收集 50ml 的 “航空” 瓶装威士忌小样，并尽可能地找寻各种不同的款型，还有一些单一品牌的收藏家，他们致力于搜齐同一品牌的所有瓶装酒：不同的商标、生产年份、陈酿年份、一次性酒品。除此之外，还有一些所谓的 “灰尘猎人”，他们漫游在各式各样的酒类专卖店的走道中，寻觅那些依然库存而从未出售过的威士忌（而且还是当时的价格），要是看到他们淘到的占董级老货，你一定会为之一惊。

那么，人们为什么要收藏威士忌呢？其实他们和那些热衷于收藏硬币、饼干罐以及牌照的人差不多。其实，对于某些拥有特定商标和装瓶的威士忌而言，其背后都蕴藏着丰富的历史和有趣的故事，而且在外观上也格外引人注目。

对于收藏人士而言，威士忌自然和猫薄荷一样五花八门，多种多样：数百家不同的威士忌蒸馏酒厂（其数量远不止如今依然开门运营的酒厂）、商标、兑和方式、过桶处理以及陈酿年份。酒厂还会出产一

些周年庆款、纪念装瓶款、特别包装款——装饰性细颈酒瓶、复古陶质罐、精心制作的金属镶嵌木以及皮质的礼盒、奢华的水晶——甚至还有一些个人特值版装瓶。

正如其他的最佳收藏品一样，威士忌有着很不错的稳定性。如果包装完好，一瓶未开封的威士忌可以保存 100 年以上。收藏者或投资者可以对所买的威士忌拥有相当的信心，它将在未来 10~20 年内处于类似的良好状态，这点也为市场提供了必要的保障。

更让收藏者和投资者兴致高昂的一点是，那些受人追捧的瓶装酒往往供应紧张。某一特定年份所产的蒸馏威士忌数量有限，单一麦芽威士忌装瓶酒更加稀少（虽然人们对波本威士忌和兑和威士忌也开始表现出兴趣，但是单一麦芽威士忌始终是最抢手的），此类威士忌中外瓶未开封且未损坏的则珍罕至极。可以想见，每当有人心中痒痒地想亲口尝一尝，就又少了一瓶，这难免进一步抬高了价格。

不过，最后一点的作用是双向的。所有物件当中，有一部分是精心特制的 “收藏品”，而另一部分则是内在价值不高很少被人收藏的流通品（就如邮票一样）。威士忌并非便宜货，但也不是专为收藏而生产的。事实上，面临当下的威士忌收藏人，正如某些蒸馏酒厂所言：“我们制作威士忌，只是为了饮用。”

我把这句话放在了心上，所以你在我的个人 “藏品” 中几乎找不到什么未开瓶的威士忌。威士忌作家吉姆·默里将他多达数千品的威士忌收藏称为 “图书馆”，这副场景真是我梦寐以求的。

你可以取出一瓶，倒出一杯抑或只是尝一口，然后再享受一番其中的美妙，这滋味会提醒你眼前这瓶威士忌所具有的卓越品质。当然啦，一旦你选择开瓶，这瓶威士忌在拍卖市场上的价值就一落千丈了。

所以不要开瓶，所谓威士忌藏品是指一系列摆放在架子上却未开瓶的酒。于是有些收藏者会买上同

大多数适于收藏的威士忌

以下这些蒸馏酒厂的产品足以让威士忌的收藏者魂牵梦绕。收藏者的动机各式各样：珍罕性、卓越的品质，或者仅仅追求某种酒液的特性。我的老友吉姆·麦克考密是《威士忌倡导者》杂志的拍卖及收藏专家，我借用他的专业知识为收藏者提供一些投资建议（不过请谨记：威士忌的收藏犹如赌博，务必考虑其中风险，说不定你手头有一瓶上好的威士忌，某天晚上，你就会经不住诱惑而开瓶畅饮了）。

1. 麦卡伦

始终独领风骚。

装瓶：对于多数人而言，拉力克（带有花卉浮雕图案的玻璃）瓶难以企及，不过年度的伊斯特·艾尔奇庄园装瓶酒是一项不错的选择。

2. 波摩

对于很多收藏者而言，黑波摩是一款极为珍罕的"大白鲸"。

装瓶：黑波摩价格高昂，不过仍然备受推崇，年份更久的范斯·勒（Feis Ile）以及 1979 二百周年庆装瓶酒始终是稳当当的赢家。

3. 阿德贝哥

忠实的粉丝和卓越的威士忌使得该品牌的陈年装瓶酒炙手可热。

装瓶：17 年陈的阿德贝哥被认为价值最高，1984 年前蒸馏制作的也是收藏者垂涎之物，委员会装瓶酒亦值得投资。

4. 布朗拉

低调内敛，然而其美艳依然在收藏者心中闪闪发光。

装瓶：任何一款，确实如此，一家低调内敛的蒸馏酒厂总有不错的产品，而且布朗拉的估价始终在缓慢上扬。

5. 云顶

略显小众，颇受"饮用型"收藏者欢迎。

装瓶：本土大麦所制威士忌似乎颇具潜力，年份更久的 21 年陈外瓶上带有特别纪念印。

6. 波特·埃伦

珍罕性和浓重的泥煤味深深吸引着大批的收藏者（特别是总有很多人会不断地开瓶饮用）。

装瓶：再一次验证了一点，投资一家低调内敛的酒厂多半不会错，更何况其官方发布价格始终一路攀升。

7. A.H. 赫希 / 酩帝

酒单上的顶级波本威士忌。这是一家长期保持低调却又备受人们喜爱的宾夕法尼亚蒸馏酒厂，该品牌的装瓶酒在市面上越来越罕见了。

8. 任何一款年份较久的日本麦芽威士忌

对于年份较久的日本麦芽威士忌（以及陈酿兑和威士忌），全世界终于慢慢认可了其卓越的品质，这些酒也颇具投资价值，其中不少装瓶也非常漂亮。

9. 格兰菲迪

这款麦芽威士忌非常流行，拥有很多粉丝，特殊装瓶款的存货也不少。

装瓶：雪凤凰（一款早先的瓶装酒）一直在增值，其他几款年份较久的特殊装瓶款价格也有上浮，比如，尚在财力承受范围之内的哈瓦那珍藏款。

10. 任何一款年份较久的陈酿波本威士忌或黑麦威士忌

寻找任何一款年份达 15 年或更久，前面带有派比·范·温克和野牛遗迹古董收藏标志的威士忌。这类酒的价格在 2013 年开始飙升，而且这才是刚刚起步，它和日本威士忌正成为收藏界的新宠。

过于珍贵而难以出售

我曾万分荣幸地受邀在曼哈顿的冒险者俱乐部参加麦金利的沙克尔顿珍罕陈年高原麦芽威士忌美国产品首发会。当时，我还因为差点撞翻新西兰驻美大使而成为众人注目的焦点，那一晚真是棒极了。我们共同庆祝了这款山寨版威士忌的创作和发布，这款酒真正的原版实在是太过珍贵了，我简直无法想象人们会将其出售。

欧内斯特·沙克尔顿先生曾在1907年的极地探险中搭建了一座驻扎小屋，到了2007年，新西兰一支前往南极洲的考古探险队在保护这座营地时，发现屋底下冰中保存完好的三整箱威士忌。根据各国政府就南极洲研究所达成的协议，除非出于保护或科学的目的，人们不得将这些威士忌移出南极洲。后来，有一箱威士忌被运往了新西兰，在超过两周小心翼翼地融解之

后，人们发现箱内11瓶威士忌中有10瓶依然盛满了酒液而且完好无损，其中3瓶被送往了位于苏格兰的怀特和麦凯烈酒实验室，兑和大师理查德·帕特森在那里对其进行测试。

在化学分析和针头微量取样仔细嗅闻之后，人们终于确认了这瓶威士忌的身世，接着帕特森选用以类似方法制作的现代威士忌重新创作原版酒的风味，而创作的成果正是我们那晚喝到的威士忌：轻微的烟熏味，馥郁的水果气息、精致优雅，这款酒生产了5000瓶，购买价中的一部分流向了早先南极洲探索基地的南极遗产信托机构。

至于原始版的那款威士忌，有微微变轻了的三瓶被恭恭敬敬地从苏格兰重新送回了沙克尔顿的小屋，而且再次被埋入冰中。

款的两瓶，一瓶用于收藏，另一瓶则开瓶享用，还有一些人倾尽财力买入尽可能多的同款威士忌，要么以此交易换取其他的珍藏瓶装酒，要么囤货等待价格上扬时再行出手。在过去5年时间内，有些威士忌一直在被"炒卖"，那些买家会尽竭尽所能地搞到珍罕威士忌，继而立马转手倒卖给威士忌粉丝并从中赚取差价，而那些粉丝接手以后，就不见得能那么幸运地再度转手赚取差价了。这种倒卖行为不仅暴露了人们内心的贪婪，而且也是非法的——无证贩售威士忌在很多州和国家都属于犯罪行为，这算是恶有恶报吧。

蒸馏酒厂和装瓶商就会利用这种收藏热，专门发布一些极为珍罕且极为昂贵的威士忌：达尔摩星座收藏系列（每瓶起价为3200美元）以及孤版理查德·帕特森收藏款（12瓶套装售价为150万美元），

带有外包装的酩帝庆典波本威士忌，
每瓶零售价高达4000美元。

格兰杰精华款1981（建议零售价：4400美元），波摩1957款（售价为16万美元）。古老橡木桶中的珍贵酒液通常按小剂量装瓶成迷你版，以此最大化经济收益（毫无疑问，如此一来，这款珍贵的可以载入威士忌史册的酒也能拥有更多的收藏者）。这些珍罕威士忌的价格一路飙升，人们认为这也在面上抬高了威士忌的身价，而且目前看来这一势头还将保持下去。

这又推波助澜，使得威士忌成为拍卖会上的宠儿，并且威士忌也离不开拍卖行这个交易场所了。拍卖行持有威士忌并将其作为稳当的投资，直到它的新主人出手收购。诚言之：我个人对这样的行为有些捉摸不透。我也有一些投资品，即便我很想把玩一下也绝不能用手触碰，不过现在我们说的可是威士忌呀。我可以径直走向碗橱，从中取出一瓶，用手掂量感受它的重量，如果非常渴望品尝就将其打开。诸如此类的投资不禁让我回想起20世纪80年代的艺术品拍卖会，凡·高和伦勃朗作品的交易金额不断上涨，而除了在拍卖会期间，这些珍罕的作品从未离开过保险库半步。我不由得想到其中的泡沫，不知道什么时候会迎来泡沫的破碎。然而，这些拍卖品的价格一路高歌猛进，甚至没有受到最近经济衰退的冲击。

不过收藏威士忌并非全然是迷茫困惑的行为，或是亿万富翁不屑一顾的手笔，我也不希望在大家心目中留下这样的印象。确实有不少优秀的收藏者，他们出于真正的热爱追寻着威士忌，内心渴望着能打开大门，点上灯光，仔仔细细地端详任何一瓶产自阿德贝哥的威士忌，或者他们梦想着拥有一整堵墙，其中布满了那些停产酒厂所产的孤版威士忌。

正是这些人最乐意分享与传播爱，他们就有点像那种传播福音的传教士。威士忌的体验已经改变了（或者说至少是丰富了）他们的人生，而他们希望帮助他人从中获得同样的愉悦。

可以说，这些收藏者有些古怪，却和蔼可亲。他们或许会以最钟情的威士忌商标或者徽章制作文身。当然，这些人还拥有大量的品牌服装和玻璃器皿，对于他们而言，威士忌俨然构成了一个团队。在一些

假瓶子

我可不是蛊惑你自私自利，这只不过是我的经验之谈。常常会发生这样的情况，一位朋友来访，你为他提供了一款威士忌，他很是喜欢，你又接着向他展示了一款更好些的威士忌，他也觉得很不错……之后，他还想再来一份，于是就径直走过去，接着自己随意地倒了一杯你的派比·范·温克家庭珍藏23年陈，然后还告诉你："这味道也不赖。"

现在你得听我一句劝告：你真的需要一些假瓶子，我可是花了好长时间才想出这个点子来的。我有一个非常喜欢威士忌的朋友，只要我们喝的是威士忌，他都乐在其中，他可无所谓口中的是黑方还是黑色波摩。于是，我开始确保我手边总有那么一瓶黑方，而不是一瓶黑色波摩。我可不想对着那些只剩半瓶的珍藏级威士忌抱憾不止。

请了解你朋友的性情，也明白自己对于饮用收藏威士忌的底线，不妨考虑着弄些假瓶子吧。

极端案例中，蒸馏酒厂甚至会熟知这些收藏者的名字，往往还会为他们在门口铺设欢迎垫（可能还会提前告知他们酒品的发布日期）。

为何收藏？

或许出于冲动，或许是曾经某瓶或某杯威士忌给你留下了深刻印象，于是你开始收藏威士忌。想一想你自己喜欢什么，又有哪些是合理的。毕竟，要是你喜欢的也正是任何人所喜欢的，那么就会出现供不应求的局面，价格也就会一升再升。所以不妨再好好想想，说不定你会想到某些比较容易搞到的威士忌，只要你确定自己喜欢喝这款酒就可以了。

你是为了品尝而采用文献法收集威士忌？若是如此，你得先根据自己所需定位收藏的主要方向，与此同时也为其余的威士忌留有一些余地，品鉴型收藏需要略微宽泛些。

你收集威士忌是为了投资？若是如此，就要把目光放得更远些，威士忌投资的最佳时期说不定对于威士忌饮用者而言恰恰是最糟糕的时期！此时，你应当采取组合投资法，而且要耐心等上数年才能可能盼来大幅升值，其间还始终面临着泡沫的风险，价格有可能在多次上涨之后突然崩盘，而最好的方法是将收藏多样化。虽说即便无法获取经济利益，威士忌至少还能拿来饮用，但这个投资领域对于退休者而言还是不太合适（不如试试股票吧）。随着收藏威士忌价格的攀升，有越来越多的伪劣产品涌入了市场，而且还标有"一经出售，概不负责"的字样，因此在购买时务必坚持选择声誉良好的拍卖行或者你认识的个人。

你收集威士忌是为了享受收藏本身带来的快乐？那我还是希望你能买到品质卓越的好酒。有些人买了一大堆瓶子仅仅为了摆在那儿积灰，这种想法我可不敢苟同。

还有，千万别什么都在网上购买！顶级的酒类专卖店是学习和了解威士忌的最佳场所。它们往往向顾客提供样酒品尝，而那些在威士忌酒区兜兜转转的人往往和你一样，也对威士忌抱有无比的热忱。你还会在那里遇见其他的威士忌热爱者，和他们交流信息，并着手建立一个朋友圈，这样你就可以找到更多更好的威士忌，也可以和朋友们一起分享。你还需谨记一点，先要乐于付出，邀请朋友品鉴也是有来有往的。

威士忌拍卖

如果你将要参加一场拍卖会，那么首先得确认自己已经明白了其中的规则和流程。你需要支付一笔注册费，在实际销售前，你还需要花点时间认证这些威士忌确实处于出售状态。做好相关的准备工作相当重要，如果可能的话，你自然还希望事先看到将要被拍卖的威士忌，检查一下上面的商标和密封状况是否良好，瓶中含有多少酒液，如果酒液低于瓶子肩部，即瓶颈折弯处，那么很有可能这瓶酒已经氧化而不再值得品鉴了。

你还得明确自己寻求的目标是什么，尤其在眼下这个年头。威士忌和葡萄酒一样，正开始在拍卖会中吸引大量的资金，于是也就催生了大量的伪造者和冒牌货。如果发现某些陈年酒瓶中盛装的酒液过满，你就得留心了，说不定这就是再次灌装的，除此之外，你还得留心观察标签上的信息，看看是否存在拼写错误，往往这也是赝品的标志。请牢记一点，早于1960年的单一麦芽威士忌是难得一见的。

如果成批购买，你往往还能讨价还价一番。那些极具收藏价值的威士忌，拍卖行往往会单瓶拍卖，但也不乏"打包"出售的瓶装威士忌。这些成捆出售的威士忌有时产自同一家酒厂，有时来自同一产地，再有时只是随机的组合。如果你已经仔细观察过这捆威士忌，并且对愿意支付的买价心中有数，那么出于好奇和尝试新鲜事物的欲望，你不妨出手尝试一下。

如果碰到一些上好的威士忌，你得思量一下自己的支付能力，除了酒的价格本身，你还得考虑需要额外支付的拍卖费用、税款、船运费用（有时这可能是个天文数字）以及仓储费用。如果你身处异国，还得计算一下将所拍威士忌带回家乡的关税费用（以及你的航班允许携带的瓶数）。现在，你需要再次清算一遍自己的支付能力，并严格遵守你的预算。慢慢地，你的收藏会日益丰盛起来，其中有一部分藏品比较珍贵，你可无法在街角的酒类专卖店里找到它们的身影。

存储威士忌

正如我之前所说，威士忌是相当稳定的，不过依然需要小心贮藏。威士忌瓶装酒最好保存在黑暗环境中，温度在 55~75 华氏度之间（13~24 摄氏度之间）。如果周围环境过于潮湿，瓶上标签有可能发霉，如果周围环境过于干燥，瓶塞又容易开裂。说到瓶塞，威士忌可不是葡萄酒！千万别将这些瓶子倾斜一侧放置，因为较高的酒精浓度会导致瓶塞变质。

随着品鉴型藏品数量的不断增多，你就应当注意保持威士忌在开瓶后依然处于良好的贮藏状态。密封装置始终完好（事实上，如果一只空瓶的瓶塞依然完好，不妨留用，如果其他开瓶酒的配套瓶塞坏了可以套用）。酒瓶一旦打开，氧气就成了威士忌的大敌，在一段时间的作用之后，它会改变酒液的色泽、香气以及风味。你也可以效仿葡萄酒的饮用者，采用相同的加压惰性气体罐来保护威士忌（我就是这样做的），

或者你可以准备一些玻璃弹珠，温和煮沸 15 分钟，待冷却后将其小心翼翼地加入瓶中，酒液上溢直至到达原先的位置。这种方法也是可行的，只不过在倾倒酒液时你得格外小心，你也可以将其慢慢地转移到依次变小的其他瓶中。

如果你想好生照看你的藏品，就应该找到一处合适的储藏地点。如果藏品数量庞大，你可能就得考虑海关布架搁置或异地仓储的方式了（天气变化可控，而且这些仓储方式确实存在，可以和一瓶葡萄酒收藏者商议）。如果你的收藏是投资型而非品鉴型的，而且藏品价值较高的话，就需要考虑安全和保险问题了。

威士忌的价格

现在我们终于要谈到钱的问题了，即威士忌为何那么昂贵？相关的理由很多，有些甚是合理，还有一些似乎有些牵强。不过，我们真正关心的是，为什么这瓶威士忌会比其他某一瓶威士忌昂贵很多。收藏者可能同时想拥有这两瓶，于是这个问题就显得尤为重要。

我们先从陈酿年份说起，在这方面，威士忌犹如学校的不同年级。以 1980 年蒸馏制得的苏格兰威士忌为例，它属于 80 年级，最初共有 500 桶。8 年之后，其中的 50 桶被倾倒出来用于兑和威士忌的调制。1 年之后又多消耗掉了 100 桶，于是只剩下了 350 桶，而且由于威士忌在此过程中不断蒸发，此时的木桶已不再是满的了。到了 1990 年，剩余的酒液差不多只相当于 300 桶了。两年之后，又有 200 桶被倾倒出来，一半用于单一麦芽威士忌的制作，另一半用于兑和，于是只剩下了 100 桶。5 年之后的 1997 年，木桶已经损失了大量的酒液，剩余量只相当于 70 桶了，其中 40 桶又被倾倒出来用于单一麦芽威士忌的

制作。到 2010 年，一共只剩下了 30 桶，其中的酒液余量只相当于 20 桶。

想象一下，30 年前的 500 桶酒液，如今只剩余了 20 桶，这些保存下来的酒液变得越发珍罕。标签上的"30 年陈"字样使得它们身价大增，人们愿意为此支付高昂的价格。在 1980—2010 年的 30 年间，苏格兰威士忌的需求量呈现迅猛增长，于是那些陈年的威士忌也越发值钱了。如果生产该威士忌的酒厂在此期间关门停业或被拆毁，那就意味着，木桶中的酒液成了孤品，一旦消耗殆尽就永远无法再生，这款威士忌也就越发弥足珍贵，这也是提升威士忌价格的一种方式。

如果针对某一品牌的需求增加，或者口味发生了改变，这款威士忌有可能变得更加昂贵。假如某款威士忌经过多种不同木质的过桶处理而且非常成功，那么标价可能会更高。无论是木桶选用、仓储地点还是当年麦芽的品质，只要这个因素促成了一款品质卓越威士忌的诞生，那么都会抬高它的身价。

威士忌还有可能因为一道行政许可，一项管理层抬高价格的决议而变得更为昂贵。如果人们依然愿意购买，出售方的决策就很英明，如果买的人还很多，而且有增长之势，这就又会促成涨价。

当然，收藏者也会想办法来丰富自己的藏品。他们会以少换多，早先以低价买入的威士忌如今可以高价卖出，转手之后可以买入更多的藏品。总之，要想充实自己的收藏，找到正确的方法非常重要。

重要的一点是保持高瞻远瞩。你打算花费多少精力用于收藏，你又从收藏中收获了多少快乐？你的退出策略又是什么？我认识的几个人都说已经完成了收藏，他们现在所拥有的威士忌已足以维系余生，还有一些人则想把这份收藏传承给孩子（通常会辅以详尽的介绍和说明）。

我已经告诉了我的家人，在我寿终时需有一瓶餐用波本威士忌随葬，然后将我所有其他的威士忌都陈列在桌子上，他们可以挑选想要的保留起来，余下的都送回家提供给各位客人。我知道，这些威士忌终将会被人们饮下。

相关资料来源

好了，终于来到这个环节了，读到这儿，我们已接近书的末尾，但我希望你依然能视其为一个起点，以此开启你之后数年的威士忌甄选、享用和品鉴之旅。

我试图通过本书浓缩过去 35 年内有关威士忌的习得和体悟。相信阅读完本书，大家已掌握了品鉴威士忌的方法，了解了全球各大主要的威士忌门类，学到了体验和享受威士忌的窍门，同时也领会了收藏威士忌的乐趣（以及风险）。本书还穿插了不少我所喜爱的威士忌故事，披露了一些有违主流想法的小众观点，当然也融合了不少颇有意思的趣味知识。

不过在你合上本书并准备踏上漫漫的威士忌之旅前，我还想为大家奉上一杯饯别酒或"门边赠酒"，在美国我们也常称其为临行前一杯酒。这杯践行酒营养丰富，可以帮助你学到本书之外的很多相关知识。

网上威士忌

如今，你几乎可以在网上找到任何事物的相关信息，威士忌也不例外。当然，你可以找到很多蒸馏酒厂和酒业公司的网站，只不过质量上良莠不齐，有一些确实不错，还有一些则不怎么样。比如说，麦卡伦精选了一系列优秀的视频，借此向观看者展示其威士忌制作的真实细节（themacallan.com）；而野牛奇迹也展示了一系列类似的视频，并由酒厂的制作者——蒸馏大师哈伦·惠特利做旁白配音（http://buffalotrace.com）（我之所以特别提及这两份视频，不仅因为它们本身品质卓越，而且两者在页面设置上都很简洁，只需单击是 / 否键表明你已达到饮用烈性酒的法定年龄即可观看，而无须再麻烦地输入你的出生日期）。

如果访问非附属的第三方网站，你还能获得多家酒厂的威士忌信息。虽然威士忌博主们有时也仅仅是半个行家，但是他们搭建这些网站多半是出于对威士忌的热爱。下面罗列的是我最喜爱的几个网站，我还会向大家阐明它们的上榜理由。

加拿大威士忌
www.canadianwhisky.org

该网站由《加拿大威士忌：专业便携手册》（*Canadian Whisky, The Portable Expert*）一书的作者戴文·德·科格默克斯建立，他通过这个平台为读者提供了有关加拿大威士忌的相关信息和个人评注。从我个人经验来看，他本人犹如一本加拿大威士忌的百科全书，而且非常乐意和大家分享相关知识。

恰克·考德利的博客
http://cuhckcowdery.blogspot.com

正如他的博客名一样，恰克·考德利本人非常坦诚直率，他在博客中清晰明了地描述了他对美国威士忌业的所见所知，而没有什么花里胡哨的东西。多年来，恰克·考德利还就此为《威士忌倡导者》及《威士忌杂志》这两本期刊撰写文章，并著有名为《波本威士忌，纯饮！》一书。此外，他还出版有订阅时事通讯：波本郡读者。

麦芽疯狂 .com, 麦芽狂热者 .com, 威士忌乐趣 .com

www.maltmadness.com

www.maltmaniacs.net

www.whiskyfun.com

这三者有着松散的关联性，我也不知道该怎么描述，不过这几个网站上确实有海量的信息！这里有一群苏格兰威士忌狂热爱好者，他们会各执己见并互相争论，不过他们只是想向读者传播更多有关苏格兰威士忌的知识（与此同时获得一些乐趣）。这几个网站含有大量的实用信息（包括威士忌的评论文章和酒厂的情况介绍，这些交织起来形成了一张棒极了的互动式威士忌地图）。

SKU 的最近食物博客

http://recenteats.blogspot.com

该博客是一个大集锦，这里有对全球各地五花八门的威士忌所做的评论、见解和犀利的批评，这些往往非常有趣，有时也会令人担心。不过，"SKU"作为向威士忌爱好者提供的一项公共服务平台，还会不断地更新和完善两张清单，其一是威士忌博客清单，其二是所有美国威士忌的蒸馏酒厂和品牌清单，囊括了从杰克·丹尼这样的大品牌到最小的装瓶商。这个平台充满了活力，而我们都能从中受益。

威士忌倡导者博客

http://whiskyadvocateblog.com

这是《威士忌倡导者》这本杂志的博客地址，我在该杂志担任总编。访问该博客，你可以获取编辑约翰·汉塞尔的大量评论和注释，在威士忌领域，他有超过 20 年的从业经历，并且具有极广的业内人脉网络。在这里，你还可以阅读到所有类别威士忌的上百篇评论。

威士忌卡斯特

http://whiskycast.com

马克·吉莱斯皮会在此平台上与威士忌人士对话，还会对每一类威士忌做出评估。他会抓住一切机会投身这两项事业，而且他的文字记录质量很高。你可以借此机会倾听发自威士忌制作者的声音，反正午餐时间你也不会做什么别的正经事。

按杯品鉴的威士忌

我曾受到《1001 款你此生必尝的威士忌》一书的编辑多米尼克·罗斯克洛的邀请，为该书撰写 40 篇威士忌的评论。我的橱柜里拥有其中的多数威士忌，少数没有的，我也可以向酒厂索取样品。然而即便如此，有三款我还是搞不到，连生产商那里也没有，不过我对此并不担心。我跳上了一节火车，前往宾夕法尼亚一家名为乡村威士忌的威士忌酒吧，这三款威士忌我各点了一杯，虽然价格不菲，但好在我都找到了。

如今，大量的酒吧都拥有比较体面的威士忌酒单，部分原因在于威士忌的持续增值，越来越多的饮客会追寻好酒，越来越多的酒吧经理和调酒师也意识到了这一点，比如说经典麦芽系列威士忌，一些四玫瑰单桶威士忌，或者客人想点一杯知更鸟威士忌。生活真是美妙。与此同时，我们身边也出现了越来越多的威士忌特色酒吧，路易斯维尔的波本小酒馆、芝加哥的黛丽拉酒吧、旧金山的 d.b.a. 酒吧（以及新奥尔良）、华盛顿的杰克玫瑰酒吧、布鲁克林的查尔四号酒吧、奥马哈令人惊艳的邓迪·戴尔酒吧，数不胜数。就在昨天，我还在弗吉尼亚州弗雷德里克斯堡一家名为基贝卡的葡萄酒酒吧，他们在几个月前刚刚就近开设了一间威士忌室，已经拥有超过 50 款各不相同的威士忌（我仅仅在那里尝到过山崎 12 年陈庆典款威士忌）。

威士忌酒吧发迹于威士忌的产地中心：苏格兰、爱尔兰（虽然有些落后于形势，不过正在迎头赶上）、肯塔基以及日本，不过你也能在一些金融和政治中心寻觅到威士忌酒吧的踪迹：纽约、伦敦、多伦多、华盛顿特区，或是一些文化中心和高级餐厅云集之处：巴黎、旧金山。当然，你也能在其他不少地方找到威士忌酒吧，比如奥马哈、布拉格和费城。

在啤酒行业，有一个名为啤酒倡导者的网页（BeerAdvocate.com），其中包含了数千家特色啤酒酒吧的信息，你可以输入地区、评分和地图方向从中搜索出目标酒吧。然而，遗憾的是，威士忌并没有这样一个类似的资源库。《威士忌杂志》的网站（www.whiskymag.com）倒是有一个板块专门谈论如何寻找威士忌酒吧，只可惜形势变化太快，威士忌蓬勃兴起，网站上的信息无法紧随潮流的脚步。威士忌卡斯特网站（http://whiskycast.com）上的清单也面临相似的问题。

作为一名曾经的图书馆管理员，我建议大家这样使用谷歌搜索引擎：【此处输入城市名】"威士忌酒吧"。不要忘了在威士忌酒吧字样外加上双引号，以便谷歌按此顺序进行搜索，还要注意根据你所搜寻目标国家的习惯选择"whiskey"或是"whisky"的拼写方式。

这种方法真的很有效，在完成网上搜寻的第一步后，你就可以直接进入第二步——优秀威士忌酒吧的寻踪之旅了，根据谷歌搜寻结果拜访其中一家威士忌酒吧，它必须同时拥有好评和一张好菜单（拼写少有错误，威士忌的分类和产地标注正确），接着就会发生很有意思的事了：在这家酒吧里，你可以和周围也在饮用威士忌的客人或者调酒师交谈，了解这个地方还有哪里可以品尝威士忌的。

这种做法貌似有点粗鲁，也不见得一定有所收获，不过如果你是一名真正的威士忌狂热爱好者，很快就会发现，你对威士忌的忠诚压过一切。聪明的酒吧经理们开始意识到，分享知识可以成为一项积极的策略，如果优秀的威士忌酒吧越来越多，那么人们就会更多地谈论威士忌并传播有关威士忌的信息，这就意味着会有更多人加入威士忌的品鉴和饮用队伍中，于是威士忌业务会蒸蒸日上。所以，放开胆子与别人开启有关威士忌的谈话吧。

广交朋友

你也可以跳过谷歌搜索这第一步，凭借其他的威士忌资源库直接进入第二步：这个资源库就是你最爱的酒类专卖店。找到当地最大的一家酒类商店，它的货品必须极为丰富，我可以向你担保，店里一定会有威士忌专家能够告诉你当地最佳的威士忌酒吧位于何处。当然了，在真正上等的威士忌商店，你或许可以直接在那里品鉴酒样，注意千万别滥用了特权！那么这就算是一个好主意了吗？品尝之后看看自己想要买什么，然后直接买回家饮用？

并非全然如此。请记住，我们说的可是品鉴威士忌和学习威士忌的相关知识，正如我之前说的，和其他人一起饮用才是品鉴威士忌的最佳方式，这也是最令人享受的体验。相较于在家享用，在酒吧品尝威士忌（在酒店里品尝酒样）可以让你收获更多，比如，你会有不同的视角，你能进行多样的比较，还能从他人的经验中受益匪浅。正如专业击剑者不可能从击剑初学者那里提升自己，如果你只是和与你水平相当的人共同品尝威士忌，那么也无法学到什么新东西。

最好的办法是找到（或者新建）一个威士忌品鉴俱乐部。请再次询问酒类专卖店（往往他们能成为此类俱乐部的赞助商或自行运作），或者点击网页，再或者简单地找到四五个威士忌的爱好者白手起家。这是学习威士忌的一种好办法，通过这样一个平台，你可以向大家分享你的威士忌，也可以品尝到他人所有的威士忌。正如蒸馏酒厂谈到威士忌收藏时所表达的观点，他们制作威士忌就是为了让大家饮用的。

你也可以加入一个更加正式的品鉴俱乐部：苏格兰麦芽威士忌协会（它在很多国家都有分布，请查阅其主页：http://smws.com）。他们其实是俱乐部和独立装瓶者的组合，如果入籍成为会员，你能获得非常特别的单一桶瓶装酒，你还有权获得诸如酒厂旅游优惠、"合作酒吧"品鉴、参观爱丁堡协会总部、专业杂志之类的会员专享优惠。

威士忌俱乐部并没有死板的程式和规定，只要它的核心是威士忌即可。它的形式也可以多种多样，既可以很简单，如三五好友频繁会面共享威士忌，也可以精心筹划，组织 50 人以上的成员身穿统一 T 恤举办假日晚餐，只要你满足了期望，实现了目标即可。同时，这些俱乐部的活动也可以富有乐趣，相信那一刻，与那些同样痴迷于威士忌的人共处一定会让你感到几丝激动。在我们所处的小团体之外还有更多类似我们的组织，这真是令人振奋。

参加威士忌节时你也会有相同的感受。我曾经参加过一场很早的威士忌节：1998 年的纽约威士忌节。当时有数百人共聚在纽约的一家舞厅里，最为了解威士忌的几位蒸馏大师和品牌经理为客人端上各种威士忌。那次经历真是叫人大开眼界，而这类节日在之后也越办越好。随着时间的推移，有越来越多的威士忌节涌现出来，如今已遍布全球各地。

威士忌节的入场费看上去非常高昂，不过这与你的所得相比依然物有所值。你将有机会品尝到数百种不同威士忌的酒样，由专业人士为你倾倒，他们有能力也很乐意向你传播相关的知识和讯息。你还有机会与一群同样对威士忌兴奋不已的人相处，这是结识朋友和扩充知识的良机。这真是美好的时光。

威士忌的诞生地

唯一可以和参加威士忌节相媲美的当属直接拜访产地了，亲自参观酒厂能让你获得综合而全面的信息。事实上，在第一次踏入苏格兰蒸馏酒厂之前，我就已有好多年的苏格兰威士忌饮用史了，但这之前我对好些东西一知半解，直到那次访问才使我豁然开朗。酒厂的场景、声音、员工，还有对我而言可能最为重要的一点，那里的气味极好地补充了我的威士忌知识。要想有此收获，除了亲自访问酒厂外别无他法。

以下是几处广旅客喜爱的游览地：米德尔顿酒厂每年接待 15 万名访客，老都柏林酒厂的尊美醇"体验之旅"每年接待 25 万访客，甚至那些位于偏远的伊斯莱岛上的酒厂，每年也会迎来数以万计的到访者。

还有一些专门的机构能帮助你完成酒厂之旅。麦芽威士忌小道通往八家斯佩赛地区的蒸馏酒厂以及斯佩赛制桶工场（www.maltwhiskytrail.com）。如果你真的想亲身了解下泥煤型威士忌，伊斯莱岛在它的官方主页上期待着你的大驾光临，他们也可以借此获知期待着访问其酒厂的人数（http://islayinfo.com）。爱尔兰威士忌小道相对比较年轻，但是在访问路线中，除了常规的酒厂游览以外，它还融合了爱尔兰威士忌酒吧和威士忌博物馆的参观（www.irelandwhiskeytrail.com）。肯塔基的波本威士忌小道欢迎你来到蓝草乡村（http://kybourbontrail.com），蓝草乡村能为你提供各种威士忌酒吧和饭店的更多信息（www.bourboncountry.com）。

当然了，这些机构无法覆盖所有的蒸馏酒厂。如果你想访问的某家酒厂不在他们的名单上，不妨访问酒厂自己的网页了解更多信息。如今，几乎所有酒厂都会提供对外开放的参观游览。那些手工蒸馏酒厂尤其擅长此道，它们深知，这是结交朋友的最佳渠道。

如果有条件的话，实地参观酒厂绝对是能帮助你深化和扩展威士忌知识的最为关键的一步。在那里，你能通过自己的所见所闻真真切切地感受威士忌，这是你通过阅读永远无法获知的。

最后的祝酒词

感谢你与我同行。我很享受本书的写作过程，它激起了我很多美妙无比的回忆。此时，我又不由得想到了一个，也是本书的最后一个小故事。

最近，我访问了格兰威特酒厂并和其全球品牌大使伊恩·洛根交谈了一番。他个子高大，和蔼可亲，又非常开朗，而且对威士忌、酒厂以及整个行业都知之甚多。我们在酒厂附近一路散步，最后站在了新建的蒸馏室前。这是一座三层玻璃落地窗式建筑，从此出发，可以眺望一大片山谷。这里已有 200 年合法或非法酿制威士忌的历史了。

我们默默地在那里伫立了一会儿，只字不说，沉浸着享受那片刻美好的时刻。我并不知道那会儿伊恩心里在想什么，我则处于完全放松的状态。苏格兰威士忌的历史上，曾有标志性的事件在此地发生，而且有更多的传奇正在上演。

之后我向他流露了计划撰写本书的心迹。我常会想："如果一个人不晓得任何有关威士忌的知识，不知道威士忌源于何处，是谁制作了威士忌，也不了解威士忌的成分和制作方法，威士忌何以为威士忌，甚至连威士忌的名字都不甚清楚，那么他又怎么可能好好地品鉴一瓶威士忌呢？你觉得我的想法怎么样？"

他很快就回答了我："嗯，好呀，你一定能行，威士忌是如此美妙。"他停顿了下，然后再次放眼眺望这片山谷。"不过你究竟为什么想写这样一本书呢？"

这真是一语中的——为什么市面上会有各种威士忌的书籍、杂志、博客和播客，还有各种各样的威士忌节和威士忌体验之旅。你完全可以在整整一生中

仅仅饮用威士忌而不学习更多的知识，而且你知道，这样的生活可能也不赖。不过你只需再花费一点点的努力，就能更上一层楼，可以真正享受到威士忌给你带来的乐趣。人们常说的一句老话一点都不错："知道越多，味道更美。"

葡萄酒进口商兼作家克米特·林奇以拥有一些强势主张而著称，比如说，他坚持认为盲品之于葡萄酒（让我们以葡萄酒替代威士忌）犹如脱衣扑克①之于恋爱。我读过一篇数年前他的访谈报道，虽然有好一段时间我曾把这篇报道贴在靠桌的墙上，只可惜我搬家后忘记把它放在了哪里，现在已经找不到具体的文字了。在这篇访谈记录中他提到，你应该挑选一瓶葡萄酒并竭尽所能地了解关于它的一切：它的产地在何处，那里有着怎样的田园风光，你应该尝尝那里的葡萄，询问清楚酿造人是谁，制作方式又是如何，他们喜欢什么，这个地方所产的别的葡萄酒又是什么样子……在这之后，你才能更好地了解眼前这瓶葡萄酒以及它的口感，这感觉可远比简单地喝下一杯果汁要好得多。

你也可以仅仅是喝两口威士忌而已，但是你究竟为什么想要饮用威士忌呢？持之以恒地学习下去吧，只有这样，你才能充分领略和享受到威士忌带给你的欢愉。让我们干杯！

---

① 脱衣扑克是一种扑克游戏，每局的输者被罚脱去一件衣服。

致谢

这是我第一本论述威士忌的著作。之前，我已有撰写多本啤酒书籍的经验，所以著书对我而言倒不算是难事。然而，当我真正着手开始本书写作时才发现，我所掌握的威士忌知识是多么浅薄，同时又是多么丰富！写作本书于我而言是一次难得的经历，而每当我需要提问或求助时，那些曾和我相遇相识的人总愿意伸出援手。

本书的顺利完稿并不是我一个人的功劳，在此过程中，有三个人对我帮助甚多。首先是约翰·汉赛尔，他为了保住我的工作引领我进入了威士忌品鉴的大门，还创立了一份杂志，你可以想象他对我的影响之大。第二位是已故的迈克尔·杰克逊，他设置了威士忌的门类，虽然在他之前就有过不少威士忌作家，但是他才真正使得威士忌知识得以普及，而且他的工作非常出色，我从中得到不少经验和借鉴。最后一位是约翰·霍尔，当斯托里出版社的编辑向他询问，是否认识合适的人选可以为其写作一本有关威士忌的书籍时，感谢他想到了我。

此外，我还曾向大量的作家、饮客和调酒师学习知识，讨论问题，并和他们一同喝上一杯。其中我要特别感谢的是戴夫·布鲁姆和恰克·考德利两人，是他们引领我对威士忌进行深入的研究。当然，我还要感谢乔尼·麦考密克（我尤其要感谢他在威士忌收藏者板块提供的巨大帮助），迈克·维奇和吉姆·安德森（感谢他们在福特罗斯的安德森给予我们的友好款待以及欢乐时光），大卫·瓦得德希（在亲自调制鸡尾酒方面，他增添了我更多的信心，我也得以不断完善），戴文·德·科格默克斯（加拿大威士忌的资深行家），盖兹·里根（先生，祝你脸上长出浓密的胡子），菲比·埃斯蒙、加文·史密斯、弗雷德·明

尼克、马克思"曼哈顿"托斯特、吉姆·穆雷以及加里·吉尔曼，这些堪称最棒的业余型酒饮作家。

威士忌的很多业内人士也给予了我大量帮助，在此罗列的长长的名单亦不能一一尽数：野火鸡酒厂的吉米和埃迪·拉塞尔，爱汶山酒厂的帕克和克雷格·比姆、马克思·夏皮罗、拉里·卡斯以及乔什·哈弗，百富门公司的克里斯·莫里斯以及已故的林肯·亨德森（想念你，虽然容易生气，但你真的棒极了），还有野牛奇迹的哈伦·惠特利、马克·布朗、克里斯·康斯托克，你们组成了一支完美的公共关系团队。当然，还有已故的埃尔默·T.李和罗尼·艾汀斯以及杜鲁门·考克斯，你们无法阅读到本书，我感到很遗憾。除此之外，我还要向 Beam 公司的弗雷德·诺埃，美格酒厂的格雷格·戴维斯和小比尔·塞缪尔，杰克·丹尼酒厂的杰夫·阿内特，还有汤姆·布莱特以及戴夫·雪瑞奇表示感谢，我觉得他们是波本威士忌业内最有意思的一批专家。

早先，我对苏格兰威士忌可谓一窍不通，而在过去的 15 年内，这个行业让我受益良多，我的进步和所得基本上需要归功于一大批苏格兰威士忌的行家，诸如格兰花格的乔治·格兰特、格兰杰的比尔·卢姆斯敦博士、格兰威特的伊恩·洛根（感谢你赋予我的哲学性思考）、达尔摩的理查德·帕特森（你也向我的儿子传授了不少有关苏格兰威士忌的知识）、侏罗岛的威利·泰特（你曾说过你是女性饮客的佳友）、布鲁莱迪的吉姆·麦克尤恩、波摩酒厂的埃迪·麦克埃弗和雷切尔·巴里、帝亚吉欧的尼克·摩根教授、苏格兰威士忌协会的露丝玛丽·加拉格尔以及高原骑士曾给我激励的女超人——史蒂夫·里奇韦。

在爱尔兰，我的感谢名单虽然不长，但他们给

予我的帮助同样重要不凡。戴夫·奎恩是我的良师益友，他的兄弟在费城开了家酒吧（看在上帝的分上，那里真的值得一访），他就在那家酒吧里向我娓娓讲述尊美醇的系列酒品。我还应当在很多方面感谢费格斯·凯里，尤其需要指出的是，在他的推介下，我才第一次品尝了知更鸟威士忌。感谢巴里·克罗克特制作出美妙无比的威士忌，感谢盖尔·巴克利向我详尽地解释了制桶工艺，感谢科勒姆·伊根在威士忌节上带来的欢声笑语。

说到加拿大威士忌，我的感谢名单也不长。在海勒姆·沃克酒厂，顿·利弗莫尔博士在短短数小时内就向我传授了大量有关威士忌的知识，扬·威斯克引领我拜访了各处酒厂（虽然几乎没有选择直达的捷径），还有丹·图利奥。好吧，我不得不说，丹使得加拿大威士忌变得棒极了。在此还想提一下日本威士忌：非常感谢三得利酒厂的迈克·宫本茂，他让我享受了美妙的"山崎"时光。

手工威士忌领域，我要感谢的人士可就数不胜数了，其中尤要感谢安佳公司的弗里茨·美泰格、布鲁斯·约瑟夫和大卫·金，清澈小溪酒厂真正的行业先锋史蒂夫·麦卡锡，海盗船酒厂的戴瑞克·贝尔以及巴尔科内斯的奇普·塔特（上述两人总是充满了奇思妙想）。感谢戴夫·皮克瑞尔在手工威士忌创新领域从主流酿造到跨域杂交所提供的丰厚经验。感谢西高山酒厂的大卫·珀金斯，他在保持酒类稳定性方面有着卓越的能力。还要感谢我们的本地英雄——赫尔曼·米哈利奇，他采用我每天上班途中路过的大片谷物酿制了爸爸的帽子黑麦威士忌，真的是太酷了。最后，我还想特别提一提斯科特·斯珀维尼诺这位被低估的蒸馏化学家，很多上好的酒液都出自他的手笔。

现在，我要向一些人致以特别的谢意。在家里，我在叔叔顿·哈尼什的亲自指引下知道了饮酒是怎么回事，也开始了解饮用威士忌的奥妙。谢谢你，顿叔叔，这真是非常重要的一课。感谢迈克·伯克霍尔德，是你赠予我第一份杰克·丹尼加百事可乐。

迈克，我期待着你能来看看我，我可还欠你一杯呢！感谢我的密友山姆·科穆雷尼克，是你以一名威士忌爱好者的视角对本书进行了审稿，还在我低落的时候给我打气鼓劲——山姆，你是最棒的。感谢我的代理人玛丽琳·艾伦，是你在看了我的图片和文字之后找到了我，"这家伙看上去很适合撰写一本威士忌的书籍。"我很高兴你联系了我，玛丽琳，这真是太棒了。我还要感谢我在斯托里出版社的编辑们，你们总愿意给我无私的支持，在我写作超过期限时展现了无比的耐心（提醒一句，各位女士，我可是将编辑的最后期限钉在墙面上时时提醒自己的）。感谢我在《威士忌倡导者》杂志的各位同事：梅勒妮、凯西、琼和艾米，你们是我最值得拥有的共事伙伴，虽然你们没有为本书这项独立的工程提供帮助，但是你们每天都支持着我的工作，感谢你们！

最后，我要感谢我的家庭。我想谢谢我的母亲露丝和我已故的父亲卢，感谢你们支持儿子的事业，支持我以写作酒类为生的职业愿望（有些家庭并不乐意如此支持），我妻子的一大家子也始终全力支持我的事业，我现在多么希望能邀请他们中更多的人来饮用威士忌！还有我的孩子们，托马斯和诺拉，他们可不仅仅是我的支持者，还是威士忌的评论家呢，而且评论客观公允（托马斯现在也在品鉴着上好的威士忌）。

我的妻子凯西当然知道，在此我会不免俗套地感谢她，不过我还是要一如既往地对她说：是你成就了我的事业，感谢你在过去25年间给我的坚定支持。你从未要求我非得找一份正经的工作，对此我甚感欣慰。我觉得，眼下我所从事的才是一份真正的事业。

我也感谢所有本书的读者，我的推特微博（Twitter）粉丝和脸谱网的朋友们，你们的评论如此精彩，也是你们让我保持了坦诚的作风。让我们干杯吧！

专业术语一览

标准酒度（ABV）

烈酒（或啤酒）中所含酒精的体积百分比，该数值翻一番即为该烈酒的酒精强度。

醛（Aldehydes）

橡木中含有的一系列芳香族化合物，带有花香或水果气息。

天使的份额（Angel's share）

陈酿过程中，透过木桶蒸发而损失的威士忌体积。

回流物（Backset）

参见逆流物（setback）。

大麦（Barley）

一种相对比较容易制麦的谷物，含有大量可以将淀粉转化为糖的酶，其外壳起到自然过滤器的作用，因此非常适于酿造和蒸馏。

木桶（Barrel）

一种由弯曲橡木板条制作而成，用于威士忌制作的容器，通常会 经过焙烤处理，通过与木桶的接触和缓慢的蒸发作用，酒液被赋 予特别的风味和色泽。美国所用的标准木桶容量为53加仑（200升），而手工蒸馏酒厂通常会使用更小的木桶。也可参见词条桶（cask）。

啤酒（Beer）

一种经过发酵未经蒸馏的液体，用于威士忌制作的第一步，也可参见词条原酒浆（wash）。

啤酒蒸馏器（Beer Still）

制作现代波本威士忌和黑麦威士忌过程中，用于第一道蒸馏的单 一柱式蒸馏器，也被称为"汽提塔"。

苏格兰兑和威士忌（Blended Scotch Whisky）

一种或多种单一麦芽苏格兰威士忌和一种或多种单一谷物苏格兰威士忌的兑和物。这一类威士忌比较为人熟知，包括诸如尊尼获加、帝王威士忌和芝华士在内的一系列知名品牌。

兑和威士忌（Blended Whiskey）

在美国，指纯威士忌和谷物中性烈酒兑和而成的混合物，其中至少含有20%的纯威士忌，这并不算很多。

波本威士忌（Bourbon）

一种以玉米（含有51%或以上的玉米）、麦芽以及黑麦或者小麦为主要成分的美国威士忌，蒸馏至标准酒度为80%，之后置于新焙制的橡木桶中陈酿，且"进入酒度"不高于62.5%，装瓶时的标准酒度不低于40%。

焦糖（Caramel）

经烹煮变为褐色的糖，欧洲和加拿大所产的威士忌中允许添加该物质用作着色剂，但波本或黑麦威士忌中禁止添加该物质。

桶（Cask）

苏格兰和爱尔兰往往使用该词（cask）作为木桶的通用术语，亦可参见词条木桶（Barrel）。

炭（Char）

用明火焙烤后，木桶内壁烧焦木质上的薄层，波本威士忌和其他美国威士忌需要这种物质。

科菲蒸馏器（Coffey Still）

一种由两根柱子组成的蒸馏器，其中原酒浆或者啤酒可以连续流过，蒸气上升穿过液体时通过一系列的平板，酒精受热并从液体中"剥离"，冷凝并保存为烈酒，这种蒸馏器也被称为连续式蒸馏器。

柱式蒸馏器 （Column Stil）

参见啤酒蒸馏器。

制桶工人（Cooper）

制作、修理木桶，或者调整木桶大小的工人。

玉米（Corn）

一种原产于美国的谷物，不太容易制麦，但是价格低廉，含有香味丰富的糖，适于发酵和蒸馏，它也是波本威士忌的主要成分。

玉米威士忌（Corn whiskey）

由含有大量玉米的麦芽浆制作而成的威士忌，大多数仅在未焙烤的或已使用过的旧橡木桶中陈酿较短时间。

馏分物（Cuts）

壶式蒸馏器在蒸馏过程中，酒液被分离出来的几个点。初馏物或酒头流出后为第一道馏分物，酒尾开始流出时为第二道馏分物，对酒液进行馏分是为了最大限度地获得清澈的酒液。通常，人们会对酒头和酒尾进行再蒸馏，以重新获得所有的酒精。

蒸馏（Distillation）

通过热量的控制，从发酵的谷物液体中获得的酒精提取物和浓缩物。酒精——乙醇的蒸发温度比水低，富含酒精的蒸气冷凝，并从剩余的水和其他化学物质中分离出来。

加倍器（Doubler）

波本威士忌制造商使用的一种简易壶式蒸馏器，用于清洗啤酒蒸馏器中的烈酒。

糟粕（Draff）

发酵和蒸馏过程中残留的谷物，通常用作牲畜饲料，最近人们转而将其用于生成沼气。这种物质也被称为"酒糟"或"暗色酒糟"。

干燥间（Dryhouse）

美式糖化蒸馏过程中产生的酒糟在此处进行干燥处理，并被加工成动物饲料。

衬垫仓库（Dunnage）

苏格兰的一种传统类型的仓库，带有土铺地面。

酯（Ester）

一种衍生于醛的芳香族化合物，可以生成水果味、辛香味或烟熏味的香气。

萃取蒸馏（Extractive Distillation）

一种蒸馏技术。将水加入高酒度烈酒中，不良杂质漂浮于顶端，剩余物质为纯净的酒液。一部分加拿大蒸馏酒厂采用这种蒸馏方法。

酒尾（Feints）

壶式蒸馏器蒸馏的最后几道，也可参见馏分物（Cuts）。

首次空（First-fill）

用来陈酿威士忌的木桶在此之前曾被用来陈酿波本威士忌或葡萄酒，"首次空"指再盛装过波本威士忌或葡萄酒被清空后，第一次用于盛装威士忌。经这类木桶陈酿的威士忌带有更多的年轻木质特征，并含有之前酒液的气息。

调味威士忌（Flavoring Whisky）

一种酒度较低、风味较浓的加拿大威士忌。

初馏物（Foreshots）

壶式蒸馏器蒸馏过程中的最初几道馏出物，也可参见馏分物（Cuts）。

谷物中性烈酒（Grain Neutral Spirits）

蒸馏后标准酒度达95%的未陈酿烈酒，可以以该酒精强度装瓶，也可稀释到40%后再行装瓶。

谷物威士忌（Grain Whisky）

蒸馏后酒度极高的威士忌，酒度可以高达94.6%，使用柱式蒸馏器或科菲蒸馏器蒸馏，采用橡木桶陈酿用于兑和。

酒头（Heads）

参见词条初馏物（Foreshots）。

猪头桶（Hogshead）

容量为250升的木桶，通常采用已经使用过的波本木桶板条制作而成，用于陈酿苏格兰威士忌。也被称为"哈奇"桶。

林肯郡工艺（Lincoln County Process）

参见词条田纳西威士忌。

林恩臂（Lyne Arm）

壶式蒸馏器顶端所分离出来的弯折和管子。林恩臂的角度可以向下、笔直或者向上，它可以帮助测定蒸馏器中回流量大小以及所产酒液的重量。

麦芽（Malt）

作为动词，它指使谷物发芽，以使不溶性淀粉转化为可溶性淀粉的过程，在此过程中还将生成可将这些淀粉转化为糖所需的酶类物质。

作为名词，它指经过该处理的大麦。

制麦间（Maltings）

谷物制麦的场所，谷物在此处浸湿、发芽，之后在烧窑中干燥以杀灭萌芽。

麦芽浆（Mash）

作为动词，它指加热谷物和水的混合物以促使酶类物质将淀粉转化为糖。作为名词，它指水和谷物的混合物，尤指淀粉转化后出现的水谷混合物。

麦芽浆配方（Mashbill）

美国威士忌的"配方"：用于制作某种特别威士忌或一组威士忌所用各谷物之间的配比。

混合（Mingling）

不同木桶间威士忌的兑和，且允许这些威士忌暂时融合（数天到数月），这段时间内，不同木桶得以"配对"，成为一个和谐的整体。

月光私酿（Moonshine）

陈酿或未经陈酿的非法酿造威士忌，不过通常是未经陈酿的威士忌。未经陈酿的合法威士忌并不在此之列。

中性威士忌（Neutral Whisky）

加拿大对谷物威士忌的称法，也可参见词条谷物威士忌。

新制威士忌（New Make）

刚刚经过最后一道蒸馏的未陈酿烈酒，也被称为"白狗"或"清澈酒"。

泥煤（Peat）

部分炭化的植物，历经数世纪和数千年，在沼泽地和湿地中缓慢腐烂和压缩，沼泽地植物慢慢演化成煤炭。一旦焚烧，泥煤会形成一股芳香的烟熏味，可用于烧窑，并可增添新鲜麦芽的风味。麦芽制浆、发酵和蒸馏之后，生成一种带有烟熏香味和风味的烈酒，被视为苏格兰威士忌的珍宝。由于不同地区间的植物非常丰富和多样，所以各地泥煤也能赋予酒液不同的香味特征。

酚类（Phenols）

带有烟熏或化学香味的芳香族化合物。

波特酒（Port）

来自葡萄牙的一种加强型葡萄酒，波特木桶（管子）可用于威士忌的陈酿。

壶式蒸馏器（Pot Still）

一种间歇式蒸馏器，主要是一种顶部带有锥状柱的较大铜质壶，连有一支林恩臂和一座冷凝器。

酒度（Proof）

参见标准酒度 ABV。

再填充（Refill）

首次空的木桶被清空后再次填充酒液，这种木桶被称为"再填充"木桶，用其酿制的威士忌带有少量的木质特征，而含有更多的酒厂特征。

回流量（Reflux）

在初步蒸馏期内出现的再蒸馏，酒液在逃逸进入冷凝器前就流回蒸馏器，采用较高的蒸馏器或向上折弯的林恩臂可以增加回流量，并生成较为轻盈和清澈的酒液。采用矮胖的蒸馏器或向下折弯的林恩臂可以减少回流量，并生成较为厚重、带有"肉味"的酒液。

堆垛房（Rickhouse）

在美国使用的一种仓库，带有成排的木质轨道——"堆垛"，可就地摆放成排的木桶。这种仓库大小不一，其中最大的可以容纳多达 5 万只木桶。

黑麦（Rye）

一种生命力很强的草，其谷粒风味浓郁，带有少许苦味，常被用于美国和加拿大威士忌的制作。

苏格兰威士忌（Scotch Whisky）

以发芽大麦为原料（如果是兑和和谷物威士忌，也会用到其他谷物），在苏格兰蒸馏制得的威士忌，其标准酒度不超过 94.8%，且在苏格兰陈酿于橡木桶中 3 年以上，装瓶时标准酒度不低于 40%。允许加入焦糖（保持色泽的均一性）。

逆流物（Setback）

柱式蒸馏后剩余的酸化谷物和液体，用于酸麦芽浆加工，也被称为"回流物"（Backset）或"釜馏物"（Stillage）。

雪利酒（Sherry）

源于西班牙的一种加强型葡萄酒，盛装雪利酒的木桶（大桶）可用于陈酿威士忌。

单一麦芽（Single Malt）

采用壶式蒸馏器，在同一家蒸馏酒厂，由 100% 发芽大麦制作而成的威士忌。

小粒谷类作物（Small Grains）

波本威士忌麦芽配方中除玉米以外的其他各种谷物，通常为麦芽加上黑麦或者小麦。

酸麦芽浆（Sour Mash）

美国采用的一种做法，即在发酵开始时，将前道蒸馏中的酸酒糟和液体加入新制浆的啤酒中。这样能为发酵创造一个更加有利的环境（通过酸平衡和酵母营养剂）。所有的美国威士忌均采用酸麦芽浆工艺。

烈酒蒸馏器（Spirit Still）

苏格兰威士忌的制作中，用于二道蒸馏的蒸馏器（或多个蒸馏器），原酒浆蒸馏器中的流出物将被输入较小的烈酒蒸馏器再度蒸馏。

釜馏物（Stillage）

参见词条逆流物（Setback）。

纯威士忌（Straight Whiskey）

以谷物为原料蒸馏制得，最终标准酒度低于95%，由唯一酒厂生产，并在橡木桶中陈酿 2 年以上的美国威士忌。以上是纯威士忌的最低要求，实践中通常还会超出此范围。

酒尾（Tails）

参见词条酒尾（feints）。

田纳西威士忌（Tennessee Whiskey）

田纳西威士忌是一种波本威士忌，只不过在倒入木桶陈酿前先要通过 10 英尺的糖枫木炭进行过滤（"柔化"）。该步骤也被称为林肯郡工艺。

振动器（Thumper）

一种加倍器的替代装置，在冷凝前，啤酒蒸馏器中的蒸气在此通过热水。冷凝和起泡会产生砰砰的响声，此装置因此得名。

混合麦芽威士忌（Vatted Malt）

一种威士忌的前称，它由数种单一麦芽威士忌兑和而成且不添加任何谷物威士忌。现在，人们也将其称为"兑和麦芽苏格兰威士忌"。

原酒浆（Wash）

制作威士忌第一环节中已经发酵却未经蒸馏的液体，这是苏格兰威士忌制造业中的常用术语，爱尔兰和美国通常使用"啤酒"（Beer）这一词汇。

原酒浆蒸馏器（Wash Still）

苏格兰威士忌制造业中，用于第一道蒸馏的蒸馏器（或数个蒸馏器），经发酵的原酒浆被置于较大的原酒浆蒸馏器中。此道蒸馏的产物被称为"低度酒"，继而流入烈酒蒸馏器。

发酵槽（Washback）

苏格兰威士忌制作中所用的发酵容器。

麦芽汁（Worts）

苏格兰威士忌中，麦芽经制麦和转化后流出的液体，富含麦芽糖，可进行发酵并生成原酒浆。

酵母（Yeast）

一种非凡的微小菌类，它摄食糖类，分泌酒精和芳香类物质。它是发酵的引擎，也是蒸馏所必要的天然母体。

译后记

作为一名鸡尾酒调酒师，自然对威士忌这种常用的基酒具备基础的了解，但是阅读完本书，我不禁喟叹，威士忌着实是一座丰富而又充满无穷奥妙的宝藏。谷物在特定的风土条件下成长，经过制麦、发酵、蒸馏、陈酿，最终浓缩成你眼前的一瓶威士忌，蕴含地方特色又历经岁月洗礼，这难道不令人称奇吗？

本书作者卢·布赖森拥有多年的威士忌品鉴、收藏、撰文经验，又与世界各地的酒厂及威士忌业内资深人士保持着密切联系。

本书脉络清晰，向读者依次展示了威士忌的历史演变、制作工艺、主要门类、饮用方法、配餐建议和收藏指南，堪称介绍威士忌的百科全书，既可满足入门者的学习需要，也可帮助进阶爱好者更上一层楼。此外，作者在专业知识之中穿插有不少亲身经历和奇闻趣事，定会使你在增长见识的同时感受到阅读的愉悦。

本书的翻译既艰辛又充满乐趣，我的父亲李水根先生对全稿进行了认真审读和校对，我想借此机会对他表示由衷的谢意！

最后，让我们一起用心感受威士忌这个魅力无穷的世界吧！

李一汀

2016 年 4 月 18 日

原书编辑：玛格丽特·萨瑟兰德　南茜·林格

艺术指导：阿勒西娅·莫里森

原书装帧：金佰利·格列德

插图绘制：安德鲁·希斯

地图绘制：巴特·莱特/隆尼斯+莱特

第85页由丹·O.威廉绘制

饌
创美工厂出品

出 品 人：许　永
责任编辑：许宗华
特邀编辑：代世洪
责任校对：雷存卿
版权编辑：杨　博
装帧设计：石　英
责任印制：梁建国　潘雪玲
发行总监：田峰峥

投稿信箱：cmsdbj@163.com
发　　行：北京创美汇品图书有限公司
发行热线：010-53017389　59799930

创美工厂　　　　创美工厂
微信公众平台　　官方微博